土木工程系列丛书

工程造价的基本原理与计价

俞国凤　刘　匀　主编

同济大学 出版社
TONGJI UNIVERSITY PRESS

内容提要

本书系统地阐述了建筑工程造价的基本原理与计价方法,包括投资估算、设计概算、施工图预算、投标报价、施工结算和竣工决算;针对一个小型工程项目,结合 2013 版《建设工程工程量清单计价规范》、《房屋建筑与装饰工程工程量计算规范》详细介绍了工程量清单及其报价的计算。

本书理论体系完整,概念清晰,语言简练,对当前我国工程造价深化改革、实行工程量清单等相关内容进行了更新、补充和适当反映。本书在每章前设有该章内容提要及学习要求,章中配有示意图和案例,章末设有复习思考题,符合教学的特点,以便于满足广大读者自学的需求。本书可作为高等院校(包括高等职业学校)土木工程专业、工程管理专业、投资经济管理专业及相关专业的教材,也可作为工程造价管理从业人员的培训教材、自学参考书和业务指导书。

图书在版编目(CIP)数据

工程造价的基本原理与计价/俞国凤,刘匀主编. 一上海:
同济大学出版社,2014.2(2022.1重印)
(土木工程系列丛书)
ISBN 978 - 7 - 5608 - 5406 - 9

Ⅰ. ①工… Ⅱ. ①俞…②刘… Ⅲ. ①土木工程—工程造价
Ⅳ. ①TU723.3

中国版本图书馆 CIP 数据核字(2014)第 006092 号

土木工程系列丛书

工程造价的基本原理与计价

俞国凤　刘　匀　主编

责任编辑　马继兰　　责任校对　徐春莲　　封面设计　陈益平

出版发行　同济大学出版社　　www.tongjipress.com.cn
　　　　　(地址:上海市四平路 1239 号　邮编:200092　电话:021－65985622)
经　　销　全国各地新华书店
印　　刷　江苏句容排印厂
开　　本　787mm×1092mm　1/16
印　　张　16.25
印　　数　12 501—14 600
字　　数　405 000
版　　次　2014 年 2 月第 1 版　　2022 年 1 月第 6 次印刷
书　　号　ISBN 978 - 7 - 5608 - 5406 - 9

定　　价　35.00 元

前　　言

工程造价关系到建设市场中需求主体和供给主体双方及项目参与其他各方的经济利益。合理的工程造价有利于项目的投资决策、企业经济核算及投资(成本)控制等工作,有利于规范项目参与各方的建设行为,有利于建筑产品的合理定价,确保参与各方的应得利润和利益,也有利于国家的宏观调控。工程造价的编制与管理越来越受到国家、地方政府及项目参与各方的高度重视。

我国的工程造价管理正处于改革深化的历史阶段,从 2003 年我国正式实行工程量清单计价(GB 50500－2003《建设工程工程量清单计价规范》)以来,根据工程造价的实际运行的经验,对计价规范进行了修编,先后出版了《建设工程工程量清单计价规范》(GB 50500－2008)和《建设工程工程量清单计价规范》(GB 50500－2013)。

人们越来越注重全过程的工程造价管理。项目的前期策划、可行性研究对工程造价有很大的影响,工程造价人员的提前介入有利于工程造价控制;项目实施阶段的动态结算、工程索赔等影响着工程的最终造价,并且也是工程造价不可或缺的内容。

为了使教材适应建筑市场对工程造价管理的要求,及时反映国家关于工程造价的规范文件的动态变化,本书编者本着认真负责的态度,及时更新教材内容。于 2005 年 7 月出版了《建筑工程概预算与工程量清单》,该教材根据《建设工程工程量清单计价规范》(GB 50500－2003),在原有教材的基础上增加并详细阐述了工程量清单及工程量清单计价的概念、计算规则以及组价等内容,对教材的其他内容作了适当调整,如削减预算定额中人工费、材料费、机械台班使用费单价的确定与单位估价表的有关内容。由于工程造价采用新编的《建设工程工程量清单计价规范》(GB 50500－2008),本书编者于 2010 年 12 月再次对教材进行了修编,出版了《建筑工程造价的基本原理与计价》,教材增加了利用计量软件计算工程量的内容,使教材更贴近于工程造价工作的实际需求。

最近,国家再次对规范做了调整,计量规范和计价规范进行了分离;此外,由于本课程教学一直主要针对建筑工程专业的学生,现本课程作为整个土木工程专业的专业基础课,面向大土木的学生,因此编者对 2010 年 12 月版进行了修编、调整和增补,本版教材增补了桥梁、道路的相关工程造价内容,增补了工程索赔的相关内容,增补了工程造价的准备知识与相关内容,使教材更具有系统性和完整性。编者对本书的框架结构认真讨论,慎重设计,以求获得更好的教学效果。

本书系统介绍了建设工程从投资决策阶段的投资估算到工程竣工阶段的竣工决算的整个建设过程的工程造价文件,其中包括投资估算、设计概算、施工图预算、投标报价、施工结算、竣工决算等,从而使本书能较完整地反映建设工程造价的计价与管理体系。为进一步完善本学科的理论体系,编者还对工程造价、工程计价、工程量清单等概念及相互关系进行了详细的阐述。

本书编写主要依据建设部的《建设工程工程量清单计价规范》(GB 50500－2013)和《房屋建筑与装饰工程工程量计算规范》(GB 50854－2013),在此基础上全面、系统地介绍工程计量、计价、定价的原理和方法,并结合大量的示意图和计算案例加以说明,更方便读者学习和理解。

为便于教学及学生自学,在每章前都设有该章内容提要和学习要求,在每章末都设有复习思考题,以利于学生复习和把握重点。在重点章节中,编排了例题,帮助学生分析、理解有关概念和计算规律,从而提高解决问题的能力。

本书共有 9 章。第 1 章、第 5 章由俞国凤编写,第 2 章由俞国凤、刘匀编写,第 3 章、第 8 章由刘匀编写,第 4 章、第 7 章由金瑞珺编写,第 6 章由刘海编写,第 9 章由王永刚编写。最后全书由俞国凤审校和统一加工。

本书编写努力做到图文并茂、通俗易懂,力求结构编排合理,综合反映当前工程造价管理动向。限于编者水平有限,书中不足之处在所难免,祈请读者批评指正。

编　者

2014.1

目　　录

第 **1** 章 概　　论

本章阐明工程项目、工程项目投资、工程造价等概念,介绍建筑业在国民经济中的地位及作用、工程量清单、工程量清单计价等知识,简述我国工程造价管理的历程与注册造价工程师制度等相关内容。通过本章学习,应掌握工程造价的概念,熟悉工程造价文件的组成与造价控制概念;理解工程项目划分、工程量清单及其计价的特点;了解注册造价工程师的相关知识。

1.1　建筑业门类与作用

1.1.1　建筑业门类

根据《国民经济行业分类》(GB/T 4754—2017)规定,我国国民经济行业的国家标准分为四个等级:门类、大类、中类和小类。目前,我国国民经济共有 20 个门类:农、林、牧、渔业;采矿业;制造业;电力、热力、燃气及水生产和供应业;建筑业;批发和零售业;交通运输、仓储和邮政业;住宿和餐饮业;信息传输、软件和信息技术服务业;金融业;房地产业;租赁和商务服务业;科学研究和技术服务业;水利、环境和公共设施管理业;居民服务、修理和其他服务;教育;卫生和社会工作;文化、体育和娱乐业;公共管理、社会保障和社会组织;国际组织等。其中,与土木工程专业有关的包括建筑业、科学研究和技术服务业等行业。建筑业门类包括房屋建筑业、土木工程建筑业、建筑安装业、建筑装饰、装修和其他建筑业 4 个大类,建筑业具体内容如表 1-1 所示。

表 1-1　　　　　　　　　　　　　　　　　建筑业分类

行业	子行业		行业描述
建筑业	房屋建筑业	住宅房屋建筑;体育馆建筑;其他房屋建筑业	指房屋主体工程的施工活动;不包括主体工程施工前的工程准备活动
	土木工程建筑业	铁路、道路、隧道和桥梁工程建筑;水利和水运工程建筑;海洋工程建筑;工矿工程建筑;架线和管道工程建筑;节能环保工程施工;电力工程施工;其他土木工程建筑	指土木工程主体的施工活动;不包括施工前的工程准备活动
	建筑安装业	电气安装;管道和设备安装;其他建筑安装	指建筑物主体工程竣工后,建筑物内各种设备的安装活动,以及施工中的线路敷设和管道安装活动;不包括工程收尾的装饰,如对墙面、地板、天花板、门窗等
	建筑装饰、装修和其他建筑业	建筑装饰和装修业;建筑物拆除和场地准备活动;提供施工设备服务;其他未列明建筑业	指对建筑工程后期的装饰、装修、维护和清理活动,以及对居室的装修活动

科学研究和技术服务业包括研究和试验发展、专业技术服务业、科技推广和应用服务业3 个大类,其中专业技术服务业包括气象服务、地震服务、海洋服务、测绘地理信息服务、质检

技术服务、环境与生态监测检测服务、地质勘查、工程技术与设计服务、工业与专业设计及其他专业技术服务等9个中类。其中,工程技术与设计服务又包括6个小类:

(1) 工程管理服务:指工程项目建设中的项目策划、投资与造价咨询、招标代理、项目管理等服务。

(2) 工程监理服务。

(3) 工程勘察活动:指建筑工程施工前的工程测量、工程地质勘察和咨询等活动。

(4) 工程设计活动。

(5) 规划设计管理:指对区域和城镇、乡村的规划以及其他规划。

(6) 土地规划服务:指开展土地利用总体规划、专项规划、详细规划的调查评价、编制设计、论证评估、修改、咨询活动。

这里需要注意的是建筑科研、工程技术服务不属于建筑业范畴,这是根据从事工作性质不同来分类的,但工程造价往往是针对一个项目确定其全部的建设费用。另外,在一些大型项目中,特别是工程项目总承包和交钥匙方式的工程建设,很难区分工程设计业务和工程施工业务。这会给我国国民经济收入统计带来混乱。

1.1.2 建筑业在国民经济中的地位与作用

如前所述,建筑业包含了房屋建筑、土木建筑、装饰装修工程和安装工程。建筑业是国民经济体系中重要的物质生产部门之一,主要反映在以下方面。

1. 建筑业产值在社会总产值占比很大

改革开放30多年来,我国建筑业保持了平稳增长态势。2011年,实现总产值11.8万亿元,同比增长22.6%;2012年,我国建筑安装工程累计完成固定资产投资236 439.72亿元,同比增长22.10%。2002年—2011年10年中我国国民生产总值与建筑业总产值及占比如表1-2和图1-1所示。

表1-2　　　　　　2002年—2011年 国民生产总值与建筑业总产值　　　　　　　单位:亿元

年份	2002	2003	2004	2005	2006	2007	2008	2009	2010	2011
国民生产总值	119 095.68	134 976.97	159 453.6	183 617.37	215 904.41	266 422.00	316 030.34	340 319.95	399 759.54	468 562.38
建筑业总产值	18 527.18	23 083.87	29 021.45	34 552.10	41 557.16	51 043.71	62 036.81	76 807.74	96 031.13	116 463.32
建筑业比重	15.56%	17.10%	18.20%	18.82%	19.16%	19.25%	19.63%	22.57%	24.02%	24.86%

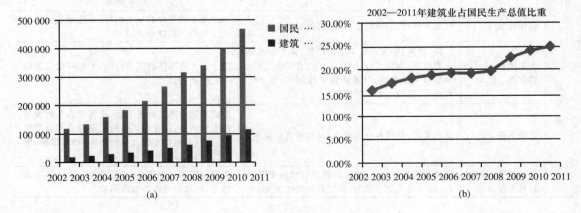

图1-1　国民生产总值与建筑业总产值

2. 建筑业建造大量生产性建(构)筑物,为国民经济各部门提供物质技术基础

建筑业承担了基础产业和基础设施建设的重要任务。全国铁路营业里程从 1978 年的 5.17 万 km 发展到 2009 年的 8.6 万 km;全国公路总里程已达到 377.8 万 km,是 1978 年的 3 倍多,其中高速公路已超过 6.5 万 km,位居世界第二;民用航空营业里程已从 1978 年的 14.9 万 km 发展到 2008 年的 246.2 万 km。特别是近几年来,三峡工程、青藏铁路、西气东输等一大批高、大、精、尖的重大基础设施项目相继建成,标志着我国建造能力和技术水平已步入世界先进行列。

3. 建筑业为改善人民居住条件、提高精神和文化生活功不可没

截至 2008 年底,城镇人均住房建筑面积达到 28m² 以上,是 1978 年人均住房面积的 4.2 倍;农村人均住房建筑面积已达 32.42m²,是 1978 年人均住房面积的 4 倍。近几年,中央和地方政府更是加大保障性住房投入,为解决低收入和困难家庭住房取得了实实在在的进展。2011 年,全国全年新开工建设城镇保障性安居工程住房 1043 万套(户),基本建成 432 万套。全国建筑业企业完成房屋建筑竣工产值 35440 亿元。

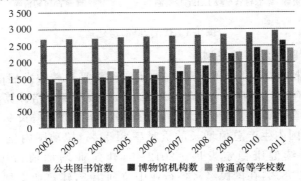

图 1-2　2002—2011 年公共图书馆、博物馆、普通高校建造数

4. 建筑业生产带动相关部门的生产

建筑产品的生产过程是物质资料的消耗过程。国民经济绝大多数部门都向建筑业提供不同的材料、设备、生活资料及各种技术服务,如冶金、化工、机器、仪表、纺织、轻工、交通运输、科学研究、粮食等。据不完全统计,仅房屋建筑工程所需的建筑材料就有 76 大类、1800 多品种。我国建筑业主要材料消耗量占国内消耗量的比例分别为:钢材 20%～30%,水泥 70%,木材 40%,玻璃 70%,塑料制品 25%。建筑业所需的运输量约占总运输量的 8%。

由此可见,建筑业的生产可以带动各个生产部门的生产,对整个国民经济产生很大的相关效应。这也是我国在经济不景气的时候,往往把钱投到基本建设的原因。

5. 建筑业容纳大量劳动力

建筑业是劳动密集型产业,可以提供大量的就业岗位。建筑业相对于其他部门,机械化程度较低,自动化程度更低,劳动技术含量不高,因而可以为我国农村地区剩余劳动者提供就业机会。数据显示,1980 年建筑业从业人数 648 万人,约占全社会就业人数的 1.5%,到 2012 年,建筑业从业人数 4180.8 万人,全社会就业人数 76704 万人,约占 5.5%。近 10 年建筑业就业人数平均年增长率约 8%。建筑业就业人数中来自农村的农民工占绝大多数。

6. 建筑业可以吸收大量的消费资金

如果能把社会消费资金(包括储蓄)吸引到住宅消费上来,使消费资金转化为生产资金,从而刺激生产,就有利于使经济向良性循环的方向发展。这一方面为社会消费资金提供了良好的出路,另一方面也为建筑业提供了大量的生产资金,从而达到引导消费、调整消费结构、促进生产的效果。同时,由于住宅是人类的基本需要,而且,在居住面积数量基本满足需要之后,还会出现对居住环境质量不断提高的需要,因而住宅建筑市场容纳社会消费资金的能力是相当巨大的,也就是说,建筑业吸收社会消费资金的能力是相当巨大的。

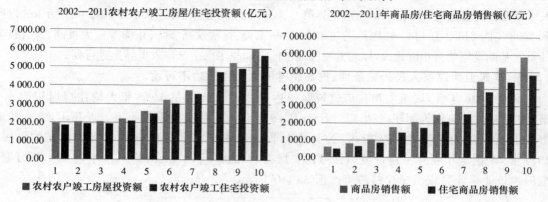

2002—2011农村农户竣工房屋/住宅投资额(亿元)　2002—2011年商品房/住宅商品房销售额(亿元)

■农村农户竣工房屋投资额　■农村农户竣工住宅投资额　　■商品房销售额　■住宅商品房销售额

图 1-3　住宅、商品房建造

7. 建筑业能调节国民经济的发展

2012 年,在国家继续加强和改善宏观调控,促进经济平稳较快发展的总体布局下,我国国民经济发展保持稳中有进,国内生产总值 519 322 亿元,按不变价格计算比上年增长 7.8%,全年全社会建筑业实现增加值 35 459 亿元,按不变价格计算比上年增长 9.3%,增速高出国内生产总值增速 1.5%,对国内生产总值增长的贡献率 8.03%,拉动国内生产总值增长 0.6%,有力支持了国民经济持续健康稳定发展。2012 年,建筑业增加值占国内生产总值比重为6.83%,比上年增加 0.08%,在国民经济各行业中位列第 5,建筑业支柱产业地位得到进一步巩固。2000—2012 年建筑业增加值占国内生产总值的比重,如图 1-4 所示。

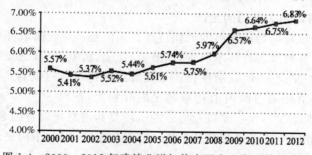

图 1-4　2000—2012 年建筑业增加值占国内生产总值的比重

1.2　工程造价的概念

1.2.1　建设项目

建设项目是指按固定资产投资方式进行的一切开发建设活动,包括国有经济、城乡集体经济、联营、股份制、外资、港澳台投资、个体经济和其他各种不同经济类型的开发活动。

建设工程项目是固定资产再生产的基本单位,一般是指经批准包括在一个总体设计或初步设计范围内进行建设,经济上实行统一核算,行政上有独立组织形式,实行统一管理的建设单位。通常以一个企业、事业行政单位或独立的工程作为一个建设项目。一个建设项目包括一个总体设计中的主体工程及相应的附属、配套工程、综合利用工程、环境保护工程、供水、供电工程等。凡是不属于一个总体设计、经济上分别核算、工艺流程上没有关联的几个独立工程,应分别作为几个建设项目,不能捆在一起作为一个建设项目。建设项目有如下几种划分方式:

1. 按项目的性质划分

(1)新建项目:是指从无到有、"平地起家"、新开始建设的项目。有的建设项目原有基础很小,经扩大建设规模后,其新增加的固定资产价值超过原有固定资产价值三倍以上的,也算新建项目。

(2)扩建项目:是指原有企业、事业单位为扩大原有产品生产能力(或效益)或增加新的产品生产能力而新建主要车间或工程的项目。

(3)改建项目:是指原有企业为提高生产效率、改进产品质量或改变产品方向而对原有设备或工程进行改造的项目。有的企业为了平衡生产能力,增建一些附属、辅助车间或非生产性工程,也算改建项目。

(4)迁建项目:是指原有企业、事业单位由于各种原因经上级批准搬迁到别处建设的项目。迁建项目中符合新建、扩建、改建条件的,应分别作为新建、扩建或改建项目。迁建项目不包括留在原址的部分。

(5)恢复项目:是指企业、事业单位因自然灾害、战争等原因,使原有固定资产全部或部分报废后投资按原有规模重新恢复的项目。在恢复的同时进行扩建的,应作为扩建项目。

2. 按投资计划管理划分

(1)基本建设项目:是指利用国家财政预算内投资、地方财政预算内投资、银行贷款、外资、自筹资金和各种专项资金安排的新建、扩建、迁建、复建项目和扩大再生产性质的改建项目。

(2)更新改造项目:是指利用中央、地方政府补助的更新改造资金、企业的折旧基金和生产发展基金、银行贷款和外资安排的企业设备更新或技术改造项目。

(3)商品房屋建设项目:是指由房屋开发公司综合开发,建成后出售或出租的住宅、商业用房以及其他建筑物的建设项目,包括新区开发和危旧房改造项目。

(4)其他固定资产投资项目:是指国有单位纳入固定资产投资计划管理但不属于基本建设、更新改造和商品房屋建设的项目。

3. 按工程项目管理划分

(1)单项工程:一般是指有独立设计文件,建成后能独立发挥效益或生产设计规定产品的车间(联合企业的分厂)、生产线或独立工程等。一个项目在全部建成投产以前,往往陆续建成若干个单项工程,所以单项工程也是考核投产计划完成情况和计算新增生产能力的基础。

(2)单位工程(子单位工程):是指具有独立施工条件的工程,但建成后一般不能发挥效益,它是单项工程的组成部分。通常将一个单项工程按不同性质的工程内容组织施工和编制工程造价的要求划分为若干个单位工程。如工业建设中一个车间是一个单项工程,车间的厂房建筑是一个单位工程,车间的设备安装是另一个单位工程。

(3)分部工程(子分部工程):是单位工程的组成部分,按建筑安装工程的结构、部位或工序划分的,如一般房屋建筑可分为土方工程、打桩工程、砖石工程、混凝土工程、装饰工程等。

(4)分项工程:是对分部工程的再分解,指在分部工程中能用较简单的施工过程生产出来,并能适当计量和估价的基本构造。一般是按不同的施工方法、材料品种和结构构件规格等划分的,如砌筑(分部)工程可以划分成砖基础、砖内墙、砖外墙等分项工程。分部、分项工程是编制施工预算,制订检查施工作业计划,核算工、料费的依据,也是计算施工产值和投资完成额的基础。建设项目划分如图1-5所示。

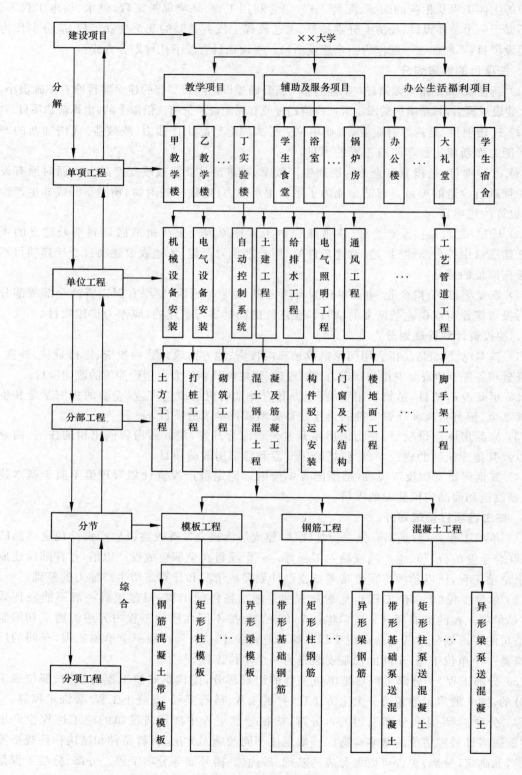

图 1-5　建设工程的项目划分示意图

1.2.2 工程造价的含义

建设工程造价(以下简称"工程造价")就是建设工程项目的建造价格,有两层含义:

(1)从投资者或业主的角度来定义,工程造价是指建设工程项目按基本建设程序展开一系列活动所需预期开支(估算、概算、预算)或实际开支(结算、决算)的投资费用,如图 1-6 所示。也就是该项目通过建设形成的固定资产、无形资产、流动资产、递延资产和其他资产所需的一次性费用的总和。

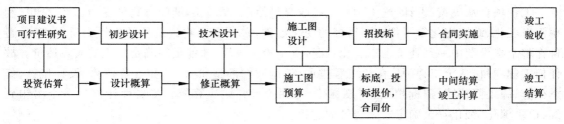

图 1-6 建设工程多次计价示意图

(2)从承包商或供应商的角度来定义,工程造价是指工程价格,即在建设的各阶段(土地市场、设备市场、技术服务市场、劳务市场、招投标市场及其他有形建筑市场等)交易活动中,发生的预期或实际形成的工程价格或承发包价。

发包价格与承包价格是工程造价中重要的价格,它是由需求主体(投资者)和供给主体(建筑商)共同认可的价格,在我国通常通过招投标加以确认。

工程造价的两种含义是从不同角度把握同一事物的本质。对建设工程的投资者来说,工程造价就是项目投资的费用,是其"购买"工程项目付出的价格;投资者在销售已建成或在建的建筑产品时,工程造价就是其销售定价的基础。对于承包商、供应商与规划、设计等单位来说,工程造价是其作为市场供给主体"出售"商品和劳务价格的总和,或是特指范围的工程造价,如建筑安装工程造价。

工程造价的两种含义既统一,又有所区别。最主要的区别在于需求主体和供给主体在市场中所追求的经济利益不同,因而管理的性质和管理目标不同。从管理性质看,前者属于投资管理范畴,后者属于价格管理范畴,但二者又互相交叉。从管理目标看,投资者在进行项目决策和项目实施中,首先追求的是决策的正确性,投资额的大小、项目价值(即功能和价格之比)是投资决策的重要依据;其次,在项目实施中完善工程项目功能,提高工程质量,降低投资费用,按期或提前交付使用,是投资者始终关注的问题。作为承包商所关注的是利润,故期望的是项目有较高的工程造价。不同的管理目标,反映他们不同的经济利益,但他们都受支配价格运动的诸多经济规律的影响和调节。他们之间的矛盾正是市场的竞争机制和利益风险机制的必然反映。

工程造价具有大额性、单件性和动态性的特点。

1.2.3 工程计价

工程计价是指工程造价的计算与确定。工程计价有别于一般商品的计价,其计价特征是由工程造价的特点及基本建设程序决定的,了解这些特征,对工程造价的确定与控制是非常必要的。

1. 单件性计价特征

任何一项工程都有其特定的用途、功能、规模,因而对建筑、造型、结构、构造、空间分割、设备配置和内外装饰等都有具体的要求,工程的实物形态具有个别性。即使外形一样(如有些标准化厂房、同区住宅),由于项目所处地质条件、施工方法和措施、建筑材料、施工时间等不同,它们的造价也是唯一的,实际上每个建筑产品都是唯一的,因而每项工程都必须单独计算造价。

2. 多次性计价特征

工程项目从决策、设计、施工到竣工验收交付使用,周期长,期间有物价变动、设计变更、利率汇率变化、政策变化等可控或不可控的变化因素,必然会影响到造价的变动。所以,工程造价在整个建设期中一直处于动态变化状况,直至竣工决算,才能最终确定工程的实际造价。故任何工程项目,造价工程师应随着工程进展,编制不同的造价文件,如投资估算、设计概算、修正概算、施工图预算、招标控制价、投标价、合同价、结算、决算等。多次性计价是一个由粗到细、逐步深化、细化直至确定实际造价的过程。

(1)投资估算是指在项目建议书和可行性研究阶段,对拟建项目所需投资预先估算所得的造价文件。投资估算是项目决策、筹集资金和控制造价的主要依据。

(2)设计概算是指在初步设计阶段,根据设计意图,对拟建项目所需投资预先测算的工程造价。概算较投资估算的准确性有所提高,但它受估算造价的控制。概算造价的层次性十分明显,分工程项目概算总造价、各个单项工程概算综合造价、各单位工程概算造价。

(3)修正概算造价是指在技术设计阶段,根据技术设计的要求,通过编制修正概算文件预先测算的工程造价。它对设计概算进行修正调整,比概算造价更准确,但受概算造价控制。

(4)施工图预算造价是指在施工图设计阶段,依据施工图和有关定额编制造价文件;它比概算造价或修正概算造价更为详尽和准确,但同样要受前一阶段所确定的工程造价的控制。

(5)招标控制价是指在招标准备阶段,由招标人自行编制,或委托有资质的监理单位、咨询单位编制的工程造价。它既是招标人对招标项目的预期价格,也是评标、确定中标人的依据。

(6)投标报价是指投标人根据招标文件的有关规定及招标人提供的工程量清单,结合企业自身条件,对投标项目确定其投标价。投标报价直接关系到能否中标,是承发包双方进行合同谈判的基础。

(7)承发包价指在工程施工阶段由发包、承包双方根据市场行情,通过招标投标或其他方式共同议定和认可的成交价格,并以合同形式书面确定。按计价方法不同,建设工程合同有许多类型,不同类型合同的合同价内涵也有所不同。按现行有关规定可采用固定合同价、可调合同价和成本加酬金合同价三种合同价形式。

(8)结算价是指在工程施工进展到某个阶段按合同调价范围和调价方法,对实际发生的工程量增减、设备和材料价差等进行调整后计算和确定的价格。结算价是该工程项目在该结算期内的实际价格。

(9)竣工决算价是指竣工决算阶段,通过编制建设项目竣工决算书,最终确定整个建设项目全部开支的实际工程造价。

3. 组合性计价特征

工程造价的计算是分部分项组合而成。这一特征和建设项目的划分有关,一个建设项目是一个工程综合体,这个综合体可以分解成许多有内在联系的独立和非独立工程(图1-5)。

建设项目的这种组合性决定了计价具有组合的特征,这一特征在计算概算造价和预算造价时尤为明显,所以也反映到承包发包价格和结算价。其计算过程和计算顺序是:分部分项工程造价→单位工程造价→单项工程造价→建设项目总造价。

4. 计价方法多样性特征

由于工程造价具有多次计价的特点,每次计价中有不同的计价依据和精度要求,这就造成了计价方法有多样性特征。其中,计算和确定概、预算造价有两种基本方法,即单价法和实物法;计算和确定投资估算的方法有设备系数法、生产能力指数估算法等。不同的方法,利弊不同,适应条件也不同,所以,计价时要加以选择。

5. 计价依据的复杂性特征

影响造价的因素多,计价依据复杂,种类繁多。主要可分为以下7类:

(1)计算设备数量和工程量依据。包括项目建议书、可行性研究报告、设计文件等。

(2)计算人工、材料、机械等实物消耗量依据。包括投资估算指标、概算定额、预算定额等。

(3)计算工程要素的价格依据。包括人工单价、材料价格、材料运杂费、机械台班费等。

(4)计算设备单价依据。包括设备原价、设备运杂费、进口设备关税等。

(5)计算其他直接费、现场经费、间接费和工程建设其他费用依据,主要是相关的费用定额、指标和政府的有关文件规定。

(6)政府规定的税金税率和规费费率。

(7)物价指数和工程造价指数。

依据的复杂性不仅使计算过程复杂,而且要求计价人员熟悉各类依据,并加以正确利用。

1.3 工程造价管理

1.3.1 工程造价管理的含义

根据工程造价的两种含义,工程造价管理也包含两种管理内涵。第一种是工程项目投资费用管理,就是为了达到预期的效果(效益)对工程项目的投资行为进行计划、预测、组织、指挥和监控等一系列活动;第二种是工程价格管理,就是为了实行工程造价的预期目标,在拟定的规划与设计方案或施工方案的条件下,预测、计算、确定和监控工程造价及其变动的一系列活动。前者属于投资管理范畴,后者属于价格管理范畴。价格管理又分为两个层次:宏观层次上的价格管理是政府根据社会经济发展要求,利用法律、经济和行政等手段,对价格进行管理和调控,以期达到规范市场主体价格;微观层次上的价格管理,是施工企业根据市场价格,对工程项目进行成本控制、计价、定价和竞价,通过调整内部价格管理来适应市场价格变化。

1.3.2 工程造价控制

工程造价控制是工程造价管理主要的内容。工程造价控制是指通过利用科学管理方法和先进管理手段,运用动态控制原理,将工程造价控制在预先确定的目标造价范围内。要经常将实际工程造价与相应的目标造价进行比较。若发现实际工程造价偏离工程目标造价,应采取纠偏措施,包括组织措施、技术措施、经济措施、合同措施、信息管理措施等,以确保工程投资费用总目标或工程计划目标造价的实现。

对于参与项目建设主体而言,工程目标造价是不同的。从业主方的角度,工程目标造价是指对某项目预期投资的总费用;而对建筑安装施工企业来说,工程目标造价是指在建设各阶段预计为营造工程实体所形成的工程价格(或施工成本)。

在社会主义商品市场经济条件下,工程造价(价格)是通过招标投标或其他交易方式,在多次计价后由市场形成的价格。施工企业与业主是经济效益和利润的两个矛盾主体。施工企业追求利润最大化,希望提高工程造价,而业主为追求投资效益,则希望降低工程造价。经承发包双方确认后成为工程结算的依据。当工程承包价格在确定的条件下,施工企业获得利润的途径只有降低工程施工成本。

综上所述,业主方的工程造价控制就是投资控制,即对构成工程造价的所有费用进行控制,较早时期的造价控制主要是对建筑安装工程费用的控制,但项目定位、材料和设备的选择及规划设计对工程造价起着重要作用;施工方的工程造价控制是施工成本控制,即对构成工程成本的所有费用进行控制。

1.3.3 工程造价控制的主要内容

工程项目建设过程中,对工程建设前期可行性研究、投资决策到设计、施工、竣工交付使用前所需全部建设费用的确定、控制、监督和管理,随时纠正发生的偏差,保证项目投资目标的实现,以求在各个建设项目中能够合理地使用人力、物力、财力,以取得较好的投资效益,最终实现竣工决算控制在审定的概算额内。工程造价控制是运用动态控制原理进行的。各阶段造价控制的主要内容为:

(1)项目决策阶段,根据拟建项目的功能要求和使用要求,做出项目定义,包括项目投资定义,并按项目规划的要求和内容,随着项目分析和研究的深入,逐步将投资估算的误差率控制在允许的范围之内。

(2)初步设计阶段,运用标准化设计、价值工程方法、限额设计方法等,以可行性研究报告中被批准的投资估算为工程造价目标值,控制初步设计。如果设计概算超出投资估算(包括允许的误差范围),应对初步设计的结果进行调整和修改。

(3)施工图设计阶段,则应以被批准的设计概算为控制目标,应用限额设计、价值工程等方法,以设计概算作为施工图设计依据。如果施工图预算超过设计概算,则说明施工图设计的内容或标准突破了初步设计所规定的项目设计原则,因而需对施工图设计的结果进行调整和修改。通过对设计过程中所形成的工程造价费用的层层控制,以实现工程项目设计阶段的造价控制目标。

(4)施工准备阶段,以工程设计文件(包括概、预算文件)为依据,结合工程施工的具体情况,如现场条件、市场价格、业主的特殊要求等,进行招标文件的制定,编制招标工程的标底(也称招标控制价)和投标项目的投标报价,选择合适的合同计价方式,确定工程承包合同的价格。

(5)工程施工阶段,以施工图预算、工程承发包合同价等为控制依据,通过工程计量、控制工程变更等手段,按照承包方实际完成的工程量,严格确定施工阶段实际发生的工程费用。以合同价为基础,同时考虑因物价上涨所引起的造价提高,考虑到设计中难以预计的而在施工阶段实际发生的工程和费用,合理确定工程结算,控制实际工程费用的支出。

(6)竣工验收阶段,全面汇集在工程建设过程中实际花费的全部费用,编制竣工结(决)算,如实反映建设项目的实际工程造价,并总结分析工程建造的经验,积累技术经济数据和资料,不断提高工程造价管理的水平。

在进行投资控制时,要真正做到设计概算不超过投资估算,施工图预算不超过设计概算,竣工结算不超过施工图预算,应按下列要求进行:①以设计阶段为重点的建设全过程造价控制;②采取主动控制,加强工程造价管理;③采用技术与经济相结合的有效手段,优化设计和施工方案。

1.4 我国工程造价管理的历史沿革

1.4.1 工程造价管理体制的建立阶段(1949—1958年)

工程造价管理体制建立于建国初期。新中国成立初期,全国面临着大规模的恢复重建工作,特别是第一个五年计划期间,基本建设规模不断扩大,为合理确定工程造价,用好有限的基本建设资金,引进了一套苏联的概预算定额管理制度,同时也为新组建的国营建筑施工企业建立企业管理制度。1957年颁布的《关于编制工业与民用建设预算的若干规定》规定了各个不同设计阶段都应编制概算和预算,明确了概预算的作用。在此之前,国务院和国家建设委员会还先后颁布了《基本建设工程设计和预算文件审核批准暂行办法》《工业与民用建设设计及预算编制暂行办法》《工业与民用建设预算编制暂行细则》《建筑安装工程间接费定额》《建筑工程预算定额》《建筑工程扩大结构定额》等文件。这些文件、定额的颁布,建立了概预算工作制度,确立了概预算在基本建设工作中的地位,同时对概预算的编制原则、内容、方法和审批、修正办法、程序等作了规定,确立了对概预算编制依据、实行集中管理为主的分级管理原则。

在当时计划经济模式下,我国基本建设大规模集中建设的条件下,概预算制度的建立,有效地促进了建设资金的合理和节约使用,为国民经济恢复和第一个五年计划的顺利完成起到了积极的作用。但这个时期的造价管理只局限于建设项目的概预算管理。

1.4.2 工程造价管理倒退、调整阶段(1958—1976年)

(1)1958—1961年的"大跃进"时期,随着基本建设的管理权下放到各省、市、自治区,概预算定额的编制权与定额管理权也全部下放,原国家计委和国家建委先后编制的各种定额及文件也逐渐废止,概预算部门及人员被精简,概预算控制投资作用被削弱。

(2)1961—1965年,提出了"管理、调整、巩固、充实和提高"的要求,概预算及其定额管理有了一定的恢复,并编制了《全国统一预算定额》,但在无政府主义环境状态下,没有从根本上改变概预算管理的不良状况。

(3)1966—1976年,概预算管理和概预算定额管理工作遭到严重破坏。概预算定额管理机构被撤销,预算人员改行,大量基础资料被销毁,定额被说成是"管、卡、压"的工具,造成"设计无概算,施工无预算,竣工无决算,投资大敞口,皆吃大锅饭"的局面。1967年,建工部直属企业实行经常费制度,工程完工后向建设单位实报实销,从而使施工企业变成行政事业单位。这一制度实行了6年,于1973年1月1日被迫停止,恢复了建设单位与施工单位施工图预算结算制度。1973年,制订了《关于基本建设概算管理办法》,但未能施行。

1.4.3 工程造价管理恢复发展阶段(1977—2003年)

(1)1976年"文革"结束至1993年,工程造价管理得到迅速恢复和进一步加强。国家恢复重建造价管理机构,1983年国家计委成立了基本建设标准定额研究所、基本建设标准定额局,加强对工程造价管理的组织和领导。各有关部门、各地区也陆续成立了相应的管理机构。这项管理工作于1988年划归建设部,成立标准定额司。在此期间,陆续编制和颁发许多预算定额,如1979年,国家建委颁发了《通用设备安装工程预算定额》(9册);1981年,国家建委印发《建筑工程预算定额》,之后,各省、市、自治区据此定额为蓝本,相继颁布了各地的《建筑工程预算定额》;1982年,颁发《公路工程预算定额》及《公路工程概算定额》;1983年,国家建委和国家计委陆续颁发了各部委主编的各专业专用预算定额、概算定额和概算指标共27本;1986年,颁发《全国统一安装工程预算定额》(共15册);1988年,编制《市政工程预算定额》(共9册)及《仿古建筑及园林工程预算定额》(共4册);1992年,颁发《建筑装饰工程预算定额》。

(2) 1993—2003年是工程造价管理的发展时期。随着经济体制改革和对外开放政策的实施,由国家地方政府统一确定消耗量标准和价格的静态的造价管理模式已无法满足在市场多变情况下的工程造价管理的需要。为此,建设部于1995年颁发《全国统一建筑工程基础定额》。随后,全国各地根据基础定额编制各地的建筑工程预算定额。新编制的预算定额与以往的预算定额的本质区别在于:定额人工、材料和机械台班消耗量标准定额是统一的,而人工费、材料费、机械台班费的单价定额给出参考价作为指导价格,让承发包双方协商确定,也就是"控制量、指导价"。这是一个介于完全定额计划的静态计价模式与工程量清单计价的动态计价模式之间的半动态的计价模式。这种计价模式在社会主义市场经济初期具有积极的作用。

1.4.4　工程造价管理深化改革阶段(2003年至今)

随着市场经济体制的进一步改革开放及我国加入世贸组织,"控制量、指导价"的计价模式已不能适应市场的需要。因为由于"控制量"的要求,就不能准确反映各施工企业的实际消耗量及其施工成本,也就谈不上让企业在招投标中的自主报价,不能充分体现市场公平竞争的要求。因此,唯有对我国的工程造价管理体制与模式进行深化改革。根据建设部2002年工作部署和建设部标准定额司工程造价管理工作要点,为改革工程造价计价方法,推行工程量清单计价,建设部标准定额研究所受标准定额司的委托,于2002年2月28日开始组织有关部门和地区工程造价专家编制《建设工程工程量清单计价规范》(以下简称《计价规范》),经建设部批准为国家标准,于2003年7月1日正式施行。《计价规范》的实施,标志着我国工程造价管理进入一个新的历史阶段。工程造价实行动态计价模式,即人工、材料和施工机械台班的消耗量企业可以自行确定,人工费、材料费和施工机械台班费单价,企业可以根据市场因素自行确定。此外,企业还可以自行确定施工管理费、利润等费用,完全体现了企业报价的自主权。

1.5　我国注册造价工程师制度

1.5.1　注册造价工程师的含义

1. 造价工程师

造价工程师从字面上理解,"造价"是指项目从筹建至竣工交付使用的全部投资费用或工程价格;"工程"是指将工程技术、工程原理和实践经验相结合的方法,确定项目的设计与施工方案,并经过优化;"师"是指有专业知识或技能的人。归纳起来,"造价工程师"就是这样一个群体,他们懂技术、懂经济、懂管理、懂法律,并有实践经验,为工程建设提供全过程工程造价的确定、控制和管理服务,使工程技术与经济管理密切结合,达到投入工程项目的人力、物力和资金有效充分利用,使既定的工程造价限额得到控制,获得最大的投资效益和经济效益。

2. 注册造价工程师

注册是执业资格制度的要求,造价工程师通过考核由国家授予资格并准予注册后方可执业。注册造价工程师属于国家授权与许可执业的性质,与他的专业职称意义不同。无论他的职称是工程系列,还是经济系列,也不论他是高级职称还是中级职称,只有取得造价工程师资格并注册,方能在社会上执业,从事工程造价管理方面的工作。

1.5.2 造价工程师执业资格制度

造价工程师执业资格制度是指国家建设行政主管部门或其授权的行业协会,依据国家法律法规制定的规范造价工程师执业行为的系统化的规章制度。

1. 造价工程师执业资格制度的内容

造价工程师执业资格制度的主要内容如下:

(1) 考试制度和资格标准;

(2) 注册制度、执业范围与规程、规范体系;

(3) 继续教育制度;

(4) 行业服务质量管理制度;

(5) 纪律检查与行业监督制度;

(6) 风险管理与保险制度;

(7) 造价工程师职业道德规范。

2. 建立造价工程师执业资格制度的作用

① 提高执业水准。由于我国长期实行的工程造价计价模式,造成我们的造价专业人员整体业务水平不高,主要表现为:第一,只会根据定额规定的量、价机械地、静态地确定工程造价,脱离定额,根据市场变化动态地进行造价计算的能力不强。第二,只会做项目每一阶段的造价管理工作,缺乏项目全过程的造价管理经验。第三,只熟悉工程造价经济方面的知识,缺乏工程技术、工程管理及法律法规等方面的知识。第四,只会编制工程造价文件,缺乏对工程造价的主动控制能力。实行造价工程师执业资格制度,是政府对从事工程造价的专业人员提出的必须具备的资质条件,达不到资格标准者,不予准入。

② 规范执业道德。造价工程师的工作特点,往往会对项目参与各方的利益有直接影响,有时会受到某种诱惑。当造价工程师缺乏执业道德时,就会犯错,甚至犯罪。因此,必须制定系统的规章制度,作为每个造价工程师履行的义务,必须遵循,如果违反制度,主管部门将按规定注销其注册证,从而规范执业道德,净化行业风气。

3. 建立造价工程师执业资格制度的意义

(1) 深化工程造价管理体制改革的需要

我国工程造价计算模式从定额计价到企业自主报价,从静态计价到动态计价,是我国由计划经济向市场经济转化在工程造价管理领域的反映,是改革深化的必然结果。这就要求造价工程师不断通过继续教育制度来提高专业业务水平,以适应造价管理体制的改革。

(2) 参与国际经济交流与合同的需要

很多国家的造价人员,如英国的工料测量师、美国的造价工程师、日本的积算师等都必须经过专业学会组织的考试、继续教育、培训后取得执业资格。过去，我们没有造价工程师执业资格制度，使很多造价管理工作及工程计价得不到外方认可，因而无法承担外资项目、世行贷款项目等造价管理和咨询工作。建立造价工程师执业资格制度，正是为了使我们的专业队伍尽快融入国际市场，与国际组织进行公平交易、参与技术、经济交流与合作。

（3）维护国家和社会公众利益的需要

造价工程师为委托方作工程造价咨询服务，应维护国家和当事人的合法权益。造价工程师应依法独立执行业务，不受非法或行政干预。造价工程师应充分履行自己的职责，有效发挥为社会提供造价咨询服务的作用。

（4）提高和促进工程造价专业队伍素质和业务水平的需要

改革开放以来，各企业重视经济效益，因而开始重视工程造价专业人员的工作。目前，专业人员的业务水平总体有所提高，但仍然不能适应形势发展的需要，特别是缺乏优化决策、设计、施工等方案的知识和技能，缺乏项目管理、全过程造价管理与控制、工程索赔、风险管理、投标策略等方面的综合运用能力。通过建立适应市场经济和社会需求的行业管理体制、行业监督制度、个体激励机制及继续教育制度等执业资格制度，提高执业人员的专业水平，促进工程造价管理质量的提高。

复习思考题

1. 何谓工程造价？
2. 试说明工程造价的两个含义的区别。
3. 工程造价有何特点？为什么？
4. 何谓建设项目？
5. 按照常用的划分方法，试对建设项目划分进行表述。
6. 在我国为什么要实行工程量清单计价？
7. 工程计价有哪些特征？
8. 什么是工程造价的多次计价特征？
9. 试叙述工程造价控制的含义。
10. 怎样进行工程造价的控制？
11. 简述我国工程造价管理在不同阶段的特点。
12. 何谓注册造价工程师？
13. 为什么在我国要建立造价工程师执业资格制度？

第 2 章 工程造价的相关知识

本章简要介绍了工程图纸、施工技术、相关法律等工程造价基础知识,简述项目决策分析与评价、市场分析与项目融资、项目方案比选、项目财务评价、经济评价、社会评价、不确定性分析、风险评价和项目后评价的基本概念和主要方法。通过本章的学习,了解工程造价专业所需具备的基本知识,了解项目决策阶段工程造价专业相关的主要工作。

内容提要与学习要求

2.1 基础知识

工程图纸是编制工程造价必要的基础资料之一,而识图和熟练运用图纸是造价人员最基本的技能。

2.1.1 工程图纸

根据工程建设程序,工程图纸包括设计方案图纸、初步设计图、技术设计(特殊项目)、施工图和施工深化图。一般情况下,编制估算用设计方案图,编制设计概算用初步设计图,编制施工图预算、工程量清单、招标控制价和投标报价用施工图,有些项目需要由施工单位做深化设计,那么,在编制结算时应考虑由于深化设计对于工程造价的影响。

一个工程项目一般都要设计几套方案图,并配有效果图,供有关方面比较、选用;初步设计图是在已确定的方案图基础上做出技术可行、经济合理的设计图,交上级主管部门审批;施工图是在经审批后的初步设计图基础上,进一步考虑解决各种技术问题、各设计工种协调统一、满足各项国家规范要求,进行各种构造设计和各种标准图集选用等。

施工图应满足施工要求。工程项目完整的施工图,按专业分应有建筑施工图、结构施工图和设备施工图。每个专业图纸都有图纸目录,以便于查阅。各专业设计还都有设计说明,主要说明工程概况、设计依据以及相关的内容。

2.1.1.1 建筑工程图纸

1. 建筑施工图(建施)

建筑图是根据正投影原理绘制的。建筑图纸包括总平面图、平面图、立面图、剖面图。

(1)平面图

房屋建筑平面图就是将一栋建筑物沿门窗洞的位置水平切割,并向下做投影所得的水平剖面图。平面图主要表示建筑物占地大小、台阶(底层平面图),内部分隔布置,房屋的轴距与进深尺寸,楼梯、门窗的位置和大小,墙的厚度和位置等。

(2)立面图

将房屋的主要墙面与其平行的投影面进行水平投影所得的投影图即为建筑立面图,其中反映主要出入口或比较明显地反映房屋外貌特征的立面图称为正立面,其余称为背立面、侧立面。通常也可按房屋的朝向命名,如南立面、北立面、东立面和西立面。有时也按轴线命名,如1轴—8轴,A轴—N轴等。立面图主要表示建筑物外表形状、层数与高度、门窗位置、外墙饰面、材料与做法等。

（3）剖面图

将建筑物在横向或纵向沿垂直方向切开并进行水平投影所得的投影图即为横向剖面图或纵向剖面图。剖切的位置一般选择建筑空间变化比较复杂或建筑内部做法有代表性的部位,复杂的建筑物往往需要好几张不同位置的剖面图。在一张剖面图中,想要表示不同位置的剖切,剖切面可以转折,但只允许转折一次。剖面图是主要建筑物内部在高度方向的情况,如屋顶的坡度、楼层与门窗的标高、楼板的厚度等。

建筑平、立、剖面图既有区别,又有紧密联系,缺一不可。只有通过平、立、剖三种图相互配合,才能完整表达建筑物从内到外,从水平到垂直的全貌。建筑平、立、剖面图是就整个建筑物为对象绘制的图纸,图纸尺寸与实物尺寸的比例通常按1∶200,1∶150或1∶100。

（4）详图

建筑物的细部构造、详细做法必须有节点详图来反映,节点详图的比例很小,如按1∶50,1∶10,甚至更小。

（5）总平面图

总平面图是反映各个单项工程、道路、绿化、建筑小品等在规划用地内的布置位置、尺寸和相互关系以及规划红线的位置,绘图比例一般按1∶500或更大。

（6）设计说明

建筑设计说明,涉及工程造价方面的一般有材料的选用、门窗等构配件选用的标准图集、楼地屋面的构造做法等。

2. 结构施工图(结施)

结构图一般包括各层结构平面图、构件配筋图、节点详图及设计说明。

（1）结构平面图

结构平面图包含桩位平面图、基础平面图、楼层平面图和屋面平面图。在平面图上反映钢筋混凝土柱、梁和剪力墙等构件的名称、尺寸及位置等内容,对板式基础、楼板和屋面板还应在相应的平面图上画出钢筋的配置。

（2）构件配筋图

结构构件的配筋图有画构件配筋全貌,但更多的是画出构件的断面配筋图。构件配筋图反映钢筋的尺寸、构件内的主筋、箍筋等。

（3）设计说明

结构设计说明,涉及工程造价方面的一般有各构件的混凝土标号、预制构件选用的标准图集、钢筋的强度等级、钢结构构件制造要求等。

3. 设备施工图

设备施工图主要表示给排水(水施)、采暖通风(暖施)、电气照明(电施)等设备的布置和安装要求。一般包括平面图、系统图和安装详图及设计说明。

2.1.1.2 市政工程图纸

市政工程包括道路工程、桥梁工程和地铁工程等。市政工程设计分二阶段进行,即初步设计阶段和施工图设计阶段。

1. 道路工程

道路工程初步设计图和施工图一般包括总体设计图和附属设施图。

① 总体设计图:平面图、纵断面图、横断面图及主要节点图。

② 附属设施图:构筑物和标志标线图。

初步设计和施工图设计的区别在于设计深度。前者满足上级部门审批和编制概算,后者需满足施工要求及编制投标价。在总体设计图中,施工图必须对各种节点绘制节点详图,附属设施的构筑物,施工图设计必须有足够的详图。

2. 桥梁工程

同样,桥梁工程初步设计图和施工图一般包括总体设计图和附属设施图。

① 总体设计图:平面图、立面图、剖面图、主要构件与节点详图、预应力配置图。

② 附属设施图:构筑物和标志标线图。

2.1.2 施工技术

工程项目施工采用何种施工技术和施工方案对工程造价有一定的影响,因此,工程技术人员在满足工程质量和安全的条件下,尽可能选择技术可行、经济合理的施工技术和施工方案。

2.1.2.1 土方工程

1. 建筑工程

土方工程施工包括土方的挖、运、填等基本工作,还包括基坑围护和降水等准备和辅助工作。

在建(构)筑物基础(坑)工程施工中,基坑土壁边坡坡度应根据土的种类、物理力学性能、工程地质条件、开挖深度、基坑暴露时间、坑顶堆载情况及项目环境等因素合理确定,并尽量控制基础施工操作面宽度;土方调配尽可能做到挖填平衡,使土方运输量最小;填方的边坡坡度,应根据填方高度、土的类别、使用年限和重要性合理确定。

当土质条件差、基础埋置深或受环境限制,不能采用放坡开挖时则采用土壁支护施工方案。土壁支护的类型如图2-1所示。基坑支护结构是基础工程施工的临时结构(地下连续墙围护兼地下室外墙除外),在满足必要的安全前提下,支护结构设计不要过于保守,造成浪费。在基础工程施工过程中,做好基坑的检测,发现问题,及时调整。

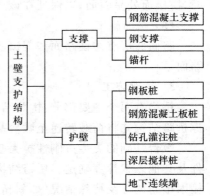

图 2-1 土壁支护类型

土方开挖前和基础施工过程中,做好排水和降水是保证文明施工、安全施工的必要措施之一。地面的排水应满足地面水及时流入市政排水系统,在基坑的四周设置排水沟,防止地面水流入基坑,坑内排水沟一般沿基坑周围和中间设置,水从排水沟流入集水井后用水泵抽去。地下水降水的方法有集水井降水法和井点降水法,地下水丰富或深基坑工程一般采用井点降水法。井点类型、适用范围及主要原理如表2-1所示。井点降水时,应设置观察井,随时掌握地下水降水和地面沉降情况。当发现地面有下沉并有可能对邻近建筑物和地下管线造成危害,应及时采取预防沉降的措施,如采用回灌井点技术。

表 2-1　　　　　　　　　　　　各种井点的适用范围

井 点 类 别		土的渗透系数（m/d）	降水深度（m）
轻型井点	一级轻型井点	$3 \times 10^{-4} \sim 2 \times 10^{-1}$	$3 \sim 6$
	多级轻型井点	$3 \times 10^{-4} \sim 2 \times 10^{-1}$	视井点级数而定
	喷射井点	$3 \times 10^{-4} \sim 2 \times 10^{-1}$	$8 \sim 20$
	电渗井点	$< 3 \times 10^{-4}$	视选用的井点而定
管井点	管井井点	$7 \times 10^{-2} \sim 7 \times 10^{-1}$	$3 \sim 5$
	深井井点	$3 \times 10^{-2} \sim 9 \times 10^{-1}$	> 15

2. 道路施工

（1）路基施工

路基土石方工程量大,施工的自然条件差,运输不便,涉及因素多且复杂。路基施工不仅与路基排水、预防和加固相互制约,而且同桥涵、路面等交错,因此路基施工是道路施工的重点和难点。

（2）路基施工内容

① 小型构筑物。小型构筑物包括小桥、涵洞、挡土墙等。这些通常与路基施工同时进行,并先于路基完工,有利于路基工程全线展开。

② 土石方工程。土石方工程是路基施工的关键工作,包括开挖路堑、填筑路堤、整平路基表面、修正边坡、修建排水沟渠及防护加固工程。

路堑开挖方法有纵向全宽掘进、横向通道掘进及纵横掘进混合三种方法。纵向全宽掘进是在道路的一端或两端,沿纵向向前开挖。横向通道掘进是先在路堑纵向挖出通道,然后分段同时横向掘进,这种方法扩大施工工作面,加快施工速度。土质路堤应分层填土压实,填土表面成双向横坡,有利于排除积水,不同土料水平分层,以保证强度均匀;同一层次用不同土料时,搭接面处呈斜面,以保证在该层厚度范围内,强度比较均匀,防止产生明显变形。

（3）路面施工

路面面层有柔性路面和混凝土路面,柔性路面包括水泥碎石路面、级配碎石路面和沥青路面。

3. 桥梁施工

桥梁有两个主要部分:桥跨结构和桥墩、桥台结构。桥墩、桥台(设置在桥两端)结构是支撑桥跨结构并将荷载转递至墩台基础与地基的结构件。

墩台基础的类型有刚性扩大基础、桩基础和沉井基础,由设计单位根据荷载、环境、地质条件及其他因素计算确定。桥跨结构分钢结构和钢筋混凝土结构。钢筋混凝土梁桥施工,除运输困难的地方及特殊情况(如斜桥、弯桥)尚采用现场整体浇筑外,多采用预制梁桥吊装法施工。预制梁的安装是桥跨结构施工的关键性工作,确定其吊装方案应考虑施工现场条件(陆地、水面)、桥梁长度和重量、设备供应条件和起重能力等情况。

2.1.2.2　混凝土结构工程施工

混凝土结构施工由钢筋、模板和混凝土 3 个工种组成。

1. 钢筋工程

钢筋的连接是钢筋工程施工中十分关键的工序,连接方法不同对工程造价有一定的影响。

（1）绑扎。钢筋绑扎的搭接长度应符合规范的规定,搭接长度通常在 $35 \sim 45d$,有特殊要求(处于轻骨料混凝土中、抗震)时还需加长。绑扎法会增加钢筋的用量。

（2）焊接。包括闪光对焊、电阻电焊、气压焊、电弧焊和电渣压力焊等。

（3）机械连接。主要包括挤压套筒接头、螺纹套筒接头水泥灌浆填充接头等。

2. 模板工程

模板为新浇混凝土成形用的模型。模板的设计、选择与安装对混凝土结构施工的质量、安全有着重要影响。在全现浇混凝土结构施工中，模板施工中工作量大、占工期也较长，对施工成本影响显著，模板的施工费用列入措施费或分部分项工程费中。

模板系统包括模板板块和支架两大部分。制作模板用的材料种类有很多，木、钢、竹、塑料、铝或混凝土构件等。木模板包括原木模板和木胶合板模板，由于我国森林资源匮乏，且重复利用率低，成本高，应尽量少用原木模板。

组合模板是在建筑工程、地下工程及路桥工程施工中运用最广泛的一种工具式模板。它由具有一定模数的若干类型的板块、角模、支撑和连接件组成，可以拼出很多尺寸和几何形状，以适应各种类型构件如梁、柱、板、墙、设备基础、桥墩等施工的需要，也可以拼成大模板、隧道模和台模等。施工时可以在现场组装，也可以预拼装成大块模板用起重机吊运安装。组合模板的板块可用钢框钢板制作，也有用钢框木(竹)胶合板制作。

大模板在建筑、桥梁与地下工程中广泛使用，大模板尺寸和重量都较大，如一个墙面用一块大模板，装拆均需起重机械。由于机械化程度较高，可减少模板施工用工量、缩短工期。

滑升模板广泛用于高耸建(构)筑物结构施工，如烟囱、高桥墩、电视塔高层建筑等。一个竖向结构，模板只需沿着结构一圈配置 1.2m 高度即可，可以节省模板和支撑材料，加快施工速度。但滑升模板对结构外形和构件断面变化有一定要求。

爬升模板是施工高层建筑剪力墙、筒体结构、桥塔等的一种有效的工具式模板体系，由于模板能自爬，不需起重机械吊运，减少了施工中起重机械的工作量。爬升的模板上可悬挂脚手架，可省去结构施工时的脚手架费用。目前，很多超高层建筑上部结构施工时，将爬升模板、脚手架及楼板模板组合成一个向上提升的系统，大大加快了施工速度，取得了很好的经济效益。

3. 混凝土工程

混凝土由水泥、砂石料、掺合料、外加剂和水等材料根据配合比设计，经计量、搅拌所成的拌合物。用于地下或水下结构的混凝土应采用抗渗混凝土，有特殊要求(抗酸、抗碱)的结构件采用特种混凝土，其余可用普通混凝土。混凝土按强度等级划分，从 C10 至 C80 不等。目前，除少量浇筑可在现场搅拌外，都要求用商品混凝土，商品混凝土具有机械化程度高、保证混凝土质量、供料速度快等优点。商品混凝土采用泵机通过输送管送到楼层浇筑，为使泵送混凝土顺利，提高可泵性，需对混凝土的原材料和配合比进行一定的调整，如根据输送管径控制粗骨料的直径，砂率和水灰比也有一定的调整，控制水泥的最小用量等，这些会增加混凝土的单位价格。

2.1.3 有关法律法规、标准和文件

工程造价涉及的面非常广泛，有关法律法规、国家规范、地方或行业标准、有关文件等改变、修订和颁发实施都会对工程造价有直接或间接的影响。以下列出影响工程造价的主要法律法规、标准和文件。

1. 法律法规

主要有《中华人民共和国建筑法》、《中华人民共和国合同法》、《中华人民共和国招标投标

法》以及其他相关法律法规，如《中华人民共和国价格法》、《中华人民共和国土地管理法》、《保险法》等。

2. 规范与标准

《建设工程工程量清单计价规范》(GB 50500—2013)；

《房屋建筑与装饰工程工程量计算规范》(GB 50854—2013)；

《通用安装工程工程量计算规范》(GB 500856—2013)；

《仿古建筑工程工程量计算规范》(GB 50855—2013)；

《市政工程工程量计算规范》(GB 50857—2013)；

《园林绿化工程工程量计算规范》(GB 50858—2013)；

《矿山工程工程量计算规范》(GB 50859—2013)；

《构筑物工程工程量计算规范》(GB 50860—2013)；

《城市轨道交通工程工程量计算规范》(GB 50861—2013)；

《爆破工程工程量计算规范》(GB 50862—2013)；

《全国统一建筑工程基础定额(土建)》(GJD-101—95)；

《全国统一建筑工程预算工程量计算规则(土建工程)》(GJD$_{GZ}$-101—95)；

《全国统一安装工程基础定额 第六册 管道组对、安装》(GJD 206—2006)；

《全国统一安装工程基础定额 第七册 设备制作组对安装》(GJD 207—2006)；

《全国统一安装工程基础定额 第八册 炉窑砌筑工程》(GJD 208—2006)；

《全国统一安装工程基础定额 第九册 电气设备自动化控制仪表安装工程》(GJD 209—2006)；

《城市轨道交通工程投资估算指标》(GCG 101—2008)；

《市政工程投资估算指标 第一册 道路工程》(HGZ 47-101—2007)；

《市政工程投资估算指标 第二册 桥梁工程》(HGZ 47-102—2007)；

《市政工程投资估算指标 第三册 给水工程》(HGZ 47-103—2007)；

《市政工程投资估算指标 第四册 排水工程》(HGZ 47-104—2007)；

《市政工程投资估算指标 第五册 防洪堤防工程》(HGZ 47-105—2007)；

《市政工程投资估算指标 第六册 隧道工程》(HGZ 47-106—2007)；

《市政工程投资估算指标 第七册 燃气工程》(HGZ 47-107—2007)；

《市政工程投资估算指标 第八册 集中供热热力网工程》(HGZ 47-108—2007)；

《市政工程投资估算指标 第九册 路灯工程》(HGZ 47-109—2007)。

3. 相关文件

《电子招标投标办法》；

《中央投资项目招标代理资格管理办法(发改委第 13 号令)》；

《工程建设项目施工招标投标办法(七部委 30 号令)》；

《建筑工程施工发包与承包计价管理办法(建设部令第 107 号)》；

《工程造价咨询企业管理办法(建设部令第 149 号)》；

《对外承包工程资格管理办法(商务部、住房和城乡建设部令 2009 第 9 号)》。

2.2 项目决策分析与评价

2.2.1 基本概念

决策是为达到一定的目标,从两个或多个可行的方案中选择一个较优方案的分析判断和抉择的过程。具体地说,决策是指人们为了实现特定的目标,在掌握大量有关信息的基础上,运用科学的理论和方法,系统地分析主客观条件,提出若干个预选方案并分析各种方案的优缺点,从中选出择优方案的过程。决策过程可以分为信息收集、方案设计、方案评价、方案抉择四个相互联系的阶段。这四个阶段相互交织、往复循环,贯穿于整个决策过程。

决策有诸多分类方法。根据决策对象的不同,可分为投资决策、融资决策、营销决策等;根据决策目标的数量,可分为单目标决策和多目标决策;根据决策问题面临条件的不同,可分为确定型决策、风险型决策和不确定型决策。

项目决策分析与评价包括方案构造、分析评价、比选优化以及评估论证的全过程。

项目决策分析与评价要注意方法的科学性,注意定量分析与定性分析相结合,以定量分析为主;动态分析与静态分析相结合,以动态分析为主,进行多方案比较与优化。多方案比选可以采用专家评分法、目标排序法等方法进行综合评价优化选择。

2.2.2 项目决策分析与评价的工作程序

项目决策分析与评价应分阶段由粗到细、由浅到深地循序渐进,一般分为投资机会研究、初步可行性研究、可行性研究和项目前评估四个阶段。

1. 投资机会研究阶段

投资机会研究(opportunity study,OS),也称投资机会鉴别,是指为寻找有价值的投资机会而进行的准备性调查研究。

投资机会研究的重点是分析投资环境,如在某一地区或某一产业部门,对某类项目的背景、市场需求、资源条件、发展趋势以及需要的投入和可能的产出等方面进行准备性的调查、研究和分析,目的是发现有价值的投资机会。

投资机会研究可分为一般投资机会研究与具体项目投资机会研究两类。

投资机会研究的成果是机会研究报告。机会研究报告是开展初步可行性研究工作的依据。投资机会研究阶段一般是参照类似项目的数据粗略估算项目的建设投资和生产成本。

2. 初步可行性研究阶段

初步可行性研究(pre-feasibility study,PS),也称预可行性研究,是在投资机会研究的基础上,对项目方案进行初步的技术、经济分析和社会、环境评价,对项目是否可行做出初步判断。主要是判断项目是否有生命力,是否值得投入更多的人力和资金进行可行性研究。

初步可行性研究的重点,主要是根据国民经济和社会发展长期规划、行业规划和地区规划以及国家产业政策,从宏观上分析论证项目建设的必要性,并初步分析项目建设的可能性。

初步可行性研究,如果判断项目是有生命力的,并有必要投资建设,即可以进一步进行可行性研究。需要指出的是,不是所有项目都必须进行初步可行性研究,有些小型项目或简单的技术改造项目,在选定投资机会后,可以直接进行可行性研究。

初步可行性研究的成果是初步可行性研究报告或者某项建议书,可根据投资主体及审批机构的要求确定。两者的差别表现在对研究成果的具体阐述上,初步可行性研究报告详尽一些,项目建议书简略一些。

3. 可行性研究阶段

可行性研究(feasibility study,FS)一般是在初步可行性研究的基础上进行的详细研究。通过主要建设方案和建设条件的分析比选论证,从而得出该项目是否值得投资、建设方案是否合理、可行的研究结论,为项目最终决策提供依据。因而,可行性研究也是项目决策分析与评价的最重要工作。

可行性研究的成果是可行性研究报告。对于需要政府核准的企业投资的重大项目和限制类项目,还应在可行性研究报告的基础上编制项目申请报告。

4. 项目前评估阶段

项目评估按项目周期的不同阶段分为前评估、中评估(又称中间评价)和后评估(又称后评价)。项目前评估指对为项目决策提供依据所编制的项目建议书、可行性研究报告和项目申请报告进行评估。

2.2.3 可行性研究报告的主要内容及深度要求

1. 可行性研究报告的主要内容

投资项目可行性研究的内容,因项目的性质和行业特点而异。从总体来看,可行性研究的内容与初步可行性研究的内容基本相同,但研究的重点有所不同,研究的深度有所提高,研究的范围有所扩大。可行性研究的重点是项目建设的可行性,必要时还需进一步论证项目建设的必要性。

一般投资项目可行性研究及其报告的主要内容包括:项目建设的必要性、市场分析、项目建设方案研究、投资估算、融资方案、财务分析(也称财务评价)、经济分析(也称国民经济评价)、经济影响分析、资源利用分析、土地利用及移民搬迁安置方案分析、社会评价、不确定性分析、风险分析、结论与建议等内容。

政府投资建设的社会公益性项目、公共基础设施项目和环境保护项目,除上述各项内容外,可行性研究及其报告的内容还应包括:政府投资的必要性、项目实施代建制方案、政府投资项目的投资方式、没有营业收入或收入不足以弥补运营成本的公益性项目,要从项目运营的财务可持续性角度,分析、研究政府提供补贴的方式和数额。

2. 可行性研究及其报告应达到的深度要求

(1) 可行性研究报告内容齐全、数据准确、论据充分、结论明确,能满足决策者定方案定项目的需要求。

(2) 可行性研究中选用的主要设备的规格、参数应能满足预订货的要求。引进的技术设备的资料应能满足合同谈判的要求。

(3) 可行性研究中的重大技术、财务方案,应有两个以上方案的比选。

(4) 可行性研究中确定的主要工程技术数据,应能满足项目初步设计的要求。

(5) 可行性研究阶段对投资和生产成本的估算应采用分项详细估算法,估算的准确度应达到规定的要求。

(6) 可行性研究确定的融资方案应能满足资金筹措及使用计划对投资数额、时间和币种的要求,并能满足银行等金融机构信贷决策的需要。

（7）可行性研究报告应反映在可行性研究中出现的某些方案的重大分歧及未被采纳的理由，供决策者权衡利弊进行决策。

（8）可行性研究报告应附有供评估、决策审批所必需的合同、协议、意向书、政府批件等。

2.2.4　项目决策与评价结论

在完成对项目各个方面的分析研究之后，需要对各方面的研究结果进行归纳，综合分析，形成评价结论，供决策者进行科学决策。

结论的具体内容主要包括推荐方案、主要比选方案的概述以及建议三部分。

2.3　市场分析与项目融资

2.3.1　市场分析

市场分析是项目决策分析与评价的基础，通过对项目的产出品、投入品或服务的市场容量、价格、竞争格局等进行的调查、分析、预测，为确定项目的目标市场、建设规模和产品方案提供依据。在企业决定投资方向与目标市场时，要进行战略分析，考虑企业总体发展战略，分析产品生命周期，研究市场竞争格局，制定有效的营销策略，为项目的成功打下基础。包括市场调查、市场预测和市场战略三个层面。

1. 市场调查

科学的投资决策建立在可靠的市场调查和准确的市场预测的基础上。市场调查是对现在市场和潜在市场各个方面情况的研究和评价，目的在于收集市场信息，了解市场动态，把握市场的现状和发展趋势，发现市场机会，为企业投资决策提供科学依据。

市场调查的内容因不同企业的不同需要而异。从投资项目决策分析与评价和市场分析的角度出发，市场调查的主要内容包括市场需求调查、市场供应调查、消费者调查和竞争者调查。市场调查方法可分为文案调查、实地调查、问卷调查、实验调查等几类。选择调查方法要考虑收集信息的能力、调查研究的成本、时间要求、样本控制和人员效应的控制程度。

2. 市场预测

市场预测是对事物未来或未来事物的推测，是根据已知事件通过科学分析去推测未知事件。市场预测是在市场调查取得一定资料的基础上，运用已有的知识、经验和科学方法，对市场未来的发展状态、行为、趋势进行分析并做出推测与判断，其中最为关键的是产品需求预测。市场预测是项目可行性研究的基本任务之一，是项目投资决策的基础。

市场预测要解决的主要问题包括投资项目的方向、投资项目的产品方案和投资项目的生产规模等。市场预测方法一般可以分为定性预测和定量预测两大类。

定性预测法可以分为直观预测法和集合意见法两类，其核心都是专家预测，都是依据经验、智慧和能力在个人判断的基础上进行预测的方法。直观判断法主要有类推预测法，集合意见法包括专家会议法和德尔菲法等。定量预测是依据市场历史和现在的统计数据资料，选择或建立合适的数学模型，分析研究其发展变化规律并对未来做出预测。可归纳为因果性预测、延伸性预测和其他方法三大类。

3. 市场战略

市场战略是指在投资方向和目标市场定位后，对产品生命周期内占有、扩大市场份额，竞争获胜,提高品牌知名度等方面进行的战略、策略研究,包括市场进攻、退出战略,价格策略、营销策略以及售后服务等。

产品生命周期是指一种产品从发明推广到应用、普及和衰败的过程。一个产品的生命周期传统上可分为四个阶段:导入期、成长期、成熟期和衰退期。

市场战略一般包括三个层次,即总体战略、基本竞争战略和职能战略。总体战略是确定企业的发展方向和目标,明确应该进入或退出哪些领域,选择或放弃哪些业务。基本竞争战略是确定开发哪些产品,进入哪些市场,如何与竞争者展开有效竞争等,包括成本领先战略、差异化战略和重点集中战略等。职能战略研究企业的营销、财务、人力资源和生产等的不同职能部门如何组织,为总体战略服务的问题,包括研发战略、投资战略、营销战略、生产战略、财务战略、人力资源战略等,是实现企业目标的途径和方法。

2.3.2 项目融资

融资方案研究是在已确定建设方案并完成投资估算的基础上,结合项目实施组织和建设进度计划,构造融资方案,进行融资结构、融资成本和融资风险分析,作为融资后财务分析的基础。

国家和地区的融资环境对项目的成败有重要影响,项目融资研究首先要考察项目所在地的融资环境。融资环境调查包括法律法规、经济环境、融资渠道、税务条件和投资政策等方面。

项目的融资主体是指进行项目融资活动并承担融资责任和风险的经济实体。实行项目法人责任制,由项目法人对项目的策划、资金筹措、建设实施、生产经营、债务偿还和资产的保值增值,实行全过程负责。项目的融资主体应是项目法人。按是否依托项目组建新的项目法人实体划分,项目的融资主体分为新设法人和既有法人。

项目资金通常由权益资金和债务资金组成。根据国家项目资本金制度的规定,项目资金分为项目资本金和债务资金两个部分。相应地,资金筹措可以分为资本金融资和债务资金融资。

制定融资方案必须要有明确的资金来源,并围绕可能的资金来源,选择合适的融资方式,制定可行的融资方案。资金来源按融资主体分为内部资金来源和外部资金来源。相应的融资可以分为内源融资和外源融资两个方面。由于内源融资不需要实际对外支付利息或股息,故应首先考虑内源融资,然后再考虑外源融资。

2.4 项目评价

项目评价是项目决策阶段重要的内容,对于提高投资决策水平,引导和促进各类资源合理配置,优化投资结构,减少和规避投资风险,充分发挥投资效益,具有十分重要的作用。

项目评价包括项目的经济评价、经济影响分析、社会评价、不确定性分析和风险分析。项目经济评价包括财务分析和经济分析两部分内容。

2.4.1 资金的时间价值

1. 现金流量

(1)现金流量的含义

在工程经济中,通常将所分析的对象视为一个独立的经济系统。在某一时点 t 流入系统的资金称为现金流入,记为 CI_t,流出系统的资金称为现金流出,记为 CO_t,同一时点上的现金流入与现金流出之差称为净现金流量,记为 NCF(net cash flow)或$(CI-CO)_t$。现金流入量、现金流出量、净现金流量统称为现金流量。现金流入和现金流出是站在特定的系统角度划分的。例如,企业从银行借入一笔资金,从企业的角度考察是现金流入,从银行的角度考察是现金流出。

（2）现金流量图

现金流量图是一种反映经济系统资金运动状态的图式,运用现金流量图可以形象、直观地表示现金流量的三要素:大小(资金数额)、方向(资金流入或流出)和作用点(资金流入或流出的时间点),如图 2-2 所示。现金流量图的绘制规则如下:

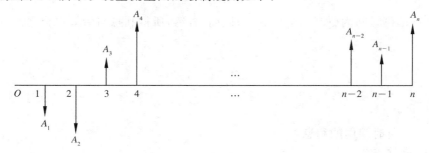

图 2-2　现金流量图

① 横轴为时间轴,O 表示时间序列的起点,n 表示时间序列的终点。轴上每一间隔表示一个时间单位(计息周期),一般可取年、半年、季或月等。整个横轴表示的是所考察的经济系统的寿命周期。

② 与横轴相连的垂直箭线代表不同时点的现金流入或现金流出。在横轴上方的箭线表示现金流入。在横轴下方的箭线表示现金流出。

③ 垂直箭线的长度要能适当体现各时点现金流量的大小,并在各箭线上方(或下方)注明其现金流量的数值。

④ 垂直箭线与时间轴的交点为现金流量发生的时点(作用点)。

2. 资金的时间价值

将一笔资金存入银行会获得利息,进行投资可获得收益(也可能会发生亏损)。向银行借贷也需要支付利息。这反映出资金在运动中,其数量会随着时间的推移而变动,变动的这部分资金就是原有资金的时间价值。

任何技术方案的实施都有一个时间上的延续过程. 由于资金时间价值的存在,使不同时点上发生的现金流量无法直接进行比较。只有通过一系列的换算,站在同一时点上进行对比,才能使比较结果符合客观实际情况。这种考虑了资金时间价值的经济分析方法,使方案的评价和选择变得更加现实和可靠。

（1）利息

利息是资金时间价值的一种重要表现形式,甚至可以用利息代表资金的时间价值。通常,用利息作为衡量资金时间价值的绝对尺度,用利率作为衡量资金时间价值的相对尺度。在借贷过程中,债务人支付给债权人的超过原借款本金的部分就是利息,即:

$$I = F - P \tag{2-1}$$

式中　I——利息；

　　　F——还本付息总额；

　　　P——本金。

在工程经济分析中，利息常常被看成是资金的一种机会成本。这是因为，如果债权人放弃资金的使用权利，也就放弃了现期消费的权利。而牺牲现期消费是为了能在将来得到更多的消费。从投资者角度看，利息体现为对放弃现期消费的损失所做的必要补偿。为此，债务人就要为占用债权人的资金付出一定的代价。在工程经济分析中，利息是指占用资金所付的代价或者是放弃近期消费所得的补偿。

（2）利率

利率是在单位时间内（如年、半年、季、月、周、日等）所得利息与借款本金之比，通常用百分数表示，即：

$$i = \frac{I_t}{P} \times 100\% \tag{2-2}$$

式中　i——利率；

　　　I_t——单位时间内的利息；

　　　P——借款本金。

用于表示计算利息的时间单位称为计息周期，计息周期通常为年、半年、季，也可以为月、周或日。

影响利率的主要因素有社会平均利润率、借贷资本的供求情况、借贷资本的期限长短、借贷风险和通货膨胀率等。

（3）利息计算方法

利息计算有单利和复利之分。当计息周期数在一个以上时，就需要考虑单利与复利的问题。

单利是指在计算每个周期的利息时，仅考虑最初的本金，而不计入在先前计息周期中所累积增加的利息。即通常所说的"利不生利"的计息方法。其计算式如下：

$$I_t = P \times i_d \tag{2-3}$$

式中　I_t——第 t 个计息期的利息额；

　　　P——本金；

　　　i_d——计息周期单利利率。

而 n 期末单利本利和 F 等于本金加上利息，即：

$$F = P + I_n = P(1 + n \times i_d) \tag{2-4}$$

此即"利不生利"。由于没有反映资金随时都在"增值"的规律，即没有完全反映资金的时间价值，因此，在工程经济分析中较少使用单利。

【例 2-1】　假如某公司以单利方式在第 1 年初借入 1 000 万元，年利率 8%，第 4 年末偿还，试计算各年利息与本利和。

【解】　计算过程和计算结果，如表 2-2 所示。

表 2-2 各年单利利息与本利和计算表 单位:万元

使用期	计息本金	利息	年末本利和	偿还额
1	1000	$1000\times8\%=80$	1080	0
2	1000	80	1160	0
3	1000	80	1240	0
4	1000	80	1320	1320

复利是指将其上期利息结转为本金来一并计算本期利息,即通常所说的"利生利"、"利滚利"的计息方法。其计算式如下:

$$I_t = i \times F_{t-1} \tag{2-5}$$

式中 I_t——第 t 年末利息;

i——计息周期利率;

F_{t-1}——第 $(t-1)$ 年末复利本利和。

第 t 年末复利本利和的表达式如下:

$$F_t = F_{t-1} \times (1+i) = F_{t-2} \times (1+i)^2 = \cdots = P \times (1+i)^n \tag{2-6}$$

【例 2-2】 数据同【例 2-1】,试按复利计算各年的利息和本利和。

【解】 按复利计算时,计算结果如表 2-3 所。

表 2-3 各年复利利息与本利和计算表 单位:万元

使用期	计息本金	利息	年末本利和	偿还额
1	1000	$1000\times8\%=80$	1080	0
2	1080	$1080\times8\%=86.4$	1166.40	0
3	1166.4	$1166.4\times8\%=93.312$	1259.712	0
4	1259.712	$1259.712\times8\%=100.777$	1360.489	1360.489

比较表 2-2 和表 2-3 可以看出,同一笔借款,在利率和计息期均相同的情况下,用复利计算出的利息金额比用单利计算出的利息金额大。本金越大,利率越高,年数越多时,两者差距就越大。复利反映利息的本质特征,比较符合资金在社会生产过程中运动的实际状况。因此,在工程经济分析中,一般采用复利计算。

3. 资金等值

由于资金的时间价值,使得金额相同的资金发生在不同时间,会产生不同的价值。反之,不同时点绝对值不等的资金在时间价值的作用下却可能具有相等的价值。这些不同时期、不同数额但其"价值等效"的资金称为等值,又叫等效值。

影响资金等值的因素有三个:资金的多少、资金发生的时间、利率(或折现率)的大小。其中,利率是一个关键因素,在等值计算中,一般以同一利率为依据。

在工程经济分析中,等值是一个十分重要的概念,它为我们确定某一经济活动的有效性或者进行方案比选提供了可能。

在投资方案经济评价中动态的计算方法均考虑了资金的时间价值,通过等值计算评价方案在经济上是否可行。

2.4.2 投资方案经济效果评价

1. 经济效果评价的内容

经济效果评价是指对评价方案计算期内各种有关技术经济因素和方案投入与产出的有关

财务、经济资料数据进行调查、分析、预测,对方案的经济效果进行计算、评价,分析比较各方案的优劣,从而确定和推荐最佳方案的过程。投资方案经济效果评价的内容主要包括盈利能力分析、偿债能力分析、财务生存能力分析和抗风险能力评价。

（1）盈利能力分析。分析和测算投资方案计算期的盈利能力和盈利水平。

（2）偿债能力分析。分析和测算投资方案偿还借款的能力。

（3）财务生存能力分析。分析和测算投资方案各期的现金流量,判断投资方案能否持续运行。财务生存能力是非经营性项目财务分析的主要内容。

（4）抗风险能力分析。分析投资方案在建设期和运营期可能遇到的不确定性因素和随机因素对项目经济效果的影响程度,考察项目承受各种投资风险的能力。

2. 经济效果评价的基本方法

经济效果评价是工程经济分析的核心内容,其目的在于确保决策的正确性和科学性,避免或最大限度地减少投资方案的风险,明了投资方案的经济效果水平,最大限度地提高项目投资的综合经济效益。经济效果评价的基本方法包括确定性评价方法和不确定性评价方法。对同一投资方案而言,必须同时进行确定性评价和不确定性评价。

按是否考虑资金时间价值,经济效果评价方法又可分为静态评价方法和动态评价方法。静态评价方法是不考虑资金时间价值,其最大特点是计算简便,适用于方案的初步评价,或对短期投资项目进行评价以及对于逐年收益大致相等的项目评价。动态评价方法考虑资金时间价值,能较全面地反映投资方案整个计算期的经济效果。因此,在进行方案比较时,一般以动态评价方法为主。

3. 经济效果评价指标体系

投资方案经济效果评价指标不是唯一的,根据不同的评价深度要求和可获得资料的多少以及项目本身所处的条件不同,可选用不同的评价指标,这些指标有主有次,可以从不同侧面反映投资方案的经济效果。

根据是否考虑资金时间价值,可分为静态评价指标和动态评价指标,如图 2-3 所示。

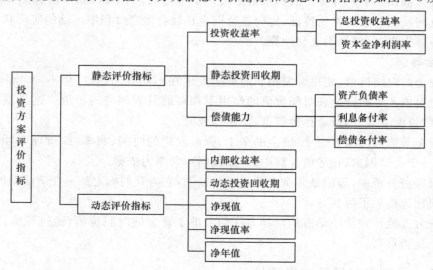

图 2-3　投资方案经济评价指标体系

4. 经济效果评价方法

运用经济效果评价指标对投资方案进行评价,主要有两个用途:①对某一方案进行分析,判断该方案在经济上是否可行。对于这种情况,需要选用适当指标并计算指标值,根据判断准则评价其经济性即可;②对于多方案进行经济上的比选,此时,如果仅计算各种方案的评价指标并作出结论,其结论可能是不可靠的。进行多方案比选时,首先必须了解方案所属的类型,从而按照方案的类型确定适合的评价方法和指标,为最终作出正确的投资决策提供科学依据。所谓方案类型,是指一组备选方案之间所具有的相互关系。这种关系一般分为独立型方案和多方案两类。而多方案又分为互斥型、互补型、现金流量相关型、组合—互斥型和混合相关型5种,如图 2-4 所示。

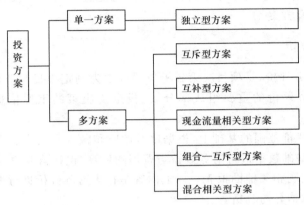

图 2-4　评价方案的分类

(1) 独立型方案

独立型方案是指方案间互不干扰,在经济上互不相关的方案,选择或放弃其中一个方案并不影响其他方案的选择。因此,其评价主要是针对每个方案自身的经济效果情况进行判断,相互之间不影响。

(2) 互斥型方案

互斥型方案是指在若干备选方案中,各个方案彼此可以相互代替。选择其中任何一个方案,则其他方案必然被排斥。在工程建设中,互斥型方案还可按服务寿命长短不同,分为相同服务寿命的方案、不同服务寿命的方案、无限长寿命的方案;按规模不同,分为相同规模的方案和不同规模的方案。

(3) 互补型方案

互补型方案是指在方案之间存在技术经济互补关系的一组方案。某一方案的接受有助于其他方案的接受。根据互补方案之间相互依存的关系,互补方案可能是对称的,如建设一个大型非港口电站,必须同时建设铁路、电厂,它们无论在建成时间、建设规模上都要彼此适应,缺少其中任何一个项目,其他项目就不能正常运行。因此,它们之间是互补型方案,又是对称的。此外,还存在着大量非对称的经济互补关系,如建造一座建筑物 A 和增加一个空调系统 B,建筑物 A 本身是有用的,增加空调系统 B 后使建筑物 A 更有用,但采用方案 A 并不一定要采用方案 B。

(4) 现金流量相关型方案

现金流量相关型方案是指方案之间不完全互斥,也不完全相互依存,但任一方案的取舍会导致其他方案现金流量的变化。例如,某跨江项目考虑两个建设方案,一个是建桥方案 A,另一个是轮渡方案 B,两个方案都是收费的。此时,任一方案的实施或放弃都会影响另一方案的现金流量。

(5) 组合—互斥型方案

组合—互斥型方案是指在若干可采用的独立方案中,如果有资源约束条件(如受资金、劳动力、材料、设备及其他资源拥有量限制),只能从中选择一部分方案实施时,可以将它们组合为互斥型方案。例如,现有独立方案 A,B,C,D,它们所需的投资分别为 10 000 万元,6 000 万元,4 000 万元,3 000 万元。当资金总额限量为 10 000 万元时,除方案 A 具有完全的排他性外,其他方案由于所需金额不大,可以互相组合。这样,可能选择的方案共有:A,B,C,D,B+C,B+D,C+D 共 7 个组合方案。

2.4.3 财务分析

财务分析又称财务评价,是项目决策分析与评价中为判定项目财务可行性所进行的一项重要工作,是项目经济评价的重要组成部分,是投融资决策的重要依据。财务分析的内容如下。

(1) 在明确项目评价范围的基础上,根据项目性质和融资方式选取适宜的方法。

(2) 选取必要的基础数据进行财务效益与费用的估算,包括营业收入、成本费用估算和相关税金估算等,同时编制相关辅助报表。以上内容是在为财务分析进行准备,也称财务分析基础数据与参数的确定、估算与分析。

(3) 进行财务分析,即编制财务分析报表和计算财务分析指标。财务分析包括盈利能力分析、偿债能力分析和财务生存能力分析。

(4) 在对初步设定的建设方案(称为基本方案)进行财务分析后,还应进行不确定性分析,包括盈亏平衡分析和敏感性分析。常常需要将财务分析的结果反馈,优化原设定的建设方案,有时甚至会对原初步设定的建设方案进行较大的调整。

财务分析结果的准确性取决于基础数据的可靠性。财务分析中所需要的大量基础数据都来自预测和估计,难免有不确定性。为了使财务分析结果能提供较为可靠的信息,避免人为的乐观估计所带来的风险,更好地满足投资决策需要,在数据基础的确定和选取中遵循稳妥原则是十分必要的。

2.4.4 经济分析

经济分析又称国民经济评价,是对投资项目进行决策分析与评价,判定其经济合理性的一项重要工作。

经济分析是按合理配置资源的原则,采用社会折现率、影子汇率、影子工资和货物影子价格等经济分析参数,从项目对社会经济所做贡献以及社会为项目付出代价的角度,考察项目的经济合理性。

1. 经济分析的基本方法

(1) 经济分析采用费用效益分析或费用效果分析方法,即效益(效果)与费用比较的理论方法,寻求以最小的投入(费用)获取最大的产出(效益、效果)。

(2) 经济分析采取"有无对比"方法识别项目的效益和费用。

(3) 经济分析采取影子价格估算各项效益和费用。

（4）经济分析遵循效益和费用的计算范围对应一致的基本原则。

（5）经济费用效益分析采用费用效益流量分析方法，采用内部收益率、净现值等经济营利性指标进行定量的经济效益分析。经济费用效果分析对费用和效果采用不同的度量方法，计算效果费用比或费用效果比指标。

2. 经济分析的适用范围

市场自行调节的行业项目一般不必进行经济分析。

市场配置资源失灵的项目需要进行经济分析。在现实经济中，由于市场本身的原因及政府不恰当的干预，可能导致市场配置资源失灵，市场价格难以反映其真实经济价值，需要通过经济分析反映投资项目的真实经济价值，判断投资的经济合理性，为投资决策提供依据。

（1）市场配置资源失灵主要有几类项目

① 具有自然垄断特征的项目，例如：电力、电信、交通运输等行业的项目。

② 产出具有公共产品特征的项目，即项目提供的产品或服务在同一时间内可以被共同消费，具有"消费的非排他性"（未花钱购买公共产品的人不能被排除在此产品或服务的消费之外）和"消费的非竞争性"特征（一人消费一种公共产品并不以牺牲其他人的消费为代价）。

③ 外部效果显著的项目。

④ 涉及国家控制的战略性资源开发和关系国家经济安全的项目。这类项目往往具有公共性、外部效果等综合特征，不能完全依靠市场配置资源。

⑤ 受过度行政干预的项目。

（2）现阶段需要进行经济分析的项目分类

① 政府预算内投资用于关系国家安全、国土开发和市场不能有效配置资源的公益性项目和公共基础设施项目、保护和改善生态环境项目、重大战略性资源开发项目。

② 政府各类专项建设基金投资用于交通运输、农林水利等基础设施、基础产业建设项目。

③ 利用国际金融组织和外国政府贷款，需要政府主权信用担保的建设项目。

④ 法律、法规规定的其他政府性资金投资的建设项目。

⑤ 企业投资建设的涉及国家经济安全、影响环境资源、公共利益、可能出现垄断、涉及整体布局等公共性问题，需要政府核准的建设项目。

2.4.5 经济影响分析

经济影响分析是在完成对项目的财务分析和经济费用效益分析或经济费用效果分析之后，进一步分析项目对区域、行业和宏观经济的影响程度，为重大项目的审批和核准、区域和产业发展政策的制定和调整提供依据。

1. 需要进行经济影响分析的项目一般应具有的部分或全部特征

（1）投资规模巨大、建设工期较长（横跨 5 年甚至 10 年规划）。

（2）在国民经济和社会发展中占有重要战略地位，项目实施对所在区域或宏观经济结构、社会结构或相关群体利益格局等产生较大影响。

（3）项目实施会带来技术进步和产业升级，引发关联产业或新产业群体的产生和发展。

（4）项目对生态及社会环境影响范围广，持续时间长。

（5）项目对国家经济安全会产生影响。

（6）项目对区域或国家长期财政收支会产生较大影响。

（7）项目的投入或产出对进出口影响较大。

（8）项目能够对区域或宏观经济产生其他重大影响。

2. 需要进行经济影响分析的项目一般包括的类型

（1）重大基础设施项目，如铁路、高速公路、水利工程、港口等。

（2）重大资源开发项目，如油田开发、气田开发、其他矿藏资源开采、重要资源长距离运输通道建设等。

（3）大规模区域开发项目。

（4）重大科技攻关项目，如尖端科研国际合作项目，航空、航天、国防等高科技关键技术攻关项目等。

（5）重大生态环境保护工程等。

2.4.6 社会评价

投资项目是在一定的社会环境条件下实施的，在其投资建设和运营过程中，会产生各种各样的社会影响。投资项目的利益相关者根据其获得收益或受到损失的情况，会以不同的途径和方式对项目的建设实施施加各种影响。科学发展观强调在项目的投资建设和运营过程中，必须按照以人为本的要求，关注公共利益，满足建设社会主义和谐社会的要求。因此，在项目决策过程中投资项目的社会评价将越来越受到重视。

社会评价是识别和评价投资项目的各种社会影响，分析当地社会环境对拟建项目的适应性和可接受程度。评价投资项目的社会可行性，其目的是促进利益相关者对项目投资活动的有效参与，优化项目建设实施方案，规避投资项目的社会风险。

社会评价从以人为本的原则出发，研究内容包括项目的社会影响分析、项目与所在地区的互适性分析和社会风险分析等三个方面。

（1）社会影响分析。项目的社会影响分析在内容上可分为三个层次，从国家、地区、社区三个层面展开，包括正面影响和负面影响。

（2）互适性分析。互适性分析主要是分析预测项目能否为当地的社会环境、人文条件所接纳，以及当地政府、居民支持项目的程度，考察项目与当地社会环境的相互适应关系。

（3）社会风险分析。项目的社会风险分析是对可能影响项目的各种社会因素进行识别和排序，选择影响面大、持续时间长，并容易导致较大矛盾的社会因素进行预测，分析可能出现这种风险的社会环境和条件。如大型水利枢纽工程的建设，就要分析移民安置和受损补偿问题。如果移民群众的生活得不到有效保障或生活水平大幅降低，受损补偿又不尽合理，群众抵触情绪就会滋生，从而会直接导致项目工期的拖延，影响项目预期社会效益的实现。

社会评价的结果应形成社会评价报告，报告内容应能够满足进一步明确投资项目应达到的社会目标等要求，并可作为针对这些目标制定项目方案的依据。在投资项目的研究论证中，社会评价可能以独立的研究报告的形式出现，也可能作为投资项目可行性研究报告或咨询评估报告等项目论证报告的一个独立章节的形式出现。

2.4.7 不确定性分析和风险分析

工程项目经济评价所采用的数据大部分来自预测和估算，具有一定程度的不确定性，为分析不确定性因素变化对评价指标的影响，估计项目可能承担的风险应进行不确定性分析与风险分析，提出项目风险的预警、预报和相应的对策，为投资决策服务。

不确定性分析主要包括盈亏平衡分析和敏感性分析。风险分析应采用定性与定量相结合的方法,分析风险因素发生的可能性以及给项目带来经济损失的程度。盈亏平衡分析只适用于财务评价,敏感性分析和风险分析可同时用于财务评价和国民经济评价。

1. 盈亏平衡分析

盈亏平衡分析系是指通过计算项目达产年的盈亏平衡点(break-even point,BEP),分析项目成本与收入的平衡关系,判断项目对产出品数量变化的适应能力和抗风险能力,为投资决策提供科学依据。

根据成本总额对产出品数量的依存关系,全部成本可分解成固定成本和变动成本两部分。在一定期间将成本分解成固定成本和变动成本两部分后,再同时考虑收入和利润,成本、产量和利润的关系就可统一于一个数学模型中。其表达式为

$$利润 = 销售收入 - 总成本 - 销售税金 \qquad (2-7)$$

假设产量等于销售量,并且项目的销售收入与总成本均是产量的线性函数,则在式(2-8)中:

$$销售收入 = 单位售价 \times 销量 \qquad (2-8)$$
$$总成本 = 变动成本 + 固定成本 = 单位变动成本 \times 产量 + 固定成本 \qquad (2-9)$$
$$销售税金 = 单位产品营业税金及附加 \times 销售量 \qquad (2-10)$$

则利润的表达式如下:

$$B = pQ - C_V Q - C_F - t \times Q \qquad (2-11)$$

式中　B——利润;

　　　p——单位产品售价;

　　　Q——销售量或生产量;

　　　t——单位产品营业税金及附加;

　　　C_V——单位产品变动成本;

　　　C_F——固定成本。

式(2-11)明确表达了产销量、成本、利润之间的数量关系,是基本的损益方程式。它含有相互联系的 6 个变量,给定其中 5 个,便可求出另一个变量的值。

由于单位产品的营业税金及附加是随产品的销售单价变化而变化的,为了便于分析,将销售收入与营业税金及附加合并考虑,即可将产销量、成本、利润的关系反映在直角坐标系中,成为基本的量本利图,如图 2-5 所示。

从图 2-5 可知,销售收入线与总成本线的交点是盈亏平衡点,表明项目在此产销量下,总收入扣除销售税金后与总成本相等,既没有利润,也不发生亏损。在此基础上,增加销售量,销售收入超过总成本,收入线与成本线之间的距离为利润值,形成盈利区;反之,形成亏损区。

项目盈亏平衡点(BEP)的表达形式有多种。可以用实物产销量、年销售额、单位产品售价、单位产品的可变成本以及年固定总成本的绝对量表示,也可以用某些相对值表示,例如:生产能力利用率。其中,以产量和生产能力利用率表示的盈亏平衡点应用最为广泛。

盈亏平衡点反映了项目对市场变化的适应能力和抗风险能力。从图 2-5 可以看出,盈亏平衡点越低,达到此点的盈亏平衡产量、收益或成本也就越少,项目投产后盈利的可能性越大,适应市场变化的能力越强,抗风险能力也越强。

盈亏平衡分析虽然能够度量项目风险的大小,但并不能揭示产生项目风险的根源。虽然通过降低盈亏平衡点就可以降低项目的风险,提高项目的安全性;通过降低成本可以降低盈亏平衡点,但如何降低成本应该采取哪些可行的方法或通过哪些有效的途径来达到该目的,盈亏

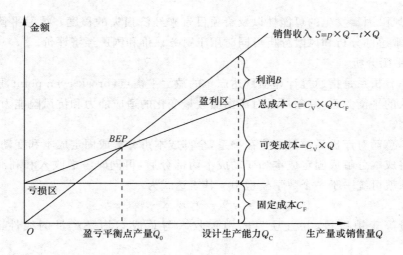

图 2-5　基本的量本利图

平衡分析并没有给出答案,还需采用其他一些方法来帮助实现该目的。因此,在应用盈亏平衡分析时,应注意使用的场合及欲达到的目的,以便能够正确地运用这种方法。

2. 敏感性分析

敏感性分析系指通过分析不确定性因素发生增减变化时,对财务或经济评价指标的影响,并计算敏感度系数和临界点,找出敏感因素,确定评价指标对该因素的敏感程度和项目对其变化的承受能力。

敏感性分析有单因素敏感性分析和多因素敏感性分析两种。单因素敏感性分析是对单一不确定因素变化的影响进行分析,即假设各不确定性因素之间相互独立,每次只考察一个因素,其他因素保持不变,以分析这个可变因素对经济评价指标的影响程度和敏感程度。多因素敏感性分析是当两个或两个以上互相独立的不确定因素同时变化时,分析这些变化的因素对经济评价指标的影响程度和敏感程度。通常只进行单因素敏感性分析,单因素敏感性分析是敏感性分析的基本方法。

敏感性分析是工程项目经济评价时经常用到的一种方法,在一定程度上定量描述了不确定因素的变动对项目投资效果的影响,有助于搞清项目对不确定因素的不利变动所能容许的风险程度,有助于鉴别敏感因素,从而能够及早排除那些无足轻重的变动因素,将进一步深入调查研究的重点集中在那些敏感因素上,或者针对敏感因素制订出管理和应变对策,以达到尽量减少风险、增加决策可靠性的目的。但敏感性分析也有其局限性,它不能说明不确定因素发生变动的可能性大小,也就是没有考虑不确定因素在未来发生变动的概率,而这种概率是与项目的风险大小密切相关的。

3. 风险分析

影响项目实现预期经济目标的风险因素来源于法律法规及政策、市场供需、资源开发与利用、技术可靠性、工程方案、融资方案、组织管理、环境与社会、外部配套条件等多个方面。而影响项目效益的风险因素可归纳为项目收益风险、建设风险、融资风险建设工期风险、运营成本费用风险政策风险等。

4. 风险识别

风险识别应采用系统论的观点对项目全面考察综合分析,找出潜在的各种风险因素并对各种风险进行比较、分类,确定各因素间的相关性与独立性,判断其发生的可能性及对项目的影响程度,按其重要性进行排队或赋予权重。敏感性分析是初步识别风险因素的重要手段。

5. 风险估计

风险估计应采用主观概率和客观概率的统计方法,确定风险因素的概率分布,运用数理统计分析方法,计算项目评价指标相应的概率分布或累计概率、期望值、标准差。

6. 风险评价

风险评价应根据风险识别和风险估计的结果,依据项目风险判别标准,找出影响项目成败的关键风险因素。项目风险大小的评价标准应根据风险因素发生的可能性及其造成的损失来确定,一般采用评价指标的概率分布或累计概率、期望值、标准差作为判别标准,也可采用综合风险等级作为判别标准。

7. 风险应对

根据风险评价的结果,研究规避、控制与防范风险的措施,为项目全过程风险管理提供依据。决策阶段风险应对的主要措施包括:强调多方案比选;对潜在风险因素提出必要研究与试验课题;对投资估算与财务(经济)分析应留有充分的余地;对建设或生产经营期的潜在风险可建议采取回避、转移、分担和自担措施。

2.5 项目后评价

项目后评价是指对已经完成的项目或规划的目的、执行过程、效益、作用和影响所进行的系统的客观的分析。通过对投资活动实践的检查总结,确定投资预期的目标是否达到,项目或规划是否合理有效,项目的主要效益指标是否实现,通过分析评价找出成败的原因,总结经验教训,并通过及时有效的信息反馈,为未来项目的决策和提高完善投资决策管理水平提出建议,同时,也为被评项目实施运营中出现的问题提出改进建议,从而达到提高投资效益的目的。

复习思考题

1. 举例说明相关法律法规对编制工程造价文件的重要性。
2. 项目决策分析与评价包括哪些阶段?
3. 项目融资需研究哪些方面的内容?
4. 简述资金的时间价值在项目评价哪些阶段得到应用?投资方案评价指标有哪些?
5. 不确定性分析包括哪些分析内容?有什么作用?

第 *3* 章　建设工程造价的构成

本章主要介绍工程造价的构成。工程造价包括建筑安装工程费用、设备及工、器具购置费用、工程建设其他费用、预备费、建设期贷款利息和固定资产投资方向调节税。本章介绍每一部分费用的组成内容和相应的计算方法。

通过本章的学习,应了解工程造价的构成,熟悉工程造价各部分费用的归属。建筑安装工程费用是工程造价的基础,因此,在学习中,应掌握建筑安装工程费用的组成和各项费用的计算。设备及工具器具购置费用、工程建设其他费用、预备费及建设期贷款利息是工程造价和工程估算、概算中的重要组成部分,应该熟悉这些费用的构成及计算方法。

3.1　概　述

建设项目总投资含固定资产投资和流动资产投资两部分。工程造价是工程项目按照确定的建设内容、建设规模、建设标准、功能和使用要求等全部建成并验收合格交付使用所需全部费用的总和,它在量上等于固定资产投资。现行工程造价的构成如图 3-1 所示。

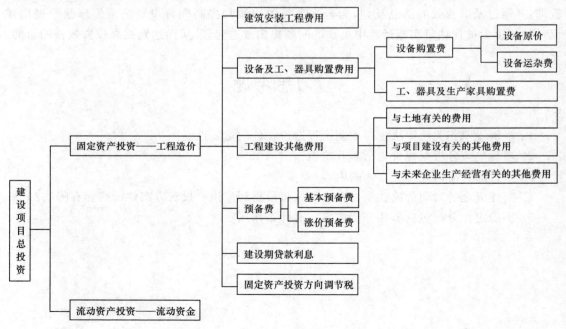

图 3-1　现行工程造价的构成

工程造价的基本构成中包括用于购买工程项目所含各种设备的费用,即设备及工、器具购置费用;用于建筑施工和安装施工所需的费用,即建筑安装工程费用;工程建设其他费用、预备费、建设期贷款利息和固定资产投资方向调节税。

3.2 建筑安装工程费用

建筑安装工程费是指完成列入建筑工程和安装工程的所有项目建设所发生的全部费用。建筑安装工程费用按照费用构成要素和造价形成两种方式进行划分。

3.2.1 按费用构成要素划分的建筑安装工程费用

建筑安装工程费用项目按费用构成要素组成划分为人工费、材料(包含工程设备,下同)费、施工机具使用费、企业管理费、利润、规费和税金。如图3-2所示。

1. 人工费

人工费是指按工资总额构成规定,支付给从事建筑安装工程施工的生产工人和附属生产单位工人的各项费用。内容包括:

(1)计时工资或计件工资是指按计时工资标准和工作时间或对已做工作按计件单价支付给个人的劳动报酬。

(2)奖金是指对超额劳动和增收节支支付给个人的劳动报酬,如节约奖、劳动竞赛奖等。

(3)津贴补贴是指为了补偿职工特殊或额外的劳动消耗和因其他特殊原因支付给个人的津贴,以及为了保证职工工资水平不受物价影响支付给个人的物价补贴。如流动施工津贴、特殊地区施工津贴、高温(寒)作业临时津贴、高空津贴等。

(4)加班加点工资是指按规定支付的在法定节假日工作的加班工资和在法定日工作时间外延时工作的加点工资。

(5)特殊情况下支付的工资是指根据国家法律、法规和政策规定,因病、工伤、产假、计划生育假、婚丧假、事假、探亲假、定期休假、停工学习、执行国家或社会义务等原因按计时工资标准或计时工资标准的一定比例支付的工资。

2. 材料费

材料费是指施工过程中耗费的原材料、辅助材料、构配件、零件、半成品或成品、工程设备的费用。内容包括:

(1)材料原价是指材料、工程设备的出厂价格或商家供应价格。

(2)运杂费是指材料、工程设备自来源地运至工地仓库或指定堆放地点所发生的全部费用。

(3)运输损耗费是指材料在运输装卸过程中不可避免的损耗。

(4)采购及保管费是指为组织采购、供应和保管材料、工程设备的过程中所需要的各项费用,包括采购费、仓储费、工地保管费、仓储损耗。

工程设备是指构成或计划构成永久工程一部分的机电设备、金属结构设备、仪器装置及其他类似的设备和装置。

3. 施工机具使用费

施工机具使用费是指施工作业所发生的施工机械、仪器仪表使用费或其租赁费。

(1)施工机械使用费

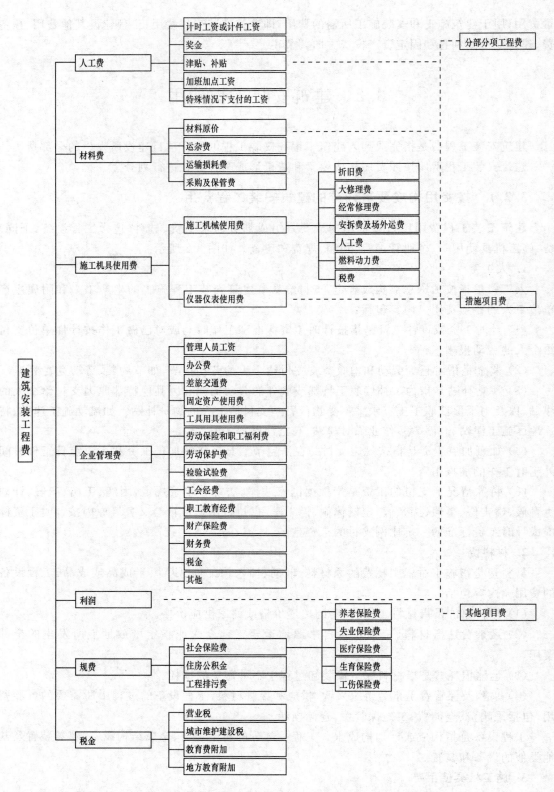

图 3-2 建设安装工程费用项目组成表(按费用构成要素划分)

施工机械使用费以施工机械台班耗用量乘以施工机械台班单价表示,施工机械台班单价应由下列七项费用组成:

① 折旧费指施工机械在规定的使用年限内,陆续收回其原值的费用。

② 大修理费指施工机械按规定的大修理间隔台班进行必要的大修理,以恢复其正常功能所需的费用。

③ 经常修理费指施工机械除大修理以外的各级保养和临时故障排除所需的费用。包括为保障机械正常运转所需替换设备与随机配备工具、附具的摊销和维护费用,机械运转中日常保养所需润滑与擦拭的材料费用及机械停滞期间的维护和保养费用等。

④ 安拆费及场外运费安拆费指施工机械(大型机械除外)在现场进行安装与拆卸所需的人工、材料、机械和试运转费用以及机械辅助设施的折旧、搭设、拆除等费用;场外运费指施工机械整体或分体自停放地点运至施工现场或由一施工地点运至另一施工地点的运输、装卸、辅助材料及架线等费用。

⑤ 人工费指机上司机(司炉)和其他操作人员的人工费。

⑥ 燃料动力费指施工机械在运转作业中所消耗的各种燃料及水、电等。

⑦ 税费指施工机械按照国家规定应缴纳的车船使用税、保险费及年检费等。

(2)仪器仪表使用费

仪器仪表使用费是指工程施工所需使用的仪器仪表的摊销及维修费用。

4. 企业管理费

企业管理费是指建筑安装企业组织施工生产和经营管理所需的费用。内容包括:

(1)管理人员工资是指按规定支付给管理人员的计时工资、奖金、津贴补贴、加班加点工资及特殊情况下支付的工资等。

(2)办公费是指企业管理办公用的文具、纸张、账表、印刷、邮电、书报、办公软件、现场监控、会议、水电、烧水和集体取暖降温(包括现场临时宿舍取暖降温)等费用。

(3)差旅交通费是指职工因公出差、调动工作的差旅费、住勤补助费,市内交通费和误餐补助费,职工探亲路费,劳动力招募费,职工退休、退职一次性路费,工伤人员就医路费,工地转移费以及管理部门使用的交通工具的油料、燃料等费用。

(4)固定资产使用费是指管理和试验部门及附属生产单位使用的属于固定资产的房屋、设备、仪器等的折旧、大修、维修或租赁费。

(5)工具用具使用费是指企业施工生产和管理使用的不属于固定资产的工具、器具、家具、交通工具和检验、试验、测绘、消防用具等的购置、维修和摊销费。

(6)劳动保险和职工福利费是指由企业支付的职工退职金、按规定支付给离休干部的经费,集体福利费、夏季防暑降温、冬季取暖补贴、上下班交通补贴等。

(7)劳动保护费是企业按规定发放的劳动保护用品的支出。如工作服、手套、防暑降温饮料以及在有碍身体健康的环境中施工的保健费用等。

(8)检验试验费是指施工企业按照有关标准规定,对建筑以及材料、构件和建筑安装物进行一般鉴定、检查所发生的费用,包括自设试验室进行试验所耗用的材料等费用。不包括新结构、新材料的试验费,对构件做破坏性试验及其他特殊要求检验试验的费用和建设单位委托检测机构进行检测的费用,对此类检测发生的费用,由建设单位在工程建设其他费用中列支。但对施工企业提供的具有合格证明的材料进行检测不合格的,该检测费用由施工企业支付。

(9)工会经费是指企业按《工会法》规定的全部职工工资总额比例计提的工会经费。

（10）职工教育经费是指按职工工资总额的规定比例计提，企业为职工进行专业技术和职业技能培训，专业技术人员继续教育、职工职业技能鉴定、职业资格认定以及根据需要对职工进行各类文化教育所发生的费用。

（11）财产保险费是指施工管理用财产、车辆等的保险费用。

（12）财务费是指企业为施工生产筹集资金或提供预付款担保、履约担保、职工工资支付担保等所发生的各种费用。

（13）税金是指企业按规定缴纳的房产税、车船使用税、土地使用税、印花税等。

（14）其他包括技术转让费、技术开发费、投标费、业务招待费、绿化费、广告费、公证费、法律顾问费、审计费、咨询费、保险费等。

5. 利润

利润是指施工企业完成所承包工程获得的盈利。

6. 规费

规费是指按国家法律、法规规定，由省级政府和省级有关权力部门规定必须缴纳或计取的费用。包括社会保险费、住房公积金、工程排污费以及其他规费。

（1）社会保险费

① 养老保险费是指企业按照规定标准为职工缴纳的基本养老保险费。

② 失业保险费是指企业按照规定标准为职工缴纳的失业保险费。

③ 医疗保险费是指企业按照规定标准为职工缴纳的基本医疗保险费。

④ 生育保险费是指企业按照规定标准为职工缴纳的生育保险费。

⑤ 工伤保险费是指企业按照规定标准为职工缴纳的工伤保险费。

（2）住房公积金

住房公积金是指企业按规定标准为职工缴纳的住房公积金。

（3）工程排污费

工程排污费是指按规定缴纳的施工现场工程排污费。

（4）其他规费

其他应列而未列入的规费，按实际发生计取。

7. 税金

税金是指国家税法规定的应计入建筑安装工程造价内的营业税、城市维护建设税、教育费附加以及地方教育费附加。

3.2.2 按造价形成划分的建筑安装工程费用

建筑安装工程费按照工程造价形成由分部、分项工程费、措施项目费、其他项目费、规费、税金组成，如图 3-3 所示。分部分项工程费，措施项目费，其他项目费包含人工费、材料费、施工机具使用费、企业管理费和利润。规费和税金定义同上节"建筑安装工程费用（按费用构成要素划分）"。

1. 分部分项工程费

分部分项工程费是指各专业工程的分部、分项工程应予列支的各项费用。

（1）专业工程是指按现行国家计量规范划分的房屋建筑与装饰工程、仿古建筑工程、通用安装工程、市政工程、园林绿化工程、矿山工程、构筑物工程、城市轨道交通工程、爆破工程等各类工程。

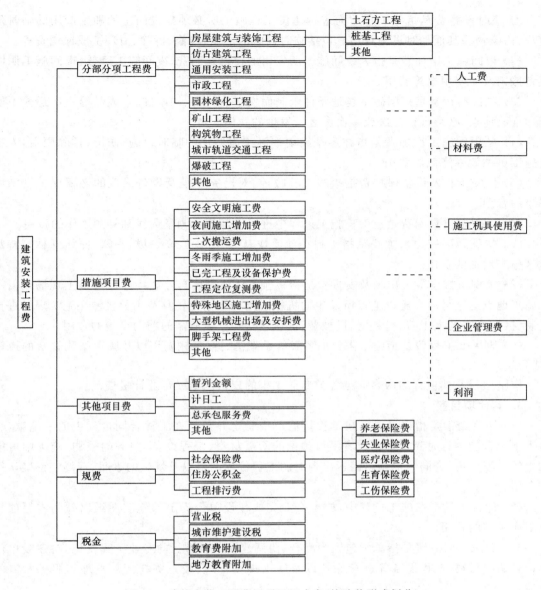

图 3-3 建筑安装工程费用项目组成表(按造价形成划分)

（2）分部分项工程是指按现行国家计量规范对各专业工程划分的项目,如房屋建筑与装饰工程划分的土石方工程、地基处理与桩基工程、砌筑工程、钢筋及钢筋混凝土工程等。

各类专业工程的分部分项工程划分见现行国家或行业计量规范。

2. 措施项目费

措施项目费是指为完成建设工程施工,发生于该工程施工前和施工过程中的技术、生活、安全、环境保护等方面的费用。内容包括:

（1）安全文明施工费主要有以下几项。

① 环境保护费是指施工现场为达到环保部门要求所需要的各项费用。

② 文明施工费是指施工现场文明施工所需要的各项费用。

③ 安全施工费是指施工现场安全施工所需要的各项费用。

④ 临时设施费是指施工企业为进行建设工程施工所必须搭设的生活和生产用的临时建筑物、构筑物和其他临时设施费用。包括临时设施的搭设、维修、拆除、清理费或摊销费等。

（2）夜间施工增加费是指因夜间施工所发生的夜班补助费、夜间施工降效、夜间施工照明设备摊销及照明用电等费用。

（3）二次搬运费是指因施工场地条件限制而发生的材料、构配件、半成品等一次运输不能到达堆放地点，必须进行二次或多次搬运所发生的费用。

（4）冬雨季施工增加费是指在冬季或雨季施工需增加的临时设施、防滑、排除雨雪，人工及施工机械效率降低等费用。

（5）已完工程及设备保护费是指竣工验收前，对已完工程及设备采取的必要保护措施所发生的费用。

（6）工程定位复测费是指工程施工过程中进行全部施工测量放线和复测工作的费用。

（7）特殊地区施工增加费是指工程在沙漠或其边缘地区、高海拔、高寒、原始森林等特殊地区施工增加的费用。

（8）大型机械设备进出场及安拆费是指机械整体或分体自停放场地运至施工现场或由一个施工地点运至另一个施工地点所发生的机械进出场运输及转移费用及机械在施工现场进行安装、拆卸所需的人工费、材料费、机械费、试运转费和安装所需的辅助设施的费用。

（9）脚手架工程费是指施工需要的各种脚手架搭、拆、运输费用以及脚手架购置费的摊销（或租赁）费用。

措施项目及其包含的内容详见各类专业工程的现行国家或行业计量规范。

3. 其他项目费

（1）暂列金额是指建设单位在工程量清单中暂定并包括在工程合同价款中的一笔款项。用于施工合同签订时尚未确定或者不可预见的所需材料、工程设备、服务的采购，施工中可能发生的工程变更、合同约定调整因素出现时的工程价款调整以及发生的索赔、现场签证确认等的费用。

（2）计日工是指在施工过程中，施工企业完成建设单位提出的施工图纸以外的零星项目或工作所需的费用。

（3）总承包服务费是指总承包人为配合、协调建设单位进行的专业工程发包，对建设单位自行采购的材料、工程设备等进行保管以及施工现场管理、竣工资料汇总整理等服务所需的费用。

4. 规费（略）

5. 税金（略）

3.3　设备及工、器具购置费

设备及工、器具购置费用是由设备购置费和工具、器具及生产家具购置费组成的。其计算公式如下：

$$设备及工、器具购置费＝设备购置费＋工、器具及生产家具购置费 \tag{3-1}$$

3.3.1 设备购置费

设备购置费是指为建设项目购置或自制的达到固定资产标准的各种国产或进口设备、工具、器具的购置费用。它由设备原价和设备运杂费构成。

$$设备购置费 = 设备原价 + 设备运杂费 \tag{3-2}$$

式中,设备原价指国产设备或进口设备的原价;设备运杂费指除设备原价之外的关于设备采购、运输、途中包装及仓库保管等方面支出费用的总和。

1. 设备原价

(1) 国产设备原价的构成及计算

国产设备原价一般指的是设备制造厂的交货价,或订货合同价。它一般根据生产厂或供应商的询价、报价、合同价确定,或采用一定的方法计算确定。国产设备原价分为国产标准设备原价和国产非标准设备原价。

国产标准设备是按照主管部门颁布的标准图纸和技术要求,由我国设备生产厂批量生产的,符合国家质量检测标准的设备。国产标准设备原价有两种,即带有备件的原价和不带有备件的原价。在计算时,一般采用带有备件的原价。

国产非标准设备是指国家尚无定型标准,各设备生产厂不可能在工艺过程中采用批量生产,只能按一次订货,并根据具体的设计图纸制造的设备。非标准设备原价有多种不同的计算方法,如成本计算估价法、系列设备插入估价法、分部组合估价法、定额估价法等。但无论采用哪种方法,都应该使非标准设备计价接近实际出厂价,并且计算方法要简便。

(2) 进口设备原价的构成

进口设备的原价是指进口设备的抵岸价,即抵达买方边境港口或边境车站,且交完关税等税费后形成的价格。进口设备抵岸价的构成与进口设备的交货类别有关。抵岸价构成包括:

① 货价,一般指装运港船上交货价(FOB)。设备货价分为原币货价和人民币货价,原币货价一律折算为美元表示,人民币货价按原币货价乘以外汇市场美元兑换人民币中间价确定。进口设备货价按有关生产厂商询价、报价、订货合同价计算。

② 国际运费是从装运港(站)到达我国抵达港(站)的运费。我国进口设备大部分采用海洋运输,小部分采用铁路运输,个别采用航空运输。进口设备国际运费计算公式为

$$国际运费(海、陆、空) = 原币货价(FOB) \times 运费率 \tag{3-3a}$$

或

$$国际运费(海、陆、空) = 运量 \times 单位运价 \tag{3-3b}$$

其中,运费率或单位运价参照有关部门或进出口公司的规定执行。

③ 运输保险费是对外贸易货物运输保险是由保险人(保险公司)与被保险人(出口人或进口人)订立保险契约,在被保险人交付议定的保险费后,保险人根据保险契约的规定地货物在运输过程中发生的承保责任范围内的损失给予经济上的补偿。这是一种财产保险。计算公式为

$$运输保险费 = \frac{原币货价(FOB) + 国外运费}{1 - 保险费率} \times 保险费率 \tag{3-4}$$

其中,保险费率按保险公司规定的进口货物保险费率计算。

④ 银行财务费一般是指中国银行手续费,可按式(3-5)简化计算:

$$银行财务费 = 人民币货价(FOB) \times 银行财务费率 \tag{3-5}$$

⑤ 外贸手续费指按对外经济贸易部规定的外贸手续费率计取的费用,外贸手续费率一般取 1.5%。计算公式为

$$外贸手续费＝(装运港船上交货价(FOB)＋国际运费＋运输保险费)×外贸手续费率$$

$$(3-6)$$

⑥ 关税由海关对进出国境或关境的货物和物品征收的一种税。计算公式为

$$关税＝到岸价格(CIF)×进口关税税率 \qquad (3-7)$$

其中,到岸价格(CIF)包括离岸价格(FOB)、国际运费、运输保险费等费用,它作为关税完税价格。进口关税税率分为优惠和普通两种。优惠税率适用于与我国签订有关税互惠条款的贸易条约或协定的国家的进口设备;普通税率适用于与我国未订有关税互惠条款的贸易条约或协定的国家进口设备。进口关税税率按我国海关总署发布的进口关税税率计算。

⑦ 增值税是对从事进口贸易的单位和个人在进口商品报关进口后征收的税种。我国增值税条例规定,进口应税产品均按组成计税价格和增值税税率直接计算应纳税额。即

$$进口产品增值税额＝组成计税价格×增值税税率 \qquad (3-8)$$

$$组成计税价格＝关税完税价格＋关税＋消费税 \qquad (3-9)$$

增值税税率根据规定的税率计算。

⑧ 消费税对部分进口设备(如轿车、摩托车等)征收,一般计算公式为

$$应纳消费税额＝\frac{到岸价＋关税}{1－消费税税率}×消费税税率 \qquad (3-10)$$

其中,消费税税率根据规定的税率计算。

⑨ 海关监管手续费指海关对进口减税、免税、保税货物实施监督、管理、提供服务的手续费,对于全额征收进口关税的货物不计本项费用。其公式如式(3-11):

$$海关监管手续费＝到岸价×海关监管手续费率(一般为 0.3\%) \qquad (3-11)$$

⑩ 车辆购置附加费指进口车辆需缴进口车辆购置附加费。其公式如式(3-12):

$$进口车辆购置附加费＝(到岸价＋关税＋消费税＋增值税)×进口车辆购置附加费率$$

$$(3-12)$$

2. 设备运杂费

(1) 设备运杂费内容主要是指以下几项费用:

① 运费和装卸费,指国产设备由设备制造厂交货地点起至工地仓库(或施工组织设计指定的需要安装设备的堆放地点)所发生的运费和装卸费;进口设备则由我国到岸港口或边境车站起至工地仓库(或施工组织设计指定的需安装设备的堆放地点)所发生的运费和装卸费。

② 包装费是在设备原价中没有包含的为运输而进行的包装支出的各种费用。

③ 设备供销部门的手续费按有关部门规定的统一费率计算。

④ 采购与仓库保管费指采购、验收、保管和收发设备所发生的各种费用,包括设备采购人员、保管人员和管理人员的工资、工资附加费、办公费、差旅交通费,设备供应部门办公和仓库所占固定资产使用费、工具用具使用费、劳动保护费、检验试验费等。这些费用可按主管部门规定的采购与保管费费率计算。

（2）设备运杂费的计算按设备原价乘以设备运杂费率计算，其公式为

$$设备运杂费＝设备原价×设备运杂费率 \qquad (3-13)$$

其中，设备运杂费率按各部门及省、市等的规定计取。

3.3.2 工具、器具及生产家具购置费的构成及计算

工具、器具及生产家具购置费，是指新建或扩建项目初步设计规定的，保证初期正常生产必须购置的没有达到固定资产标准的设备、仪器、工卡模具、器具、生产家具和备品备件等的购置费用。一般以设备购置费为计算基数，按照部门或行业规定的工具、器具及生产家具费率计算。计算公式为

$$工具、器具及生产家具购置费＝设备购置费×定额费率 \qquad (3-14)$$

3.4 工程建设其他费用

工程建设其他费用，是指从工程筹建起到工程竣工验收交付使用止的整个建设期间，除建筑安装工程费用和设备及工、器具购置费用以外的，为保证工程建设顺利完成和交付使用后能够正常发挥效用而发生的各项费用。

工程建设其他费用，按其内容大体可分为三类：第一类是与土地有关的费用；第二类是与工程建设有关的其他费用；第三类是与未来企业生产经营有关的其他费用。

3.4.1 与土地有关的费用

与土地有关的费用指建设用地费用，是指为获得工程项目建设土地的使用权而在建设期内发生的各项费用，包括通过划拨方式取得土地使用权而支付的土地征用及迁移补偿费，或者通过土地使用权出让方式取得土地使用权而支付的土地使用权出让金。

1. 通过划拨方式获取国有土地使用权

国有土地使用权划拨是指县级以上人民政府依法批准，在土地使用者缴纳土地补偿、安置补助等费用后将该幅土地交付其使用，或者将土地使用权无偿交付给土地使用者使用的行为。

国家对划拨用地有严格的规定，下列建设用地，经县级以上人民政府依法批准，可以以划拨方式取得：

（1）国家机关用地和军事用地。

（2）城市基础设施用地和公益事业用地。

（3）国家重点扶持的能源、交通、水利等基础设施用地。

（4）法律、行政法律规定的其他用地。

2. 通过出让方式获取国有土地使用权

国有土地使用权出让是指国家将国有土地使用权在一定年限内出让给土地使用者，由土地使用者向国家支付土地使用权出让金的行为。居住用地的土地使用权出让最高年限为70年，工业用地、科教、文化、体育用地为50年，商业、旅游、娱乐用地为40年。

通过出让方式获取国有土地使用权又可分为两种具体方式：一是通过竞争出让方式获得国有土地使用权，二是通过协议出让方式获取国有土地使用权。

（1）通过竞争出让方式获取国有土地使用权

具体的竞争方式包括三种:招标、拍卖和挂牌。按照国家相关规定,工业(不包括采矿用地)、商业、旅游、娱乐和商品住宅用地等经营性用地,必须以招标、拍卖和挂牌方式出让。上述规定以外其他用途的土地的供地计划公布后,同一宗地有两个以上意向用地者的,也应当以招标、拍卖和挂牌方式出让。

(2)通过协议出让方式获取国有土地使用权

按照国家相关规定,采用协议方式出让国有土地使用权的土地,其土地使用权出让金不得低于按国家规定所确定的最低价,也不得低于拟出让地块所在区域的协议出让最低价。

3.4.2 与建设项目有关的其他费用

根据项目的不同,与项目建设有关的其他费用的构成也不尽相同,一般包括下列项目,在进行工程估算及概算中可根据实际情况进行计算。

1. 建设单位管理费

建设单位管理费是指建设项目从立项、筹建、设计与建造、联合试运转、竣工验收、交付使用及后评估等全过程管理所需的费用。内容包括:

(1)建设单位开办费。指新建项目为保证筹建和建设工作正常进行所需办公设备、生活家具、用具、交通工具等购置费用。

(2)建设单位经费。包括工作人员的基本工资、工资性补贴、职工福利费、劳动保护费、劳动保险费、办公费、差旅交通费、工会经费、职工教育经费、固定资产使用费、工具用具使用费、技术图书资料费、生产人员招募费、工程招标费、合同契约公证费、工程质量监督检测费、工程咨询费、法律顾问费、审计费、业务招待费、排污费、竣工交付使用清理及竣工验收费、后评估等费用。不包括应计入设备、材料预算价格的建设单位采购及保管设备材料所需的费用。

建设单位管理费按照单项工程费用之和(包括设备工、器具购置费和建筑安装工程费用)乘以建设单位管理费率计算。

建设单位管理费率按照建设项目的不同性质、不同规模确定。有的建设项目按照建设工期和规定的金额计算建设单位管理费。

不同的省、直辖市、地区对建设单位管理费的计取应根据各地的情况有所不同。例如,某省根据财政部财建[2002]394号、财建[2003]724号文及该省的实际情况,制定了省级的建设单位管理费的计算方法及指标,如表3-1所示。

表 3-1   某省建设单位管理费计算方法及指标

工程总投资(万元)	费率	工程总投资(万元)	建设单位管理费(万元)
1000 以下	1.5%	1000	$1000 \times 1.5\% = 15$
1001~5000	1.2%	5000	$15 + (5000 - 1000) \times 1.2\% = 63$
5001~10000	1.0%	10000	$63 + (10000 - 5000) \times 1\% = 113$
10001~15000	0.8%	50000	$113 + (50000 - 10000) \times 0.8\% = 433$
50001~10000	0.5%	100000	$433 + (100000 - 50000) \times 0.5\% = 683$
100001~200000	0.2%	200000	$683 + (200000 - 100000) \times 0.2\% = 833$
200001 以上	0.1%	280000	$833 + (280000 - 200000) \times 0.1\% = 963$

2. 工程监理费

工程监理费是指建设单位委托工程监理单位对工程实施监理工作所需费用。根据国家物价局、建设部《关于发布工程建设监理费用有关规定的通知》([1992]价费字 479 号)的文件规定,选择下列方法之一计算:

(1)一般情况应按工程建设监理收费标准计算,即按所监理工程概算或预算的百分比计算;

(2)对于单工种或临时性项目可根据参与监理的年度平均人数按 3.5 万元～5 万元/(人·年)计算。

表 3-2 为某省按照[1992]价费字 479 号文件及该省实际情况确定的工程监理费费率。

表 3-2   **某省监理费费率表**

工程投资 M(万元)	设计监理 a	施工监理 b
$M<500$	$0.2\%<a$	$2.50\%<b$
$500\leqslant M<1000$	$0.15\%\leqslant a<0.2\%$	$2.00\%\leqslant b<2.50\%$
$1000\leqslant M<5000$	$0.1\%\leqslant a<0.15\%$	$1.40\%\leqslant b<2.00\%$
$5000\leqslant M<10000$	$0.08\%\leqslant a<0.1\%$	$1.20\%\leqslant b<1.40\%$
$10000\leqslant M<50000$	$0.05\%\leqslant a<0.08\%$	$0.80\%\leqslant b<1.20\%$
$50000\leqslant M<100000$	$0.03\%\leqslant a<0.05\%$	$0.60\%\leqslant b<0.80\%$
$100000\leqslant M$	$a\leqslant0.03\%$	$b\leqslant0.60\%$

建设管理费是指建设单位为组织完成工程项目建设,在建设期内发生的各类管理性费用。建设管理费包括建设单位管理费和工程监理费。

3. 勘察设计及咨询费

勘察设计及咨询费包括建设项目前期工作咨询费和勘察设计费两部分。

建设项目前期工作咨询费是建设项目专题研究、编制和评估项目建议书、编制和评估可行性研究报告,以及其他与建设项目前期工作有关的咨询服务收费。

勘察设计费是指建设单位委托勘察设计单位为建设项目进行勘察、设计等所需费用。

(1)工程勘察费

工程勘察费是测绘、勘探、取样、试验、测试、检测、监测等勘察作业,以及编制工程勘探文件和岩土工程设计文件等收取的费用。

工程勘察费根据国家计委、建设部计价格[2002]10 号文件《工程勘察设计收费管理规定》,按建筑物和构筑物占地面积 $10\sim20$ 元/m^2 计算。

(2)工程设计费

工程设计费是编制初步设计文件、施工图设计文件、非标准设备设计文件、工程概算文件、施工图预算文件、竣工图文件等服务所收取的费用。

工程设计费根据国家计委,建设部计价格[2002]10 号文件《工程勘察设计收费管理规定》,如表 3-3 所示。

表 3-3   **设计费费用取值表**   单位:万元

工程费+联合试运转费	设计费	工程费+联合试运转费	设计费
200	9.0	60000	1515.2
500	20.9	80000	1960.1
1000	38.8	100000	2393.4
3000	103.8	200000	4450.8
5000	163.9	400000	8276.7
8000	249.6	600000	11987.5
10000	304.8	800000	15391.4
20000	566.8	1000000	18793.8
40000	1054.0	2000000	34948.9

注:①施工图预算按设计费 10%计算;②竣工图按设计费 8%计算;③计算额处于两个数值区间的用直线内插法确定。

4. 研究试验费

研究试验费是指为建设项目提供和验证设计参数、数据、资料等所进行的必要的试验费用以及设计规定在施工中必须进行试验、验证所需费用。包括自行或委托其他部门研究试验所需人工费、材料费、试验设备及仪器使用费等。这项费用按照设计单位根据本工程项目的需要提出的研究试验内容和要求按实际计算。

研究试验费不包括应由科技三项费用(新产品试验费、中间试验费和重要科学研究补助费)开支的项目,不包括应由建筑安装费中列支的施工企业对建筑材料、构件和建筑物进行一般鉴定、检查所发生的费用及技术革新的研究试验费。

5. 场地准备及临时设施费

(1)建设项目场地准备费是指为使工程项目的建设场地达到开工条件,由建设单位组织进行的场地平整等准备工作而发生的费用。

(2)建设单位临时设施费是指建设单位为满足工程项目建设、生活、办公的需要,用于临时设施建设、维修、租赁、使用所发生或摊销的费用。

6. 劳动安全卫生评价费

劳动安全卫生评价费是指按照劳动部《建设项目(工程)劳动安全卫生监察规定》和《建设项目(工程)劳动安全卫生预评价管理办法》的规定,在工程项目投资决策中,为编制劳动安全卫生评价报告所需的费用,包括编制建设项目劳动安全卫生预评价大纲和劳动安全卫生预评价报告书以及为编制上述文件所进行的工程分析和环境现状调查等所需费用。

7. 特殊设备安全监督监察费

特殊设备安全监督监察费是指安全监察部门对在施工现场组装的锅炉及压力容器、压力管道、消防设备、燃气设备、电梯等特殊设备和设施实施安全检验收取的费用。此项费用按照建设项目所在地省(市、自治区)安全监察部门的规定标准计算。

8. 市政公用设施费

市政公用设施费是指使用市政公用设施的工程项目,按照项目所在地省级人民政府有关规定建设或缴纳的市政公用设施建设配套费用,以及绿化工程补偿费用。此项费用按照所在地人民政府规定标准计算。

9. 工程保险费

工程保险费是指建设项目在建设期间根据需要实施工程保险所需费用。包括建筑工程及其在施工过程中的物料、机器设备为保险标的的建筑工程一切险,以安装工程中的各种机器、机械设备为保险标的的安装工程一切险以及机器损坏保险等。根据不同的工程类别,分别以其建筑、安装工程费乘以建筑、安装工程保险费率计算。

10. 引进技术和进口设备其他费用

引进技术及进口设备其他费用,包括出国人员费用、国外工程技术人员来华费用、技术引进费、分期或延期付款利息、担保费以及进口设备检验鉴定费。

(1)出国人员费用指为引进技术和进口设备派出人员在国外培训和进行设计联络,设备检验等差旅费、服装费、生活费等。这项费用根据设计规定的出国培训和工作的人数、时间及派入国家,按财政部、外交部规定的临时出国人员费用开支标准及中国民用航空公司现行国际航线票价等进行计算,其中使用外汇部分应计算银行财务费用。

(2)国外工程技术人员来华费用指为安装进口设备,引进国外技术等聘用外国工程技术人员进行技术指导工作所发生的费用。包括技术服务费、外国技术人员的在华工资、生活补贴、差旅费、医药费、住宿费、交通费、宴请费、参观游览等招待费用。这项费用按每人每月费用指标,按合同协议规定计算。

(3) 技术引进费指为引进国外先进技术而支付的费用。包括专利费、专有技术费(技术保密费)、国外设计及技术资料费、计算机软件费等。这项费用根据合同或协议的价格计算。

(4) 分期或延期付款利息指利用出口信贷引进技术或进口设备采取分期或延期付款的办法所支付的利息。

(5) 担保费指国内金融机构为买方出具保函的担保费。这项费用按有关金融机械规定的担保费率计算(一般可按承保金额的 5‰ 计算)。

(6) 进口设备检验鉴定费用指进口设备按规定付给商品检验部门的进口设备检验鉴定费。这项费用按进口设备货价的 3‰~5‰ 计算。

11. 环境影响咨询服务费

环境影响咨询服务费系指按照《中华人民共和国环境保护法》、《中华人民共和国环境影响评价法》对建筑项目对环境影响进行全面评价所需的费用。

环境影响咨询服务费内容包括编制环境影响报告表,环境影响报告书(含大纲)和评估环境影响报告表、环境影响报告书(含大纲)。

环境影响咨询服务费依据国家计委、国家环保总局计价〔2002〕125 号文件规定,环境影响咨询服务费计取如表 3-4 所示。

表 3-4 　　　　　　　　　　　　环境影响咨询服务费取费表　　　　　　　　　　　单位:万元

服务项目投资额	3 000 以下	3 000 ~20 000	20 000 ~100 000	100 000 ~500 000	500 000 ~1 000 000	1 000 000 以上
编制环境影响报告表	1~2	2~4	4~7	7 以上		
环境影响报告书(含大纲)	5~6	6~15	15~35	35~75	75~10	110
评估环境影响报告表	0.5~0.8	0.8~1.5	1.5~2	2 以上		
评估环境影响报告书(含大纲)	0.8~1.5	1.5~3	3~7	7~9	9~13	13 以上

注:建设项目环境影响咨询收费调整系数、咨询服务人员工日计算建设项目环境影响咨询收费标准见计价格〔2002〕125 号附录。

3.4.3 与未来企业生产经营有关的费用

1. 联合试运转费

联合试运转费是指新建企业或新增加生产工艺过程的扩建企业在竣工验收前、按照设计规定的工程质量标准,进行整个车间的负荷或无负荷联合试运转过程中发生的支出费用大于试运转收入的差额部分(即亏损部分)。费用内容包括试运转所需的原料、燃料、油料和动力的费用,机械使用费,低值易耗品及其他物品的购置费用和施工单位参加联合试运转人员的工资等。试运转收入包括试运转产品销售和其他收入。联合试运转费不包括应由设备安装工程费项下开支的单台设备调试费及试车费用。联合试运转费一般根据不同性质的项目按需要试运转车间的工艺设备购置费的百分比计算。

2. 生产准备费

生产准备费是指新建企业或新增生产能力的企业,为保证竣工交付使用进行必要的生产准备所发生的费用。费用内容包括:

(1)生产人员培训费,包括自行培训、委托其他单位培训的人员的工资、工资性补贴、职工福利费、差旅交通费、学习资料费、学习费、劳动保护费等。

(2)生产单位提前进厂参加施工、设备安装、调试等以及熟悉工艺流程及设备性能等人员的工资、工资性补贴、职工福利费、差旅交通费、劳动保护费等。

生产准备费一般根据需要培训和提前进厂人员的人数及培训时间,按生产准备费指标进行估算。

应该指出,生产准备费在实际执行中是一笔在时间上、人数上、培训深度上很难划分的、活口很大的支出,尤其要严格掌握。

3. 办公和生活家具购置费

办公和生活家具购置费是指为保证新建、改建、扩建项目初期正常生产、使用和管理所必须购置的办公和生活家具、用具的费用。改、扩建项目所需的办公和生活用具购置费,应低于新建项目。其范围包括办公室、会议室、资料档案室、阅览室、文娱室、食堂、浴室、理发室、单身宿舍和设计规定必须建设的托儿所、卫生所、招待所、中小学校等家具用具购置费。这项费用按照设计定员人数乘以综合指标计算,一般为 600～800 元/人。

3.5 预备费

按我国现行规定,预备费包括基本预备费和涨价预备费。

3.5.1 基本预备费

基本预备费是指在初步设计及概算内难以预料的工程费用,其内容包括:

(1)在批准的初步设计范围内,技术设计、施工图设计及施工过程中所增加的工程费用;设计变更、局部地基处理等增加的费用。

(2)一般自然灾害造成的损失和预防自然灾害所采取的措施费用。实行工程保险的工程项目费用应适当降低。

(3)竣工验收时为鉴定工程质量对隐蔽工程进行必要的挖掘和修复费用。

基本预备费是按设备及工、器具购置费,建筑安装工程费用和工程建设其他费用三者之和为计取基础,乘以基本预备费率进行计算。

基本预备费=(设备及工、器具购置费+建筑安装工程费用+工程建设其他费用)

$\qquad$ ×基本预备费率 (3-15)

基本预备费=(工程费+工程建设其他费)×基本预备费率 (3-16)

基本预备费率的取值应执行国家及部门的有关规定,一般为 5%～8%。

3.5.2 价差预备费

价差预备费是指建设项目在建设期间内由于价格等变化引起工程造价变化的预测预留的

费用。费用内容包括人工、设备、材料、施工机械的价差费,建筑安装工程费及工程建设其他费用调整,利率、汇率调整等增加的费用。

价差预备费的测算方法,一般根据国家规定的投资综合价格指数,按估算年份价格水平的投资额为基数,采用复利方法计算。计算公式为

$$PF = \sum_{t=1}^{n} I_t [(1+f)^m (1+f)^{0.5} (1+f)^{t-1} - 1] \qquad (3-17)$$

式中 PF——价差预备费;

n——建设期年份数;

I_t——建设期中第 t 年的投资计划额,包括设备及工器具购置费、建筑安装工程费、工程建设其他费用及基本预备费;

f——年均投资价格上涨率;

m——建设前期年限(从编制估算到开工建设,单位:年)。

【例 3-1】   某建设项目,建设期为 3 年,各年投资计划额如下:第 1 年投资 7 200 万元,第 2 年投资 10 800 万元,第 3 年投资 3 600 万元,年均投资价格上涨率为 6%,求建设项目建设期间价差预备费。

【解】   假定忽略项目建设前期年限

第 1 年价差预备费为 $PF_1 = I_1 [(1+f)^{0.5} - 1] = 212.85$(万元)

第 2 年价差预备费为 $PF_2 = I_2 [(1+f)^{0.5} (1+f) - 1] = 986.44$(万元)

第 3 年价差预备费为 $PF_3 = I_3 [(1+f)^{0.5} (1+f)^2 - 1] = 564.54$(万元)

所以,建设期的价差预备费为

$PF = 212.85 + 986.44 + 564.54 = 1 763.83$(万元)

3.6   建设期贷款利息及固定资产投资方向调节税

3.6.1   建设期贷款利息

建设期贷款利息包括向国内银行和其他非银行金融机构贷款、出口信贷、外国政府贷款、国际商业银行贷款以及在境内外发行的债券等在建设期间内应偿还的贷款利息。

当总贷款是分年均衡发放时,建设期利息的计算可按当年借款在年中支用考虑,即当年贷款按半年计息,上年贷款按全年计息。计算公式为

$$q_j = \left(P_{j-1} + \frac{1}{2} A_j \right) \cdot i \qquad (3-18)$$

式中 q_j——建设期第 j 年应计利息;

P_{j-1}——建设期第 $(j-1)$ 年末贷款累计金额与利息累计金额之和;

A_j——建设期第 j 年贷款金额;

i——年利率。

国外贷款利息的计算中,还应包括国外贷款银行根据贷款协议向贷款方以年利率的方式收取的手续费、管理费、承诺费以及国内代理机构经国家主管部门批准的以年利率的方式向贷款单位收取的转贷费、担保费、管理费等。

【例 3-2】 某新建项目,建设期为 3 年,第一年贷款 300 万元,第二年贷款 600 万元,第三年贷款 400 万元,年利率为 12%,建设期内利息只计息不支付,贷款年中支用,计算建设期贷款利息。

【解】 在建设期,各年利息计算如下:

$$q_1 = \frac{1}{2} A_1 i = \frac{1}{2} \times 300 \times 12\% = 18(万元)$$

$$q_2 = (P_1 + \frac{1}{2} A_2) i = (300 + 18 + \frac{1}{2} \times 600) \times 12\% = 74.16(万元)$$

$$q_3 = (P_2 + \frac{1}{2} A_3) i = (318 + 600 + 74.16 + \frac{1}{2} \times 400) \times 12\% = 143.06(万元)$$

所以,建设期贷款利息 $= q_1 + q_2 + q_3 = 18 + 74.16 + 143.06 = 235.22(万元)$

3.6.2 固定资产投资方向调节税

为了贯彻国家产业政策,控制投资规模,引导投资方向,调整投资结构,加强重点建设,促进国民经济持续、稳定、协调发展,对在我国境内进行固定资产投资的单位和个人征收固定资产投资方向调节税(简称"投资方向调节税")。

1. 税率

固定资产投资方向调节税根据国家产业政策和项目经济规模实行差别税率,税率为 0,5%,10%,15%,30% 五个档次。差别税率按两大类设计,一是基本建设项目投资,二是更新改造项目投资。对前者设计了四挡税率,即 0,5%,15%,30%;对后者设计了两档税率,即 0 和 10%。

(1)基本建设项目投资适用的税率

① 国家急需发展的项目投资,如农业、林业、水利、能源、交通、通讯、原材料、科教、地质、勘探、矿山开采等基础产业和薄弱环节的部门项目投资,适用零税率。

② 对国家鼓励发展但受能源、交通等制约的项目投资,如钢铁、化工、石油、水泥等部分重要原材料项目,以及一些重要机械、电子、轻工工业和新型建材的项目,实行 5% 的税率。

③ 为配合住房制度改革,对城乡个人修建、购买住宅的投资实行零税率;对单位修建、购买一般性住宅投资,实行 5% 的低税率;对单位用公款修建、购买高标准独门独院、别墅式住宅投资,实行 30% 的高税率。

④ 对楼堂馆所以及国家严格限制发展的项目投资,课以重税,税率为 30%。

⑤ 对不属于上述四类的其他项目投资,实行中等税负政策,税率为 15%。

(2)更新改造项目投资适用的税率

① 为了鼓励企事业单位进行设备更新和技术改造,促进技术进步,对国家急需发展的项目投资,予以扶持,适用零税率;对单纯工艺改造和设备更新的项目投资,适用零税率。

② 对不属于上述提到的其他更新改造项目投资,一律适用 10% 的税率。

2. 计税依据

固定资产投资方向调节税以固定资产投资项目实际完成投资额为计税依据。实际完成投资额包括设备及工器具购置费、建筑安装工程费、工程建设其他费用及预备费。但更新改造项目是以建筑工程实际完成的投资额为计税依据。

3. 计税方法

首先,确定单位工程应缴税额的计算基数,即不含税工程造价。当采用工料单价法时,不含税工程造价为直接费、间接费与利润之和;当采用综合单价法时,不含税工程造价由分部分项工程费、措施项目费、其他项目费以及规费组成。其次,根据工程的性质及划分的单位工程情况,确定单位工程的适用税率。最后,计算各个单位工程应纳的投资方向调节税税额,并且将各个单位工程应纳的税额汇总,即得出整个项目的应纳税额。

4. 缴纳方法

投资方向调节税按固定资产投资项目的单位工程年度计划投资额预缴,年度终了后,按年度实际完成投资额结算,多退少补。项目竣工后,按应征收投资方向调节税的项目及其单位工程的实际完成投资额进行清算,多退少补。

投资方向调节税是国家对我国固定资产投资宏观调控的手段。国家会根据产业政策、国民经济发展等实际情况,适时作出调整。如目前阶段,我国固定资产投资方向调节税暂定为零税率。

复习思考题

1. 建筑安装工程费用由哪几部分组成?
2. 检验试验费包括哪些内容?它与研究试验费、联合试运转费有什么区别?
3. 设备及工器具的购置费由哪几部分组成?
4. 工程项目其他费用包括哪些组成部分?生活家具的购置费是否属于工器具及生产家具购置费?为什么?
5. 某建设项目,建设期为 4 年,建设前期 1 年;计划总投资额为 3000 万元,均衡投入。年均投资额上涨率为 5%,试计算项目建设期间的价差预备费。
6. 某新建项目,建设期为 3 年,计划总投资额为 1500 万元。其中 40% 为自有资金,其余为贷款。3 年的投资计划为 50%,25%,25%。已知利率为 10%,建设期内利息只计息不支付,贷款年中支用。试计算建设期贷款的利息。

第 *4* 章　工程定额

内容提要
与
学习要求

　　本章以用途为定额的分类主线，讲述了基础定额、预算定额、概算定额、概算指标，以及估算指标的组成、特点、作用、编制及使用等内容。本章简单介绍了建筑工程定额的概念、作用、发展、体系等内容；主要叙述了基础定额中人工、材料、机械台班消耗量定额的组成，预算定额的人工、材料、机械台班消耗量及相应单价的组成以及定额基价的组成和作用；一般介绍了概算定额、概算指标的概念、作用、编制方法和项目表等；简单介绍了估算定额的概念、作用、内容等。

　　熟悉建筑工程定额的概念、作用、发展、分类体系，掌握基础定额中人工、材料、机械台班消耗量定额的组成，熟悉预算定额的分类、编制原则、依据及方法和程序，掌握预算定额的人工、材料、机械台班消耗量及相应单价的组成以及定额基价的组成和作用，熟悉概算定额、概算指标的概念、作用、编制方法和项目表等，了解估算定额的概念、作用、内容等。

　　工程定额主要指国家、省、有关专业部门制定的各种定额，包括工程消耗量定额和工程计价定额，前者指的是基础定额，后者包括预算定额、概算定额、概算指标、估算指标等。

4.1　工程定额概述

　　在现代社会经济生活中，定额几乎是无处不在，它是一种规定的额度，是处理特定事物的数量界限。就生产领域来说，工时定额、原材料和成品半成品储备定额、流动资金定额等，都是企业管理的重要基础。在工程建设领域中也存在多种定额，它是工程造价计价的重要依据。

4.1.1　定额的概念

　　定额是在合理的劳动组织和合理使用材料、机械的条件下，完成单位合格产品所消耗的资源数量的标准。

　　定额水平就是规定完成单位合格产品所需资源数量的多少。它随着社会生产力水平的变化而变化，是一定时期社会生产力的反映。

　　19世纪末20世纪初，美国的资本主义发展正处于上升时期，工业发展速度很快，但在管理上仍采用传统的方法,凭经验来管理,所以,劳动生产率低下,生产能力得不到充分发挥,在企业管理和社会生产发展上产生了矛盾,从而阻碍了社会经济的进一步发展和繁荣。在这种背景下,当时美国有个叫泰罗的工程师,开始研究企业管理,以解决如何提高劳动生产率的问题。他通过多年的潜心研究,形成了系统的企业科学管理方法,并成功地运用于生产实践,他的企业科学管理方法被称为"泰罗制",他本人也被称为"管理之父"。

为了提高工人的劳动效率,泰罗突破了当时传统管理方法的束缚,提倡科学管理,从工人的操作上研究工时的科学利用。他把工人的工作时间分成若干组成部分,并利用秒表对工人完成各组成部分所需要的时间加以测定,制定出工时消耗数量标准,作为衡量工人工作的尺度。同时,泰罗还通过对工人进行训练,将工人劳动中的机械动作逐一合理分析,剔除那些多余动作,即要求工人改变原来的习惯操作方式,取消那些无谓的操作程序,制定出最能节约工作时间的所谓标准操作法。这样,不仅制定出工人工时消耗的数量标准,而且把制定的工时消耗量标准建立在合理操作的基础上,大大提高了劳动生产率。在此基础上,泰罗制定出了工人的日工作量标准,以衡量劳动效率,这个标准就是最初的工时定额。由此可见,工时定额产生于科学管理,同时为以后扩大定额的制定范围奠定了基础。

继泰罗之后,管理科学又有许多新的发展,对于定额的制定也有了许多新的研究。1945 年出现的事前工时定额制定标准则别具特点,它的操作思路是在新工艺投产之前选择最好的工艺设计和最有效的操作方法,以改进原有的作业方法,提高操作技术,达到控制和降低单位产品上工时消耗的目的;行为科学的产生,弥补了泰罗等人在科学管理上的某些不足,行为科学认为,工人是社会人,不是单纯追求金钱的经济人,它从社会学、心理学的角度来研究管理,强调重视社会环境、人的相互关系对提高工效的影响。

所以说,定额伴随着管理科学的产生而产生,同时伴随着管理科学的发展而发展。虽然,现在管理科学已有很大发展,但仍然离不开定额,因为,如果没有定额提供可靠的基本管理数据,即使数学方法和电子计算机普遍运用于管理,也很难得出结果。只有不断地结合实际情况,完善和发展定额,才能加强企业的经营科学管理,以适应社会经济和科学技术发展的需要。总之,定额是企业管理科学化的产物,也是科学管理企业的基础。

4.1.2 定额的作用

定额是管理科学的基础,也是现代管理科学中的重要内容和基本环节。我国要实现工业化和生产的社会化、现代化,就必须积极地吸收和借鉴世界上各发达国家的先进管理方法,必须充分认识定额在社会主义经济管理中的地位。

(1)定额是节约社会劳动、提高劳动生产率的重要手段。降低劳动消耗,提高劳动生产率,是人类社会发展的普遍要求和基本条件。节约劳动时间是最大的节约。定额为生产者和经营管理人员树立了评价劳动成果和经营效益的标准尺度,同时,也使广大职工明确了自己在工作中应该达到的具体目标。

(2)定额是组织和协调社会化大生产的工具。随着生产力的发展,分工越来越细,生产社会化程度不断提高。任何一件产品都可以说是许多企业、许多劳动者共同完成的社会产品。因此,必须借助定额实现生产要素的合理配置;以定额作为组织、指挥和协调社会生产的科学依据和有效手段,从而保证社会生产持续、顺利地发展。

(3) 定额是宏观调控的依据。我国社会主义经济是以公有制为主体的,它既要充分发展市场经济,又要有计划的调节。这就需要利用一系列定额为预测、计划、调节和控制经济发展提供有技术根据的参数,提供可靠的计量标准。

(4) 定额在实现分配、兼顾效率与社会公平方面有巨大的作用。定额作为评价劳动成果和经营效益的尺度,也就成为资源分配和个人消费品分配的依据。

4.1.3 定额计价方法改革及发展方向

1949 年新中国成立后,我国引进了苏联的一套定额计价制度。从 1949 年到 20 世纪 90 年代初期,定额计价制度在我国从发生到完善的数十年内,对我国的工程造价管理发挥了巨大作用。所有的工程项目均是按照事先编制好的国家统一颁发的各项工程建设定额标准进行计价,体现了政府对工程项目的投资管理。由于以前长期受"管制价格"的影响,各种建设要素(例如:人工、材料、机械等)的价格和消耗量标准等长期保持固定不变,因此,可以实行由政府主管部门统一颁布定额,实现对工程造价的有效管理。

随着我国计划经济向市场经济的转变、改革开放及商品经济的发展,我国建筑市场的各种建设要素价格随市场供求的变化而上下浮动,按照传统的静态计价模式计算工程造价已不再适应。为适应社会主义市场发展的要求,工程定额计价制度由静态转为动态,将过去完全由政府计划统一管理的定额计价改变为"控制量、指导价、竞争费",即根据全国统一基础定额,国家对定额中的人工、材料、机械等消耗"量"统一控制,他们的单"价"由当地造价管理部门定期发布市场信息价作为计价的指导或参考,"费"率的确定由市场情况竞争而定,从而确定工程造价。

20 世纪 90 年代中后期,是我国国内建设市场迅猛发展的时期,1999 年《中华人民共和国招标投标法》的颁布标志着我国建设市场基本形成,政府已经不再是工程项目唯一或主要投资者,在建设市场的交易过程中,以往的定额计价制度与市场主体要求自主定价之间发生了矛盾和冲突,定额中采用的消耗量是根据社会平均水平测得,施工方法是综合取定,取费的费率是根据地区平均测算的,因此,定额计价模式不能真正反映施工企业的实际成本和各项费用的实际开支,不利于公平竞争。为此,政府主管部门推行了《建设工程工程量清单计价规范》(GB 50500—2013),以适应市场定价,从而,施工企业可以根据企业技术、管理水平的整体实力自行确定人工、材料、机械的消耗量及各分部分项工程的报价,以确定工程造价。这种工程量清单计价模式能充分发挥工程建设市场主体的主动性和能动性,是一种与市场经济相适应的工程计价方式。

应该注意的是,在我国建设市场逐步放开的改革过程当中,虽然已经制定并推广了工程量清单计价制度,但是由于各地实际情况的差异,我国目前的工程造价计价方式又不可避免地出现双轨并行的局面。同时,由于我国各施工企业消耗量定额的长期缺乏,要全面建立企业内部定额尚需时日,因此,我国建筑工程定额还是工程造价管理的重要手段。随着我国工程造价管理体制改革的不断深入和对国际管理的进一步深入了解,市场自主定价模式将逐渐占主导地位。

4.1.4 定额体系

土木工程涉及的内容广泛,专业很多。土木工程定额按其内容和执行范围等,一般作如下分类:

(1) 按生产要素分类,可分为:

① 劳动定额(又称人工定额);

② 材料消耗定额;

③ 机械台班使用定额。

劳动定额、材料消耗定额、机械台班使用定额是编制各种使用定额的基础,亦称为基础定额。

(2) 按定额用途分类,可分为:

① 工期定额;

② 施工定额;

③ 预算定额或综合预算定额;

④ 概算定额;

⑤ 概算指标;

⑥ 估算指标。

(3) 按专业分类,可分为:

① 建筑工程定额;

② 建筑装饰工程定额(有些地区将其含在建筑工程定额之中);

③ 安装工程定额;

④ 市政工程定额;

⑤ 房屋修缮工程定额;

⑥ 仿古建筑及园林工程定额;

⑦ 公路工程定额;

⑧ 铁路工程定额;

⑨ 井巷工程定额。

(4) 按定额执行范围分类,可分为:

① 全国统一定额;

② 行业统一定额;

③ 地区统一定额;

④ 企业定额。

企业定额是建筑施工企业根据本企业的特点并参照国家、地区统一的水平编制而成、在本企业内部使用的定额,企业定额水平一般应高于国家和地区现行定额的水平,这样才能满足生产技术发展、企业管理和市场竞争的需要。随着我国工程量清单计价模式的推广,统一定额的应用份额将会进一步缩小,而企业定额的作用将会逐渐提高。

建设工程定额分类如图 4-1 所示。

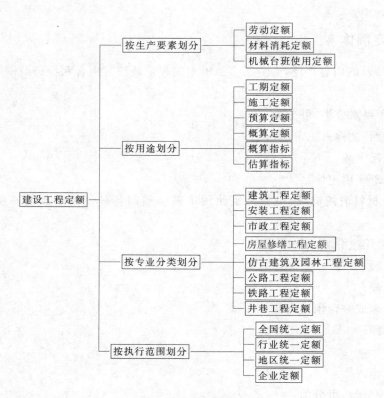

图 4-1　工程定额分类图

4.2　基础定额

4.2.1　劳动定额

劳动定额也称人工定额。它是在正常的施工技术组织条件下,完成单位合格产品所必需的劳动消耗量标准。这个标准是国家和企业对工人在单位时间内完成产品数量、质量的综合要求。劳动定额由于其表现形式不同,可分为时间定额和产量定额两种。

1. 时间定额

时间定额,就是某种专业、某种技术等级工人班组或个人在合理的劳动组织和合理使用材料的条件下完成单位合格产品所必需的工作时间,包括准备与结束时间、基本生产时间、辅助生产时间、不可避免的中断时间及工人必需的休息时间。时间定额以工日为单位,每一工日按8 小时计算。其计算方法如下:

$$单位产品时间定额(工日)=\frac{1}{每工产量} \tag{4-1}$$

或

$$单位产品时间定额(工日)=\frac{小组成员工日数总和}{机械台班产量} \tag{4-2}$$

2. 产量定额

产量定额,是在合理的劳动组织和合理地使用材料的条件下,某种专业、某种技术等级的工人班组或个人在单位工日中所应完成的合格产品的数量。其计算方法如下：

$$每工产量 = \frac{1}{单位产品时间定额（工日）} \qquad (4-3)$$

产量定额的计量单位有米（m）、平方米（m²）、立方米（m³）、吨（t）、块、根、件、扇等。时间定额与产量定额互为倒数，即

$$时间定额 \times 产量定额 = 1$$

$$时间定额 = \frac{1}{产量定额} \qquad (4-4)$$

$$产量定额 = \frac{1}{时间定额}$$

按定额的标定对象不同，劳动定额又分单项工序定额和综合定额两种。综合定额表示完成同一产品中的各单项（工序或工种）定额的综合。按工序综合的用"综合"表示，按工程综合的一般用"合计"表示。其计算方法如下：

$$综合时间定额 = \sum 各单项（工序）时间定额$$

$$综合产量定额 = \frac{1}{综合时间定额（工日）} \qquad (4-5)$$

时间定额和产量定额都表示一个劳动定额项目，它们是同一定额项目的两种不同的表现形式。时间定额以工日为单位，综合计算方便，时间概念明确。产量定额则以产品数量为单位表示，具体、形象，劳动者的奋斗目标一目了然，便于分配任务。劳动定额用复式表同时列出时间定额和产量定额，以便于各部门、企业根据各自的生产条件和要求选择使用。

劳动定额的复式表示如下：

$$\frac{时间定额}{每工产量} \quad 或 \quad \frac{人工时间定额}{机械台班产量}$$

根据表 4-1，砌筑一砖厚（标准砖）混水内墙运输机械采用塔吊，该项定额属于综合定额，它由砌砖、运输、调制砂浆三个单项工序组成，其时间定额为 0.972（工日/m³）= 0.458 + 0.418 + 0.096，其产量定额为 1.03（m³/工日）= 1/0.972，时间定额 × 产量定额 = 0.972 × 1.03 = 1。

表 4-1 每 1m³ 砌体的劳动定额

项 目		混 水 内 墙					混 水 外 墙				
		0.25 砖	0.5 砖	0.75 砖	1 砖	1.5 砖及1.5 砖以外	0.25 砖	0.5 砖	0.75 砖	1 砖	1.5 砖及1.5 砖以外
综合	塔吊	$\frac{2.05}{0.488}$	$\frac{1.32}{0.758}$	$\frac{1.27}{0.787}$	$\frac{0.972}{1.03}$	$\frac{0.945}{1.06}$	$\frac{1.42}{0.704}$	$\frac{1.37}{0.73}$	$\frac{1.04}{0.962}$	$\frac{0.985}{1.02}$	$\frac{0.955}{1.05}$
合	机吊	$\frac{2.26}{0.442}$	$\frac{1.51}{0.662}$	$\frac{1.47}{0.68}$	$\frac{1.18}{0.847}$	$\frac{1.15}{0.87}$	$\frac{1.62}{0.617}$	$\frac{1.57}{0.637}$	$\frac{1.24}{0.806}$	$\frac{1.19}{0.84}$	$\frac{1.16}{0.862}$
砌 砖		$\frac{1.54}{0.65}$	$\frac{0.822}{1.22}$	$\frac{0.774}{1.29}$	$\frac{0.458}{2.18}$	$\frac{0.426}{2.35}$	$\frac{0.931}{1.07}$	$\frac{0.869}{1.15}$	$\frac{0.522}{1.92}$	$\frac{0.466}{2.15}$	$\frac{0.435}{2.3}$
运	塔吊	$\frac{0.433}{2.31}$	$\frac{0.412}{2.43}$	$\frac{0.415}{2.41}$	$\frac{0.418}{2.39}$	$\frac{0.418}{2.39}$	$\frac{0.412}{2.43}$	$\frac{0.415}{2.41}$	$\frac{0.418}{2.39}$	$\frac{0.418}{2.39}$	$\frac{0.418}{2.39}$
输	机吊	$\frac{0.64}{1.56}$	$\frac{0.61}{1.64}$	$\frac{0.613}{1.63}$	$\frac{0.621}{1.61}$	$\frac{0.61}{1.64}$	$\frac{0.621}{1.61}$	$\frac{0.613}{1.63}$	$\frac{0.619}{1.62}$	$\frac{0.619}{1.62}$	$\frac{0.619}{1.62}$
调制砂浆		$\frac{0.081}{12.3}$	$\frac{0.081}{12.3}$	$\frac{0.085}{11.8}$	$\frac{0.096}{10.4}$	$\frac{0.101}{9.9}$	$\frac{0.081}{12.3}$	$\frac{0.085}{11.8}$	$\frac{0.096}{10.4}$	$\frac{0.101}{9.9}$	$\frac{0.102}{9.8}$
编 号		13	14	15	16	17	18	19	20	21	22

4.2.2 材料消耗定额

材料消耗定额是在合理和节约使用材料的条件下,生产单位合格产品所消耗的一定规格的材料、成品、制品、半成品、水电资源等的数量。材料消耗定额包括主要材料消耗定额和周转性材料消耗定额。

1. 主要材料消耗定额

主要材料消耗定额包括直接使用在工程上的材料净用量和在施工现场的运输、堆放及操作过程中的不可避免的损耗。其损耗一般以损耗率表示,损耗率是损耗量占净用量的百分比,材料的消耗量的计算公式如下:

$$消耗量=净用量+损耗量=净用量\times(1+损耗率) \tag{4-6}$$

2. 周转性材料的消耗定额

周转性材料指在施工过程中被多次使用、周转的工具材料,如供粉刷用的梯子、脚手架等。周转性材料消耗定额一般考虑下列四个因素:

① 第一次制造时的材料消耗(一次使用量);

② 每周转使用一次材料的损耗(第二次使用时需要补充);

③ 周转使用次数;

④ 周转材料的最终回收及其回收折价。

定额中周转材料消耗量指标的表示,应当用一次使用量和摊销量两个指标表示。一次使用量是指周转材料在不重复使用时的一次使用量,供施工企业组织施工用;摊销量是指周转材料直至退出使用应分摊到每一计量单位的结构构件的周转材料消耗量,供施工企业成本核算或预算用。

材料消耗定额的组成如图 4-2 所示。

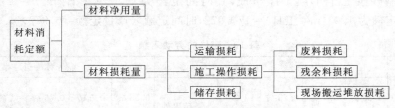

图 4-2 材料消耗定额的组成图

4.2.3 机械台班使用定额

机械台班使用定额,也称机械台班定额。它反映了施工机械在正常的施工条件下合理均衡地组织劳动和使用机械时该机械在单位时间内的生产效率。按其表现形式不同,可分为时间定额和产量定额。

1. 机械时间定额

机械时间定额,是指在合理的劳动组织与合理地使用机械的条件下完成单位合格产品所必需的工作时间,包括有效工作时间(正常负荷下的工作时间和降低负荷下的工作时间)、不可避免的中断时间和不可避免的无负荷工作时间。机械时间定额以"台班"表示,即一台机械工作一个作业班时间。一个作业班时间为 8h。

$$单位产品机械时间定额(台班)=\frac{1}{台班产量} \tag{4-7}$$

由于机械必须由工人小组配合,所以,完成单位合格产品的时间定额同时列出了人工时间定额。即

$$单位产品人工时间定额(工日)=\frac{小组成员总人数}{台班产量} \tag{4-8}$$

2. 机械产量定额

机械产量定额,是指在合理的劳动组织与合理地使用机械的条件下机械在每个台班时间内完成合格产品的数量。与劳动定额一样,机械产量定额与其时间定额互为倒数关系。

根据表4-2,挖一、二类土,挖土深度在 1.5m 以外,且需装车的情况下,若采用斗容量 0.5m³ 的正铲挖土机,其台班产量定额为 4.5(100m³/台班),配合挖土机施工的工人小组的人工时间定额为 0.444(工日/100m³),同时,可以推算出挖土机的时间定额=1/4.5=0.222(台班/100m³),还能推算出配合挖土机施工的工人小组人数=$\frac{人工时间定额}{机械时间定额}=\frac{0.444}{0.222}=2$(人),或人数=人工时间定额×机械台班产量定额=0.444×4.5=2(人)。

表 4-2 　　　　　　　　　　　每一台班的劳动定额 　　　　　　　　　单位:100m³

项　目			装　车			不　装　车		
			一、二类土	三类土	四类土	一、二类土	三类土	四类土
正铲挖土机斗容量	0.5m³	挖土深度	1.5m 以内 $\frac{0.466}{4.29}$	$\frac{0.539}{3.71}$	$\frac{0.629}{3.18}$	$\frac{0.442}{4.52}$	$\frac{0.490}{4.08}$	$\frac{0.578}{3.46}$
			1.5m 以外 $\frac{0.444}{4.5}$	$\frac{0.513}{3.90}$	$\frac{0.612}{3.27}$	$\frac{0.422}{4.74}$	$\frac{0.466}{4.29}$	$\frac{0.563}{3.55}$
	0.75m³		2m 以内 $\frac{0.400}{5.00}$	$\frac{0.454}{4.41}$	$\frac{0.545}{3.67}$	$\frac{0.370}{5.41}$	$\frac{0.420}{4.76}$	$\frac{0.512}{3.91}$
			2m 以外 $\frac{0.382}{5.24}$	$\frac{0.431}{4.64}$	$\frac{0.518}{3.86}$	$\frac{0.353}{5.67}$	$\frac{0.400}{5.00}$	$\frac{0.485}{4.12}$
	1.00m³		2m 以内 $\frac{0.322}{6.21}$	$\frac{0.369}{5.42}$	$\frac{0.420}{4.76}$	$\frac{0.299}{6.69}$	$\frac{0.351}{5.70}$	$\frac{0.420}{4.76}$
			2m 以外 $\frac{0.307}{6.51}$	$\frac{0.351}{5.69}$	$\frac{0.398}{5.02}$	$\frac{0.285}{7.01}$	$\frac{0.334}{5.99}$	$\frac{0.398}{5.02}$
序　号			一	二	三	四	五	六

注:分母表示机械的台班产量定额(台班);分子表示配合机械挖土工人的时间定额(工日)。

4.3　预算定额

工程计价定额是指工程定额中直接用于工程计价的定额或指标,包括预算定额、概算定额、概算指标和估算指标等。工程计价定额是用来在建设项目的不同阶段作为确定和计算工程造价的主要依据。

预算定额是工程建设中一项重要的技术经济文件。它的各项指标,反映了在完成计量单位符合设计标准和施工及验收规范要求的分项工程消耗的劳动和物化劳动的数量限度。这种限度最终决定着单项工程和单位工程的成本和造价。

4.3.1 预算定额概述

预算定额,是在正常的施工条件下,完成一定计量单位合格分项工程和结构构件所需消耗的人工、材料、机械台班数量及其相应费用标准。预算定额是工程建设中的一项重要的技术经济文件,是编制施工图预算的主要依据,是确定和控制工程造价的基础。

1. 预算定额的分类

预算定额的分类,根据标准的不同,可以分为以下 3 类:

(1) 按专业性质分,预算定额有建筑工程定额和安装工程定额两大类。

建筑工程定额按专业对象分为建筑工程预算定额、市政工程预算定额、铁路工程预算定额、公路工程预算定额、房屋修缮工程预算定额、矿山井巷预算定额等。

安装工程预算定额按专业对象分为电气设备安装工程预算定额、机械设备安装工程预算定额、通信设备安装工程定额、化学工业设备安装工程预算定额、工业管道安装工程预算定额、工艺金属结构安装工程预算定额、热力设备安装工程预算定额等。

(2) 从管理权限和执行范围划分,预算定额可以分为全国统一定额、行业统一定额和地区统一定额等。

全国统一定额由国务院建设行政主管部门组织制定发布,行业统一定额由国务院行业主管部门制定发布,地区统一定额由省、自治区、直辖市建设行政主管部门制定发布。

(3) 预算定额按物资要素分为劳动定额、机械定额和材料消耗定额。

三者在预算定额中相互依存,形成一个整体,作为编制预算定额的依据,各自不具有独立性。

2. 预算定额的作用

(1) 预算定额是编制施工图预算、确定建筑安装工程造价的基础。

(2) 预算定额是编制施工组织设计的依据。

(3) 预算定额是工程结算的依据。

(4) 预算定额是施工单位进行经济活动分析的依据。

(5) 预算定额是编制概算定额的基础。

(6) 预算定额是合理编制招标控制价、投标报价的基础。

3. 预算定额的编制原则

为保证预算定额的质量,充分发挥预算定额的作用,实际使用简便,在编制工作中应遵循以下原则:

(1) 按社会平均水平确定预算定额的原则

预算定额是确定和控制建筑安装工程造价的主要依据。因此,它必须遵照价值规律的客观要求,即按生产过程中所消耗的社会必要劳动时间确定定额水平。所以预算定额的平均水平,是在正常的施工条件下,合理的施工组织和工艺条件、平均劳动熟练程度和劳动强度下,完成单位分项工程基本构造要素所需要的劳动时间。

(2) 简明适用的原则

简明适用是指在编制预算定额时,对于那些主要的、常用的、价值量大的项目,分项工程划分宜细;次要的、不常用的、价值量相对较小的项目则可以粗一些。二是指预算定额要项目齐全。要注意补充那些因采用新技术、新结构、新材料而出现的新的定额项目。如果项目不全，缺项多，就会使计价工作缺少充足的可靠的依据。三是要求合理确定预算定额的计算单位，简化工程量的计算，尽可能地避免同一种材料用不同的计量单位和一量多用，尽量减少定额附注和换算系数。

（3）坚持统一性与差别性相结合的原则

所谓统一性，就是从培育全国统一市场规范计价行为出发，计价定额的制订规划和组织实施由国务院建设行政主管部门归口，并负责全国统一定额制定或修订，颁发有关工程造价管理的规章制度办法等。这样就有利于通过定额和工程造价的管理实现建筑安装工程价格的宏观调控。通过编制全国统一定额，使建筑安装工程具有一个统一的计价依据，也使考核设计和施工的经济效果具有一个统一尺度。

所谓差别性，就是在统一新的基础上，各部门和省、自治区、直辖市主管部门可以在自己的管辖范围内，根据本部门和地区的具体情况，制定部门和地区性定额、补充性制度和管理办法，以适应我国幅员辽阔，地区间部门发展不平衡和差异大的实际情况。

4. 预算定额的编制依据

预算定额的编制依据包括以下内容：

（1）现行的设计规范、施工及验收规范、质量评定标准及安全操作规程等技术法规，以确定工程质量标准和工程内容以及应包括的施工工序和施工方法。

（2）现行全国统一劳动定额、本地区补充的劳动定额以及材料消耗定额、机械台班使用定额，以提供计算人工、材料、机械消耗量。

（3）通用的标准图集和定型设计图纸，有代表性的设计图纸或图集，据以测定定额的工程含量。

（4）新技术、新结构、新材料和先进经验资料，使定额能及时反映社会生产力水平。

（5）有关科学试验、测定、统计和经验分析资料，使定额建立在科学的基础上。

（6）国家和地方最新的和以往颁发的编制预算定额的文件规定和定额编制过程的基础资料，使定额能跟上飞速发展的经济形势需要。

5. 预算定额的编制方法及程序

预算定额编制程序一般分为准备工作阶段、收集资料阶段、编制阶段、报批阶段和修改定稿阶段等五个阶段。预算定额编制中的主要工作包括：

（1）确定预算定额编制的计量单位

预算定额的计量单位应根据分部分项工程的形体特征和变化规律来确定。一般来说，分项工程中三个度量中有两个度量经常发生变化，选用平方米（m^2）为计量单位比较适宜，如地面、墙面、门、窗等。若物体截面形状基本固定或呈规律性变化，选用延长米（m）为计量单位则比较适宜，如扶手、拉杆、窗帘盒等。如工程量主要取决于设备或材料的重量，还可以按吨（t）、千克（kg）作为计量单位。个别也有以个、座、套、台为计量单位的。

定额中人工、材料、机械的计量单位选择比较简单和固定。人工、机械分别按"工日"和"台班"计量，各种材料的计量单位，或按体积、面积和长度，或按吨（t）、千克（kg）和升（L），或按块、个、根等。总之，要能达到准确地计量。

（2）按典型设计图纸和资料计算工程数量

计算工程数量，是为了通过计算出典型设计图纸所包括的施工过程的工程量，在编制预算定额时，有可能利用施工定额的人工、机械和材料消耗指标确定预算定额所含工序的消耗量。

（3）确定预算定额各项目人工、材料和机械台班消耗指标

确定预算定额人工、材料、机械台班消耗指标时，必须先按施工定额的分项逐项计算出消耗指标，然后，再按预算定额的项目加以综合。但是，这种综合不是简单的合并和相加，而需要在综合过程中增加两种定额之间的适当的水平差。预算定额的水平，首先取决于这些消耗量的合理确定。

人工、材料和机械台班消耗量指标，应根据定额编制原则和要求，采用理论与实际相结合、图纸计算与施工现场测算相结合、编制人员与现场工作人员相结合等方法进行计算和确定，使定额既符合政策要求，又与客观情况一致，便于贯彻执行。

（4）编制定额表和拟定有关说明

定额项目表的一般格式是：横向排列为各分项工程的项目名称，竖向排列为分项工程的人工、材料和施工机械消耗量指标。有的项目表下部还有附注以说明当设计有特殊要求时，怎样进行调整和换算。

表4-3为《上海市建筑和装饰工程预算定额》（2000）中砌筑工程分部多孔砖内墙的项目表。

表 4-3 　　　　　　　　　　　　　　　多孔砖内墙

工作内容：调运砂浆、运砌砖、门窗套、安放木砖、铁件等全部操作过程。

定额编号		3-3-1	3-3-2	3-3-3	3-3-4
项 目	单位	多孔砖内墙			
		$1\frac{1}{2}$砖及以上	1砖	1/2砖平砌	1/2砖侧砌
		m³	m³	m³	m³
人工 砖瓦工	工日	0.8646	0.8956	1.2164	1.2625
其他工	工日	0.3652	0.3650	0.3875	0.3703
人工工日（合计）	工日	1.2298	1.2606	1.6039	1.6328
材料 多孔砖(20孔)240mm×115mm×90mm	块	332.0000	337.0000	351.0000	359.5600
混合砂浆	m³	0.2370	0.2260	0.1930	0.1182
水	m³	0.1050	0.1060	0.1120	0.1120
其他材料费	%	0.2300	0.3500	0.7000	0.9000
机械 灰浆搅拌机 200L	台班	0.0296	0.0283	0.0241	0.0148

建筑工程预算定额一般由总说明、目录、各分部工程项目表和附录四个部分组成，如图4-3所示。

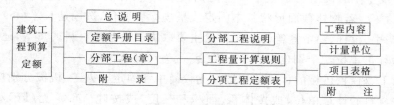

图 4-3　建筑工程预算定额的组成图

预算定额的说明包括定额总说明、分部工程说明及各分项工程说明。涉及各分部需说明的共性问题列入总说明，属某一分部需说明的事项列入章节说明，具体某一分项工程需说明的工作内容、主要工序及操作方法等列在项目表的表头。说明要求简明扼要，但是必须分门别类

注明,尤其是对特殊的变化,力求使用简便,避免争议。

4.3.2 人工定额消耗指标的确定

1. 预算定额中人工工日消耗量的计算

人工的工日数可以有两种确定方法。一种是以劳动定额为基础确定;另一种是以现场观察测定资料为基础计算,主要用于遇到劳动定额缺项时,采用现场工作日写实等测时方法测定和计算定额的人工耗用量。

预算定额中人工工日消耗量是指在正常施工条件下,生产单位合格产品所必需消耗的人工工日数量,是由分项工程所综合的各个工序劳动定额包括的基本用工、其他用工两部分组成的。

(1)基本工——指完成单位合格产品所必需消耗的技术工种用工。在预算定额中以不同工种列出定额工日。

(2)其他工——指技术工种劳动定额内不包括而预算定额内又必须考虑的工时,其内容包括辅助工、超运距用工、人工幅度差。

辅助工主要指材料加工所用的工时,如筛砂子、洗石子、整理模板等用工。

超运距是指预算定额规定的运距与劳动定额规定的运距之差,超运距用工是指超距离运输所增加的用工。预算定额的水平运距是综合施工现场一般必须的各技术工种的平均运距。技术工种劳动定额内的运距是按其项目本身基本的运距计入的,因此,预算定额取定的运距往往要大于劳动定额包括的运距,超运距用工数量可按劳动定额相应材料超运距定额计算。

人工幅度差是指在劳动定额中未包括而在预算定额中又必须考虑的用工,也是在正常施工条件下所必须发生的各种零星工序用工。内容如下:

① 各工种间的工序搭接及交叉作业、互相配合所发生的间歇用工;

② 施工机械的转移及临时水、电线路移动所造成的停工;

③ 质量检查和隐蔽工程验收工作的影响时间;

④ 班组操作地点转移用工;

⑤ 工序交接时对前一工序不可避免的修正用工;

⑥ 施工中不可避免的其他零星用工。

2. 计算公式

工日数计算:

$$基本用工=\sum(工序工程量×时间定额) \tag{4-9}$$

$$超运距=预算定额规定的运距-劳动定额已包括的运距 \tag{4-10}$$

$$超运距用工=\sum(超运距材料数量×时间定额×超运距) \tag{4-11}$$

$$辅助用工=\sum(加工材料数量×时间定额) \tag{4-12}$$

$$人工幅度差用工=(基本用工+超运距用工+辅助用工)×人工幅度差系数 \tag{4-13}$$

$$其他工=超运距用工+辅助用工+人工幅度差用工 \tag{4-14}$$

人工工日数=基本用工+其他工

$$=\sum(基本用工+超运距用工+辅助用工)×(1+人工幅度差系数) \tag{4-15}$$

以表 4-3 为例,砌筑 1m³ 的 1 砖厚多孔砖内墙,其基本工为砖瓦工,用工为 0.895 6 工日,其他工为 0.365 工日,人工工日数=0.895 6+0.365=1.260 6 工日。

4.3.3 材料消耗量指标的确定

材料消耗量是指在正常条件下使用合格材料完成单位合格产品所必须消耗的材料数量标准,包括主要材料、辅助材料、零星材料、周转性材料等。

凡能计量的材料、成品、半成品,定额均按品种、规格逐一列出数量,并计入相应损耗,其内容包括从工地仓库或现场集中堆放地点至现场加工地点或操作地点以及加工地点至安装地点的运输损耗、施工操作损耗、施工现场堆放损耗。难以计量的材料(零星材料)以其他材料费的形式列出,并以占该材料之和的百分率表示。以表 4-3 为例,砌筑 1m³ 的 1 砖厚多孔砖内墙,消耗多孔砖 337 块,混合砂浆 0.226m³,水 0.106m³,其他材料费占上述材料费的 0.35%。

定额内材料、成品、半成品的消耗量确定,主要是根据现行规范、规程、标准图集和有关规定,按理论计算,个别项目通过调查、试验确定。

对于施工周转性材料,定额项目按不同施工方法、不同材质列出一次使用摊销量。

混凝土、砌筑砂浆、抹灰砂浆等均按半成品,以立方米(m³)表示,其配合比是按现行规范(或常用资料)计算的,各地区可按当地的材质及地方标准进行调整。

施工工具性消耗材料及单位价值在 2 000 元以下的小型机具,应列入建筑安装工程费用定额中工具用具使用费项目内,不再列入定额消耗量之中。

4.3.4 机械台班消耗量指标的确定

施工机械台班消耗量,是指在正常施工条件下完成单位合格产品所必须消耗的施工机械工作时间(台班)。

定额分别按机械功能和容量,区别单机或主机配合辅助机械作业,包括机械幅度差,以台班表示,未列机械的其他机械费以占项目机械费之和的百分率列出。以表 4-3 为例,砌筑 1m³ 的 1 砖厚多孔砖内墙,消耗灰浆搅拌机(200L)0.0283 台班。

定额根据机械类型、功能及作业对象不同,分别确定机械幅度差,幅度差包括的内容有:① 配套机械相互影响的时间损失;② 工程开工或结尾时工作量不饱满的时间损失;③ 临时停水停电的影响时间;④ 检查工程质量的影响时间;⑤ 施工中不可避免的机械故障排除、维修及工序间交叉影响的时间间歇。

机械台班消耗量确定的主要方法如下:

(1) 以手工操作为主的工人班组所配备的施工机械,如砂浆、混凝土搅拌机,垂直运输用的塔式起重机,为小组配用,应以小组日产量作为机械的台班产量,不另增加机械幅度差。

按工人小组日产量计算

$$机械台班数量 = \frac{定额计量单位}{每工产量 \times 小组成员} \tag{4-16}$$

(2) 以机械施工为主的,如打桩工程、吊装工程等应增加机械幅度差。机械幅度差在定额中以机械幅度差系数的形式表示,系数值一般根据测定和统计资料取定。大型机械的机械幅度差系数分别如下:土方机械 1.25;打桩机械 1.33;吊装机械 1.3;其他分部工程的机械,如蛙式打夯机、水磨石机等专用机械,均为 1.1。

按机械台班产量定额计算

$$机械台班数量 = \frac{定额计量单位}{台班产量} \times 机械幅度差系数 \tag{4-17}$$

4.3.5　预算定额基价编制

1. 预算定额基价概述

预算定额基价就是预算定额分项工程或结构构件的单价,包括人工费、材料费和机械台班使用费,也称工料单价或直接工程费单价。

预算定额基价一般通过编制单位估价表、地区单位估价表及设备安装价目表所确定的单价,用于编制施工图预算。在预算定额中列出的"预算价值"或"基价",应视为该定额编制时的工程单价。

预算定额基价的编制方法,简单地说就是工、料、机的消耗量和工、料、机单价的结合过程。其中,人工费是由预算定额中每一分项工程用工数,乘以地区人工工日单价计算算出;材料费是由预算定额中每一分项工程的各种材料消耗量,乘以地区相应材料预算价格之和算出;机械费是由预算定额中每一分项工程的各种机械台班消耗量,乘以地区相应施工机械台班预算价格之和算出。

预算定额基价是根据现行定额和当地的价格水平编制的,具有相对的稳定性。但是为了适应市场价格的变动,在编制预算时,必须根据工程造价管理部门发布的调价文件对固定的工程预算单价进行修正。修正后的工程单价乘以根据图纸计算出来的工程量,就可以获得符合实际市场情况的工程的直接工程费。

【例 4-1】　某预算定额基价的编制过程如表 4-4 所示。求其中定额子目 3-1 的定额基价。

表 4-4　　　　　　　　　　　　　　某预算定额基价表　　　　　　　　　　　　　单位:10m³

定额编号			3-1		3-2		3-4	
项目	单位	单价(元)	砖基础		混水砖墙			
					1/2 砖		1 砖	
			数量	合价	数量	合价	数量	合价
基价			1254.31		1438.86		1323.51	
其中	人工费		303.36		518.20		413.74	
	材料费		931.65		904.70		891.35	
	机械费		19.30		15.96		18.42	
综合工日	工日	25.73	11.790	303.36	20.140	518.20	16.080	413.74
材料	水泥砂浆 M5	m²	93.92			1.950	183.14	2.250	211.32
	水泥砂浆 M10	m³	110.82	2.360	261.53				
	标准砖	百块	12.70	52.36	664.97	56.41	716.41	53.14	674.88
	水	m³	2.06	2.500	5.15	2.500	5.15	2.500	5.15
机械	灰浆搅拌机 200L	台班	49.11	0.393	19.30	0.325	15.96	0.375	18.42

【解】　定额人工费 $=25.73\times11.790=303.36$ 元

定额材料费 $=110.82\times2.36+12.70\times52.36+2.06\times2.50=931.65$ 元

定额机械台班费 $=49.11\times0.393=19.30$ 元

定额基价 $=303.36+931.65+19.30=1254.31$ 元

2. 定额基价中人工单价、材料单价与机械单价的组成

（1）人工单价（日工资单价）是指施工企业平均技术熟练程度的生产工人在每工作日（国家法定工作时间内）按规定从事施工作业应得的日工资总额。

考虑的因素包括生产工人平均工资、奖金、津贴补贴、特殊情况下支付的工资等。

工程造价管理机构通过市场调查、根据工程项目的技术要求，参考实物工程量人工单价综合分析确定，最低日工资单价不得低于工程所在地人力资源和社会保障部门所发布的最低工资标准：普工1.3倍、一般技工2倍、高级技工3倍。

（2）材料基价即列入单位估价表的材料单价，也称材料预算价格或材料基价，是材料由来源地或发货地运至工地仓库或施工现场存放地后的出库价格。材料基价主要由以下5部分组成：①材料原价（或供应价格）；②材料运杂费；③运输损耗费；④采购及保管费；⑤检验试验费。

（3）施工机械单价：施工机械单价也称施工机械台班预算价格，是指各种用途类别、能力的施工机械在正常运转情况下所支出和分摊的各项费用，以每运行一个台班为计算单位，8h为一个台班。

施工机械单价主要由以下7部分组成：①折旧费；②大修理费；③经常修理费；④安拆费及场外运费；⑤人工费；⑥燃料动力费；⑦养路费及车船使用税。

4.3.6 预算定额的使用

1. 学习、理解、熟记定额

为了正确运用预算定额编制施工图预算、进行设计技术经济分析以及办理竣工结算，应认真地学习预算定额。

（1）要浏览一下目录，了解定额分部、分项工程是如何划分的，不同的预算定额、分部、分项工程的划分方法是不一样的。有的以材料、工种及施工顺序划分；有的以结构性质和施工顺序划分。且分项工程的含义也不完全相同。掌握定额分部、分项工程划分方法，了解定额分项工程的含义，是正确计算工程量、编制预算的前提条件。

（2）要学习预算定额的总说明、分部工程说明。说明中指出的编制原则、依据、适用范围、已经考虑和尚未考虑的因素以及其他有关问题的说明，是正确套用定额的前提条件。由于建筑安装产品的多样性，且随着生产力的发展，新结构、新技术、新材料不断涌现，现有定额已不能完全适用，就需要补充定额或对原有定额作适当修正（换算），总说明、分部工程说明则为补充定额、换算定额提供依据，指明路径。因此，必须认真学习，深刻理解。

（3）要熟悉定额项目表，能看懂定额项目表内的"三个量"和"三个价"的确切含义（如材料消耗量是指材料总的消耗量，包括净用量和损耗量或摊销量。又如材料单价是指材料预算价格的取定价等），对常用的分项工程定额所包括的工程内容，要联系工程实际，逐步加深印象，对项目表下的附注，要逐条阅读，不求背出，但求留痕。

（4）要认真学习，正确理解，实践练习，掌握建筑面积计算规则和分部、分项工程量的计算规则。

只有在学习、理解、熟记上述内容的基础上，才会依据设计图纸和预算定额，不遗漏、也不重复地确定工程量计算项目，正确计算工程量，准确地选用预算定额或正确地换算预算定额或补充预算定额，以编制工程预算，这样，才能运用预算定额作好其他各项工作。

2. 预算定额的选用

使用定额,包含两方面的内容:一是根据定额分部、分项工程划分方法和工程量计算规则,列出需计算的工程项目名称,并且正确计算出其工程量,这方面内容将在以后章节详细介绍;另一是正确选用预算定额(套定额),并且在必要时换算定额或补充定额,这是本节要重点介绍的内容。

当根据设计图纸和预算定额,列出了工程量计算项目,并计算完工程量后,接下去便是套定额计算直接费,编制预算书。

要学会正确选用定额,必须首先了解定额分项工程所包括的工程内容。应该从总说明、分部工程说明、项目表表头工程内容栏中去了解分项工程的工程内容,甚至应该并且可以从项目表中的工、料消耗量中去琢磨分项工程的工程内容,只有这样,才能对定额分项工程的含义有深刻的了解。

《上海市建筑和装饰工程预算定额》(2000)里的定额 1-1-5 为深度 1m 以内人工挖地坑项目,包括挖地坑、抛于槽边 1m 以外,修整底边,工作面的排水等全部操作过程;定额 1-3-12 为水磨石地面项目,包括清理基层、刷浆、抹灰、找平、磨光、擦浆、理光、养护全部操作过程。

3. 在选用定额时常碰到的三种情况

(1) 施工图设计要求和施工方案与定额工程内容完全一致时,采用"对号入座,选用定额"。

例如:设计要求采用平铺毛石垫层,查定额可套用 7-1-2 子目;如设计要求采用灌浆毛石垫层,则查定额应套用 7-1-3 子目。

(2) 施工图设计要求或施工方案与定额工程内容基本一致,但有部分不同,此时,又有两种情况:

① 定额规定不允许换算,则应"生搬硬套,强行执行"选用规定的定额。例如,现浇钢筋混凝土矩形柱定额 4-1-14 采用钢模板,现浇钢筋混凝土圆形柱定额 4-1-16 采用木模板,实际施工方案采用模板与定额模板不相符时,仍按定额规定套用,不予换算。

② 定额规定允许换算,则应按定额规定的原则、依据和方法进行换算,换算后,再进行套用。对换算定额,套用时,仍采用原来的定额编号,只在原编号下注一个"换"字,以示经过换算之定额。如广场砖铺贴环形,定额规定其人工乘以系数 1.2,可将定额编号成 7-4-62$_换$,以示其为 7-4-62 换算,调整后得到。

定额换算的基本公式如下:

$$换算后的预算定额 \begin{Bmatrix} 人工 \\ 材料 \\ 机械台班 \end{Bmatrix} 消耗量 = 换算前的预算定额 \begin{Bmatrix} 人工 \\ 材料 \\ 机械台班 \end{Bmatrix} 用量$$

$$- \sum 应换出的分项工程 \begin{Bmatrix} 人工 \\ 材料 \\ 机械台班 \end{Bmatrix} 消耗量$$

$$+ \sum 应换入的分项工程 \begin{Bmatrix} 人工 \\ 材料 \\ 机械台班 \end{Bmatrix} 消耗量 \tag{4-18}$$

(3) 施工图设计要求或施工工艺、施工机具在定额中没有时,或是结构设计采用了新的结构做法,这些是定额中没有的,是定额的缺项,则应先编制补充定额,然后套用。补充定额的编号一般需写上"补"字。

补充定额的编制原则、编制依据和编制方法均应与现行预算定额的编制相同。预算定额是国家、省市建委委托定额管理部门编制的,而补充预算定额更多的是由施工单位编制的。在编制补充预算定额时应注意以下几个方面:

① 定额的分部工程范围划分、分项工程的内容及计量单位,应与现行定额中的同类项目保持一致;② 材料消耗必须符合现行定额的规定;③ 数据计算必须实事求是。

4.4　概算定额和概算指标

4.4.1　概算定额

1. 概算定额的概念

概算定额是确定一定计量单位扩大分项工程(或扩大结构构件)的人工、材料和施工机械台班消耗量的标准。它是在预算定额的基础上,在合理确定定额水平的前提下,进行适当扩大、综合和简化编制而成的(实际上综合预算定额已具有概算定额的性质和功能)。

2. 概算定额的作用

(1) 是初步设计阶段编制概算、扩大初步设计阶段编制修正概算的主要依据。

(2) 是对设计项目进行技术经济分析比较的基础资料之一。

(3) 是建设工程主要材料计划编制的依据。

(4) 是控制施工图预算的依据。

(5) 是施工企业在准备施工期间,编制施工组织总设计或总规划时,对生产要素提出需要量计划的依据。

(6) 是工程结束后,进行竣工决算和评价的依据。

(7) 是编制概算指标的依据。

3. 编制概算定额的一般要求

(1) 概算定额的编制深度,要适应设计深度的要求。由于概算定额是在初步设计阶段使用的,受初步设计的设计深度所限制,因此,定额项目划分应坚持简化、准确和适用的原则。

(2) 概算定额水平的确定,应与预算定额、综合预算定额的水平基本一致。它必须是反映在正常条件下,大多数企业的设计、生产、施工、管理水平。

由于概算定额是在预算定额或综合预算定额的基础上,适当地进行扩大、综合和简化,因而在工程标准、施工方法和工程量取值等方面进行综合测算时,概算定额与预算定额或综合预算定额之间必将产生、并允许留有一定的幅度差,以便根据概算定额编制的概算能够控制在施工图预算。

4. 概算定额的编制方法

(1) 直接利用综合预算定额。如砖基础、钢筋混凝土基础、楼梯、阳台、雨篷等。

(2) 在预算定额、综合预算定额的基础上再合并其他次要项目。如墙身再包括伸缩缝;地面包括平整场地、回填土、明沟、垫层、找平层、面层及踢脚线。

（3）改变计量单位。如屋架、天窗架等不再按立方米体积计算，而按屋面水平投影面积计算。

（4）采用标准设计图纸的项目，可以根据预先编好的标准预算计算。如构筑物中的烟囱、水塔、水池等，以每座为单位。

（5）工程量计算规则进一步简化。如砖基础、带形基础以轴线（或中心线）长度乘断面积计算；内外墙也均以轴线（或中心线）长乘以高，并扣除门窗洞口所占面积计算；屋架按屋面投影面积计算；烟囱、水塔按座计算；细小零星占造价比重很小的项目，不计算工程量，按占主要工程的百分比计算。

5. 概算定额手册的内容

按专业特点和地区特点编制的概算定额手册，内容基本上是由文字说明、定额项目表和附录三个部分组成，概算定额的内容与形式如下所述。

（1）文字说明部分。文字说明部分有总说明和分部工程说明。在总说明中，主要阐述概算定额的编制依据、使用范围、包括的内容及作用、应遵守的规则及建筑面积计算规则等。分部工程说明主要阐述本分部工程包括的综合工作内容及分部、分项工程的工程量计算规则等。

（2）定额项目表主要包括以下内容：

① 定额项目的划分。概算定额项目一般按以下两种方法划分：一是按工程结构划分，一般是按土石方、基础、墙、梁板柱、门窗、楼地面、屋面、装饰、构筑物等工程结构划分。二是按工程部位（分部）划分，一般是按基础、墙体、梁柱、楼地面、屋盖、其他工程部位等划分，如基础工程中包括了砖、石、混凝土基础等项目。

② 定额项目表。定额项目表是概算定额手册的主要内容，由若干分节定额组成。各节定额有工程内容、定额表及附注说明组成。定额表中列有定额编号、计量单位、概算价格：人工、材料、机械台班消耗量指标，综合了预算定额的若干项目与数量。表4-5为某现浇钢筋混凝土矩形柱概算定额，综合了预算定额的模板、钢筋、混凝土等分项工程内容。

表 4-5   **某现浇钢筋混凝土矩形柱概算定额**

工作内容：模板安拆、钢筋绑扎安放、混凝土浇捣养护。

定额编号			3002	3003	3004	3005	3006
项　　目			现浇钢筋混凝土柱				
			矩形				
			周长1.5m 以内	周长2.0m 以内	周长2.5m 以内	周长3.0m 以内	周长3.0m 以外
			m³	m³	m³	m³	m³
工、料、机名称（规格）		单位	数　　量				
人工	混凝土工	工日	0.8187	0.8187	0.8187	0.8187	0.8187
	钢筋工	工日	1.1037	1.1037	1.1037	1.1037	1.1037
	木工（装饰）	工日	4.7676	4.0832	3.0591	2.1798	1.4921
	其他工	工日	2.0342	1.7900	1.4245	1.1107	0.8653

续表

定额编号		3002	3003	3004	3005	3006
项 目		现浇钢筋混凝土柱				
		矩形				
		周长1.5m以内	周长2.0m以内	周长2.5m以内	周长3.0m以内	周长3.0m以外
		m³	m³	m³	m³	m³
材料	泵送预拌混凝土 m³	1.0150	1.0150	1.0150	1.0150	1.0150
	木模板成材 m³	0.0363	0.0311	0.0233	0.0166	0.0144
	工具式组合钢模板 kg	9.7087	8.3150	6.2294	4.4388	3.0385
	扣件 只	1.1799	1.0105	0.7571	0.4394	0.3693
	零星卡具 kg	3.7354	3.1992	2.3967	1.7078	1.1690
	钢支撑 kg	1.2900	1.1049	0.8277	0.5898	0.4037
	柱箍、梁夹具 kg	1.9579	1.6768	1.2563	0.8952	0.6128
	钢丝18♯～22♯ kg	0.9024	0.9024	0.9024	0.9024	0.9024
	水 m³	1.2760	1.2760	1.2760	1.2760	1.2760
	圆钉 kg	0.7475	0.6402	0.4796	0.3418	0.2340
	草袋 m²	0.0865	0.0865	0.0865	0.0865	0.0865
	成型钢筋 t	0.1939	0.1939	0.1939	0.1939	0.1939
	其他材料费 %	1.0906	0.9579	0.7467	0.5523	0.3916
机械	汽车式起重机 5t 台班	0.0281	0.0241	0.0180	0.0129	0.0088
	载重汽车 4t 台班	0.0422	0.0361	0.0271	0.0193	0.0132
	混凝土输送泵车 75m³/h 台班	0.0108	0.0108	0.0108	0.0108	0.0108
	木工圆锯机 φ500mm 台班	0.0105	0.0090	0.0068	0.0048	0.0033
	混凝土振捣器插入式 台班	0.1000	0.1000	0.1000	0.1000	0.1000

（3）附录

不同地区、部门造价部门编制的概算定额根据使用需要列入不同内容,如《江苏省建筑工程概算定额(2005)》编入了3个附录:建筑工程建筑面积计算规范、国家工期定额(节选)、定额材料预算价格取定表。

6. 概算定额基价的编制

概算定额基价和预算定额基价一样,都只包括人工费、材料费和机械费。是通过编制扩大单位估价表所确定的单价,用于编制设计概算。概算定额基价和预算定额基价的编制方法相同。

4.4.2 概算指标

1. 概算指标的概念

概算指标是以每 m² 或每 100m² 或每幢建筑物或每座构筑物或每 km 道路为计量单位,规定完成相应计量单位的建筑物或构筑物所需人工、材料和施工机械台班消耗量和相应费用的指标。建筑安装工程概算定额与概算指标的主要区别如下:

（1）确定各种消耗量指标的对象不同

概算定额是以单位扩大分项工程或单位扩大结构构件为对象,而概算指标则是以整个建筑物(如 $100m^2$ 或 $1000m^2$ 建筑物)和构筑物为对象。因此,概算指标比概算定额更加综合与扩大。

(2)确定各种消耗量指标的依据不同

概算定额以现行预算定额为基础,通过计算后才综合确定出各种消耗量指标,而概算指标中各种消耗量指标的确定,则主要来自各种预算或结算资料。

2. 概算指标的作用

概算指标与概算定额、预算定额一样,都是与各个设计阶段相适应的多次性计价的产物,它主要用于投资估价、初步设计阶段,其作用主要有:

(1)概算指标可以作为编制投资估算的参考。

(2)概算指标中的主要材料指标可以作为匡算主要材料用量的依据。

(3)概算指标是设计单位进行设计方案比较,建设单位选址的一种依据。

(4)概算指标是编制固定资产投资计划、确定投资额和主要材料计划的主要依据。

3. 概算指标的组成内容

(1)概算指标的组成内容一般分为文字说明和列表形式两部分,以及必要的附录。

① 总说明和分册说明。其内容一般包括:概算指标的编制范围、编制依据、分册情况、指标包括的内容、指标未包括的内容、指标的使用方法、指标允许调整的范围及调整方法等。

② 列表形式包括:建筑工程列表形式和设备及安装工程的列表形式。

• 建筑工程列表形式。房屋建筑、构筑物一般是以建筑面积、建筑体积、"座"、"个"等为计算单位,附以必要的示意图,示意图画出建筑物的轮廓示意或单线平面图,列出综合指标:"元/m^2"或"元/m",自然条件(如地基承载力、地震烈度等),建筑物的类型、结构形式及各部位中结构主要特点,主要工程量。

• 设备及安装工程的列表形式。设备以"t"或"台"为计算单位,也可以设备购置费或设备原价的百分比(%)表示;工艺管道一般以"m"为计算单位;通信电话站安装以"站"为计算单位。列出指标编号、项目名称、规格、综合指标(元/计算单位)之后一般还要列出其中的人工费,必要时还要列出主要材料费、辅材费。

③ 总体来讲建筑工程列表形式分为以下几个部分:

• 示意图。表明工程的结构、工业项目,还表示出吊车及起重能力等。

• 工程特征。对采暖工程特征应列出采暖热媒及采暖形式;对电气照明工程特征可列出建筑层数、结构类型、配线方式、灯具名称等;对房屋建筑工程特征,主要对工程的结构形式、层高、层数和建筑面积进行说明。以某高层住宅指标为例,如表 4-6、表 4-7 所示。

表 4-6 工程概况

项 目 名 称	内 容
工程名称	××小区
工程分类	建筑工程-民用建筑-民用住宅-高层住宅
工程地点	外环线外-浦东新区
建筑物功能及规模	动迁住宅
开工日期	2011 年 2 月
竣工日期	
建筑面积(m^2)	31111,其中:地上 28459.1 地下 2651.9
建筑和安装工程造价(万元)	6487.09
平方米造价(元/m^2)	2085.14

续表

项目名称		内　　容
结构类型		短肢剪力墙
层数(层)		地上 11，地下 1
建筑高度(檐口)(m)		35.8
层高(m)		其中：首层 2.8m，标准层 2.8m
建筑节能		内、外墙保温无机保温砂浆，地下室顶板、屋面保温为无机保温砂浆，铝合金门窗(低辐射 6＋12A＋6 玻璃)
抗震设防烈度/度		7
基础	类型	预应力高强度混凝土管桩，地下筏板基础，条形基础
	埋置深度(m)	2.2
计价方式		清单计价
造价类别		中标价
编制依据		《建设工程工程量清单计价规范》(GB 50500—2008)及相关文件
价格取定期		2010 年 10 建筑材料市场信息价

表 4-7　　　　　　　　　　　　　**工程特征**

项目名称			特征描述
建筑工程	土(石)方工程		大开挖
	桩与地基基础工程		φ400 预应力高强度混凝土管桩
	砌筑工程	外墙类型	200 厚混凝土空心砌块
		内墙类型	200 厚、100 厚混凝土空心砌块
	混凝土及钢筋混凝土工程(基础类型)		C30 泵送混凝土，Ⅱ级、Ⅲ级螺纹钢筋
	厂库房大门、特种门、木结构工程		—
	金属结构工程		—
	屋面及防水工程		三元乙丙丁基防水卷材
	防腐、隔热、保温工程		外墙：3.5cm 无机保温砂浆，内墙：1.5cm 无机保温砂浆，地下室顶板：20cm 无机保温砂浆，屋面：80cm 无机保温砂浆
	其他工程		—
装饰装修工程	楼地面工程		40 厚 C20 无筋细石混凝土
	门窗工程		铝合金门窗
	墙柱面、天棚、涂料工程	墙柱面工程	套内 107 胶水批嵌，外墙涂料
		天棚工程	107 胶水水泥批嵌
		油漆、涂料、裱糊工程	公共部分涂料，外墙面涂料
	其他工程		—
安装工程	电气工程		照明、防雷接地
	给排水、采暖、燃气工程工程		给水、排水、雨水
	消防工程		消火栓系统
	通风空调工程		—
	智能化系统工程		电话、电视、门禁系统
	电梯工程		—
	其他工程		—

• 经济指标。按《建设工程工程量清单计价规范》(GB 50500—2013)规定，说明该单项工程各组成项目每 m² 的造价指标，如表 4-8—表 4-11 所示。

表 4-8 工程造价指标汇总

序号	项目名称	造价(万元)	平方米造价(元/m²)	造价比例(%)
1	分部分项工程	4 693.46	1508.62	72.35
1.1	建筑工程	3 047.70	979.62	46.98
1.2	装饰装修工程	1 263.39	406.09	19.48
1.3	安装工程	382.37	122.90	5.89
2	措施项目	830.66	267.00	12.80
3	其他项目	522.06	167.81	8.05
4	规费	225.58	72.51	3.48
5	税金	215.33	69.21	3.32
	合 计	6 487.09	2085.14	100.00

注:按《建设工程工程量清单计价规范》(GB 50500—2013)规定计价。

表 4-9 分部分项工程造价指标

序号	项 目 名 称	造价(万元)	平方米造价(元/m²)	占总造价比例(%)
1	建筑工程	3 047.70	979.62	46.98
1.1	土(石)方工程	88.52	28.45	1.36
1.2	桩与地基基础工程	350.02	112.51	5.40
1.3	砌筑工程	151.03	48.55	2.33
1.4	混凝土及钢筋混凝土工程	1 984.39	637.84	30.59
1.5	厂库房大门、特种门、木结构工程	-	-	-
1.6	金属结构工程	-	-	-
1.7	屋面及防水工程	95.70	30.76	1.48
1.8	防腐、隔热、保温工程	378.05	121.52	5.83
1.9	其他工程	-	-	-
2	装饰装修工程	1 263.39	406.09	19.48
2.1	楼地面工程	130.75	42.03	2.02
2.2	门窗工程	365.95	117.63	5.64
2.3	墙柱面工程	416.24	133.79	6.42
2.4	天棚工程	62.93	20.23	0.97
2.5	油漆、涂料、裱糊工程	157.90	50.75	2.43
2.6	其他工程	129.62	41.67	2.00
3	安装工程	382.37	122.90	5.89
3.1	电气工程	210.94	67.80	3.25
3.2	给排水、采暖、燃气工程	171.43	55.10	2.64
3.3	消防工程	-	-	-
3.4	通风空调工程	-	-	-
3.5	智能化系统工程	-	-	-
3.6	电梯工程	-	-	-
3.7	其他工程	-	-	-
	合 计	4 693.46	1508.62	72.35

表 4-10   措施项目造价指标

序号	项 目 名 称	造价(万元)	平方米造价(元/m²)	占总造价比例(%)
1	安全防护文明施工措施费	115.70	37.19	1.78
1.1	环境保护	2.60	0.84	0.04
1.2	文明施工	22.30	7.17	0.34
1.3	临时设施	74.80	24.04	1.15
1.4	安全施工	16.00	5.14	0.25
2	大型机械进出场及安拆	3.00	0.96	0.05
3	现浇混凝土与钢筋混凝土构件模板	595.60	191.44	9.18
4	脚手架	88.86	28.56	1.37
5	垂直运输机械	12.40	3.99	0.19
6	基坑支撑	0.50	0.16	0.01
7	打拔钢板桩	-	-	-
8	打桩场地处理	0.70	0.23	0.01
9	施工排水、降水	0.80	0.26	0.01
10	其他措施费	13.10	4.21	0.20
	合计	830.66	267.00	12.80

注:其他措施费是指夜间施工、二次搬运、冬雨季施工、临时保护措施等。

表 4-11   其他项目造价指标

序号	项 目 名 称	造价(万元)	平方米造价(元/m²)	占总造价比例(%)	备注
1	暂列金额项目	9.00	2.89	0.14	
2	专业工程暂估价项目	491.55	158.00	7.58	弱电、消防、总体等专业工程
3	计日工	-	-	-	
4	总承包服务费	21.51	6.91	0.33	
	合计	522.06	167.81	8.05	

• 构造内容及工程量指标。说明该工程项目的构造内容和相应计算单位的人工、材料消耗指标及工程量指标。如表 4-12、表 4-13 所示。

表 4-12　　　　　　　　　　　　　　　　　　　　主要消耗量指标

序号	项 目 名 称		单位	消耗量	百平方米消耗量
1	人工	建筑	工日	94 850.36	304.88
		装饰	工日	51 302.79	164.90
		安装	工日	13 214.00	42.47
		小计	工日	159 367.15	512.25
2	钢　筋		kg	2 360 438.00	7 587.15
3	钢 模 板		kg	88 103.29	283.19
4	其他钢材		kg	85 759.46	275.66
5	木 模 板		m²	110 496.84	355.17
6	水　泥		kg	-	-
7	黄　砂		kg	-	-
8	石　子		kg	-	-
9	多 孔 砖		千块	-	-
10	砌　块		m³	3 331.26	10.71
11	预拌混凝土		m³	16 381.40	52.65
12	预拌砂浆		m³	3 371.55	10.84

表 4-13　　　　　　　　　　　　　　　　　建筑工程主要工程量指标

序号	项 目 名 称		单位	工程量	百平方米工程量	综合单价(含税)(元)
1	土(石)方工程		m³	7 664.13	24.63	30.08
2	桩基工程	短桩	m³	—	—	
		钢管桩	kg	—	—	
		混凝土方桩	m³	—	—	
		混凝土管桩	m³	2 178.56	7.00	1 521.50
		灌注桩	m³	—	—	
		其他	m³	—	—	
3	砌筑工程	砖基础	m³	—	—	
		外墙砌体	m³	664.15	2.13	449.56
		内墙砌体	m³	2 654.17	8.53	475.89
4	混凝土工程	基础(除地下室)	m³	1 518.20	4.88	491.92
		地下	m³	690.30	2.22	507.23
		地上	m³	13 161.20	42.30	532.91
5	钢筋工程		t	2 302.87	7.40	5 832.30
6	模板工程		m²	110 496.84	355.17	56.71
7	门窗工程	门	m²	761.60	2.45	597.21
		窗	m²	8 436.80	27.12	418.60
		其他	m²	—	—	

续表

序号	项目名称		单位	工程量	百平方米工程量	综合单价(含税)(元)
8	楼地面工程	块料面层	m²	544.32	1.75	245.72
		整体面层	m²	19 221.19	61.78	33.84
		其他	m²	—	—	
9	屋面工程	屋面防水	m²	2 584.76	8.31	50.95
		隔热保温	m²	2 342.16	7.53	140.81
10	外装饰工程	幕墙	m²	—	—	
		涂料	m²	23 312.88	74.93	40.79
		块料	m²	—	—	
		外保温	m²	22 444.44	72.14	61.42
		其他	m²	—	—	
11	内装饰工程	内墙饰面	m²	16 166.31	51.96	18.12
		天棚	m²	26 837.44	86.26	18.12
		内保温	m²	—	—	
		其他	m²	—	—	
12	金属结构工程		t	—	—	

4. 概算指标的表现形式

概算指标在具体内容的表示方法上,分综合指标和单项指标两种形式。

(1)综合概算指标。综合概算指标是按照工业或民用建筑及其结构类型而制定的概算指标。综合概算指标的概括性较大,其准确性、针对性不如单项指标。

(2)单项概算指标。单项概算指标是指为某种建筑物或构筑物而编制的概算指标。单项概算指标的针对性较强,故指标中对工程结构形式要作介绍。只要工程项目的结构形式及工程内容与单项指标中的工程概况相吻合,编制出的设计概算就比较准确。

4.5 估算指标

4.5.1 投资估算指标的概念

投资估算指标是在项目建议书和可行性研究阶段编制投资估算、计算投资需要量时使用的一种定额。它是一种非常概略的定额,往往以独立的单项工程或完整的工程项目为计算对象,编制内容是所有项目费用之和。它的概略程度应与可行性研究阶段相适应。投资估算指标往往根据历史的预、决算资料和价格变动等资料编制,但其编制基础仍然离不开预算定额、概算定额。

4.5.2 投资估算指标的作用

投资估算指标是编制建设项目建议书、可行性研究报告等前期工作阶段投资估算的依据,也可以作为编制固定资产长远规划投资额的参考。投资估算指标为完成项目建设的投资估算提供依据和手段,它在固定资产的形成过程中起着投资预测、投资控制、投资效益分析的作用,是合理确定项目投资的基础。投资估算指标中的主要材料消耗量也是一种扩大材料消耗量指标,可以作为计算建设项目主要材料消耗量的基础。估算指标的正确编制对于提高投资估算的准确度、对建设项目的合理评估、正确决策具有重要意义。

4.5.3 投资估算指标的内容

投资估算指标是确定和控制建设项目全过程各项投资支出的技术经济指标,其范围涉及建设前期、建设实施期和竣工验收交付使用期等各个阶段的费用支出,内容因行业不同而各异,一般可分为建设项目综合指标、单项工程指标和单位工程指标三个层次。

1. 建设项目综合指标

建设项目综合指标是指按规定应列入建设项目总投资的从立项筹建开始至竣工验收交付使用的全部投资额,包括单项工程投资、工程建设其他费用和预备费等。

建设项目综合指标一般以项目的综合生产能力单位投资表示,如"元/t"、"元/kW",或以使用功能表示,如医院床位:"元/床"。

2. 单项工程指标

单项工程指标是指按规定应列入能独立发挥生产能力或使用效益的单项工程内的全部投资额,包括建筑工程费、安装工程费、设备、工器具及生产家具购置费和其他费用。单项工程一般划分原则如下:

(1) 主要生产设施指直接参加生产产品的工程项目,包括生产车间或生产装置。

(2) 辅助生产设施指为主要生产车间服务的工程项目。包括集中控制室、中央实验室、机修、电修、仪器仪表修理及木工(模)等车间,原材料、半成品、成品及危险品等仓库。

(3) 公用工程包括给排水系统(给排水泵房、水塔、水池及全厂给排水管网)、供热系统(锅炉房及水处理设施、全厂热力管网)、供电及通信系统(变配电所、开闭所及全厂输电、电信线路)以及热电站、热力站、煤气站、空压站、冷却塔和全厂管网等。

(4) 环境保护工程包括废气、废渣、废水等处理和综合利用设施及全厂性绿化。

(5) 总图运输工程包括厂区防洪、围墙大门、传达及收发室、汽车库、消防车库、厂区道路、桥涵、厂区码头及厂区大型土石方工程。

(6) 厂区服务设施包括厂部办公室、厂区食堂、医务室、浴室、哺乳室、自行车棚等。

(7) 生活福利设施包括职工医院、住宅、生活区食堂、职工医院、俱乐部、托儿所、幼儿园、子弟学校、商业服务点以及与之配套的设施。

(8) 厂外工程如水源工程、厂外输电、输水、排水、通信、输油管线以及公路铁路专用线等。

单项工程指标一般以单项工程生产能力单位投资,如"元/t"或其他单位表示,如变配电站:"元/(kV·A)";锅炉房:"元/蒸汽吨";供水站:"元/m³";办公室、仓库、宿舍、住宅等房屋则根据不同结构形式以"元/m²"表示。

3. 单位工程指标

单位工程指标按规定应列入能独立设计、施工的工程项目的建筑安装工程费用。

单位工程指标一般以如下方式表示:如,房屋根据不同结构形式以"元/m²"表示;道路根据不同结构层、面层以"元/m²"表示;水塔根据不同结构层、容积以"元/座"表示;管道根据不同材质、管径以"元/m"表示。

复习思考题

1. 简述土木工程定额的分类。
2. 劳动定额中的时间定额与产量定额有何联系？
3. 材料消耗定额包括哪两种？消耗量的计算是否相同？
4. 简述预算定额的编制原则、依据和方法。
5. 如何确定预算定额中的人工、材料、机械台班消耗量？人工幅度差、机械幅度差的含义是什么？
6. 简述预算定额基价的概念。人工费单价、材料费单价与机械费单价包括哪些内容？
7. 预算定额选用时常碰到的三种情况是怎样的？
8. 简述概算定额、概算指标、估算指标的概念及作用。
9. 已知铝合金隔断每 m² 的定额单位消耗量和单价如表内所示，试按下表的形式在表内填写完成铝合金隔断单位估价表。

某地区隔断单位估价表

工作内容：×××　　　　　　　　　　　　　　　　　　　　　　　　　　计量单位：m²

定额编号				工作内容	
项　目	单位	单价（元）		铝合金隔断	
				数量	合价
基　　价		元			
其中	人工费	元			
	材料费	元			
	机械费	元			
人工	综合工日	工日	38.00	1.21	
材　　料	水泥砂浆	m³	280.00	0.0006	
	玻　璃	m²	80.00	1.23	
	玻璃硅胶	支	18.00	0.6	
	膨胀螺栓 MB	套	1.00	3.3864	
	自攻螺钉	个	0.05	19.13	
	铝合金型材	m	7.50	3.7983	
	其他铁件	kg	3.90	0.4	
机械	管子切割机	台班	15.00	0.094	

注：×××。

第 5 章　工程计量

内容提要
与
学习要求

　　本章阐述了工程量的含义及工程计量的依据与一般方法,较为详细地介绍了工程量清单项目的工程计量规则、预算定额项目的工程计量规则及建筑面积计算规则,通过本章学习,要求掌握建筑面积计算规则,熟悉工程量清单项目内容与工程量清单计量规则,熟悉建筑工程预算工程量计算规则,能应用工程计量的一般方法。

5.1　工程计量概述

5.1.1　工程量与招标工程量清单

1. 工程量的含义

　　工程量是指按照事先约定的工程量计算规则计算所得的、以物理计量单位或自然计量单位表示的分部分项工程的数量。物理计量单位是指须经量度的、具有物理属性的单位,如长度单位为 m,面积单位为 m^2,体积单位为 m^3,重量单位为 t 或 kg;自然计量单位是指个、只、套、组、台、樘、座等。

　　应该注意的是:工程量≠实物量。实物量是实际完成的工程数量,而工程量是按照工程量计算规则计算所得的工程数量。工程量计算规则是建筑产品交易各方进行思想交流和表达的共同语言。为了简化工程量计算,在工程量计算规则中,往往对某些零星的实物量作出不扣除或扣除、不增加或增加的规定;更有甚者,还可以改变其计量单位,如现浇混凝土及钢筋混凝土的模板工程量,一般按混凝土与模板的接触面积,以 m^2 为单位;但现浇混凝土小型池槽,却按构件外围体积,以 m^3 为单位。

2. 招标工程量清单

　　工程量清单应由分部分项工程量清单、措施项目清单、其他项目清单、规费项目清单、税金项目清单组成。

　　招标工程量清单由具备编制能力的招标人或其委托给具有相应资质的工程造价咨询人或招标代理人编制。招标工程量清单作为招标文件的组成部分,其准确性和完整性由招标人负责。招标工程量清单是工程量清单计价的基础,应作为编制招标控制价、投标报价、计算工程量、工程索赔等的依据之一。

5.1.2　工程计量的依据

　　工程量计算的依据主要有:设计图纸(初步设计图或施工图)、设计说明、相关标准图集、施工组织设计或施工方案、设计变更图、工程签证单、涉及设计变化的会议纪要、承发包合同、招标文件、定额及工程量计算规则等。

编制不同的造价文件,需合理选用上述依据。如编制工程概算,编制依据是单位初步设计图、设计说明和概算定额及其工程量计算规则;如编制投标价,应依据施工图、设计说明、指标文件及工程量清单计量规范中的工程量计算规则;如编制结算或决算,依据是施工图、设计说明、相关标准图集、施工组织设计或施工方案、设计变更图、工程签证单、涉及设计变化的会议纪要、承发包合同、招标文件、工程量清单及其工程量计算规则;如编制清单工程量则依据是相关工程的国家计量规范、有关建设主管部门颁发的计价依据和办法、建设工程设计文件、与建设工程有关的标准、规范、技术资料、招标文件及其补充通知与答疑纪要、施工现场情况、工程特点及常规施工方案以及其他相关资料等。

5.1.3　工程计量的方法

工程计量有传统的手工计量方法和应用计算机软件计量方法。应用计算机软件计量的方法将在本书最后一章介绍。

1. 工程计量顺序

工程计量的特点是工作量大、头绪多,可用"繁"和"烦"两个字来概括。工程计量要求做到既不遗漏又不重复,既要快速又要准确,就应按照一定的顺序有条不紊地依次进行。

(1) 单位工程各分项工程计量的顺序

一项单位工程通常包含数十项乃至上百项分项工程,如果东一棒、西一槌,看到什么,想到什么,就计算什么,往往会产生遗漏或重复,而且心中无底,不知是否计算完毕。在工程计量前,应先设定一个明确的计算顺序。

① 按施工顺序计算法即按照工程施工工艺流程的先后次序计算工程量。如一般土建工程从平整场地、挖土、垫层、基础、填土、墙柱、梁板、门窗、屋面、楼面和内外墙装修等顺序进行。这种方法要求对施工工艺流程相当熟悉。

② 按定额顺序计算法就是按照预算定额的章、节、子目的编排顺序来计算工程量。

③ 按统筹法原理设计顺序计算法,分析显示各分项工程之间有着各自的特点,也存在一定的联系。如外墙地槽挖土、垫层、带形基础、墙体等工程量计算都离不开外墙的长度;墙体工程量要扣除门窗洞口所占体积,那么,墙体工程量与门窗工程量又有着一定的关联。运用统筹法原理,就是根据分项工程的工程量计算规则,找出各分项工程的工程量之间的内在联系,统筹安排计算顺序,做到利用基数(常用数据)连续计算;一次算出,多次使用;结合实际,机动灵活。这种计算顺序实质上是对工程造价工作精益求精的探索,适用于具有一定工程造价工作经验的人。不同的工程,不同的定额,应有不同的计算顺序,要因地制宜,灵活善变。

(2) 分项工程中各部位的工程量计算顺序

一个分项工程分布在施工图纸的各个部位上,如砖基础分项工程,包括外墙砖基础、内墙砖基础。其中外墙砖基础有横向、纵向,各段首尾相连形成闭合图形;内墙砖基础更是横七竖八、纵横交错。计算砖基础工程量,需要逐段计算后相加汇总。为了防止遗漏和重复,必须按一定的顺序来计算。常用顺序如下:

① 按顺时针方向计算法,就是自平面图左上角开始向右进行计算,绕一周后回到左上角为止。这种顺时针方向转圈、依次分段计算工程量的方法,适用于计算外墙的挖地槽、垫层、基础、墙体、圈过梁、楼地面、天棚、外墙面粉刷等工程量,如图 5-1 所示。

② 按先横后竖、从上到下、从左到右的计算法,此法适用于计算内墙的挖地槽、垫层、基

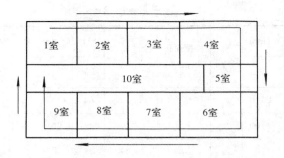

图 5-1 平面布置示意图

础、墙体、圈过梁等工程量,如图 5-2 所示。

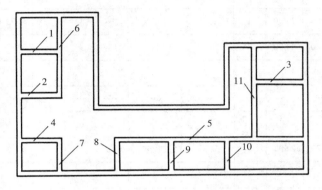

图 5-2 按先横后竖、先上后下、先左后右顺序计算

③ 按构件代号顺序计算法,此法适用于计算钢筋混凝土柱、梁、屋架及门、窗等的工程量。如图 5-3 所示,可依次计算柱 Z1×4,Z2×4 和梁 L1×2,L2×2,L3×6。

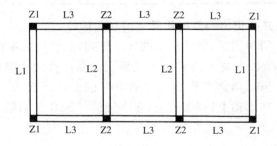

图 5-3 按构件代号顺序计算示意图

2. 列表计算工程量

对于门窗、预制构件等大量标准构件,可用列表法计算其工程量。表格的设计应考虑一表多用,一次计算,多处使用。

门窗工程量明细表中可汇总出门、窗的制作、安装、油漆的工程量;钢窗、铁栅、门窗、五金(如锁、拉手、定位器、地弹簧、闭门器等)、筒子板、窗台等项目的工程量。门窗洞口所在部位的面积经汇总可作为计算墙身工程量、墙面粉刷工程量时应扣除部分的数据资料,如表 5-1 所示。

表 5-1　　　　　　　　　　　　　　　　门窗工程量明细表

序号	门窗代号	所在图集	洞口尺寸(mm)		樘数	每樘面积(m²)	合计面积(m²)	所在部位(m²/樘)			筒子板周长		窗台板长		备注
			宽	高				$L_{中}$	$L_{内}$	$L'_{内}$	每樘	合计	每樘	合计	
1	M1		1200	2100	2	2.52	5.01	5.04/2							
2	M2		1000	2100	2	2.1	4.20		4.20/2		5.20	10.40			
3	M3		900	2100	10	1.89	18.90	3.78/2	7.56/4	7.56/4	5.10	20.40			
...		...	...	...	...	...	...	...	...	...	...	...	...	...	
	小计						Σ								
11	SC1		2100	1900	4	3.99	15.96	15.96/4			5.90	23.60	2.30	9.20	
12	SC2		1500	1800	2	2.7	5.40	5.04/2			5.10	10.20	1.70	3.40	
13	SC3		900	1500	2	1.35	2.70	2.7/2			3.90	7.80	1.10	2.20	
...	...	...	...	...	...	...	...	...	...	...	...	...	...	...	
	小计						Σ								
21	空圈1		2820	2600	2	7.33	14.66	14.66/2							
22	空圈2														
23	空圈3														
...	...	...	...	...	...	...	...	...	...	...	...	...	...	...	
n	合计							Σ	Σ	Σ		Σ		Σ	

3. 规范计算式书写,并标记出构件的代号或所在的部位

工程量计算式应力求简单明了,并按一定的次序排列,以便日后审查核对。一般面积计算式为宽×高、体积计算式为长×宽×高或长×截面积。在计算式旁应标记出构件的代号,如 Z1,Z2,…,J1,J2,…带形基础、墙体等没有代号的可标记出其所在的部位,如①,Ⓐ;Ⓑ,①—②;⑤,Ⓐ—Ⓒ,分别表示:在①轴上;在Ⓐ轴上;在Ⓑ轴的①轴到②轴段上;在⑤轴的Ⓐ轴到Ⓒ轴段上。

4. 装饰工程计算方法

对于装饰工程,不同楼层、不同房间的装饰要求差异较大。为便于审核与校核,应按楼层、按房间分别计算工程量,且不宜汇总。

5. 利用基本数据——"三线一面"计算工程量

"三线一面"的"三线"是指外墙中心线长度($L_{中}$)、外墙外包线长度($L_{外}$)和内墙净长线长度($L_{内}$);"一面"是指底层建筑面积($S_{底}$)。

建筑工程的诸多分项工程的工程量计算与这"三线一面"有关,因此,将"三线一面"称为基本数据。计算各分项工程工程量时,可多次利用"三线一面"基本数据,以减少大量翻阅图纸的时间,达到简捷、准确、高效的目的。

5.2　房屋建筑与装饰工程量计量

建筑类中不同专业工程计量根据依据相应的计量规范进行,本节为房屋建筑与装饰工程,其工程量计算依据为《房屋建筑与装饰工程工程量计算规范》(GB 50854—2013)。

5.2.1　一般规定

1. 分部、分项工程

分部、分项工程量清单应载明项目编码、项目名称、项目特征、计量单位和工程量。

分部、分项工程量清单的项目编码应采用十二位阿拉伯数字表示,一至九位应按附录的规定设置,十至十二位应根据拟建工程的工程量清单项目特征不同设置(图 5-4),同一招标工程的项目编码不得有重码。

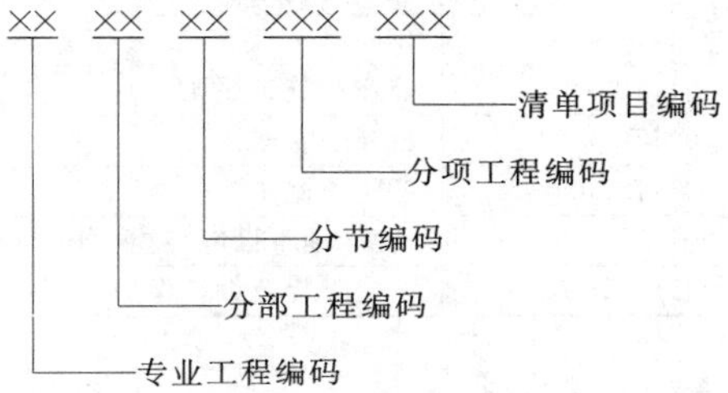

项目名称应按附录的项目名称结合拟建工程的实际确定。

图 5-4　清单项目编码图

项目特征是构成分部分项工程量清单项目、措施项目自身价值的本质特征,也是确定一个清单项目综合单价不可缺少的重要依据,因此必须对项目特征进行规范、简捷准确和全面的描述。但有些项目特征用文字往往难以准确和全面描述清楚。工程量清单项目特征应按附录中规定的项目特征,或可直接采用详见××图集或××图号的方式,结合拟建工程项目的实际予以描述。

工程量计算按附录中规定的工程量计算规则计算。计量单位应按附录中规定的计量单位确定,有两个或两个以上计量单位的,应结合拟建工程项目的实际情况,选择其中一个确定。工程计量时,每一项目汇总工程量的有效位数以“t”为单位,应保留三位小数,第四位小数四舍五入;以“m^3”,“m^2”,“m”,“kg”为单位,应保留两位小数,第三位小数四舍五入;以“个”、“项”等为单位,应取整数。

2. 措施项目

措施项目是指为完成工程项目施工,发生于施工前准备与施工过程中的技术、生活、安全等方面的非工程实体的项目。规范附录 Q 列出了措施项目编码、项目名称、项目特征、计量单位、工程量计算规则的项目。编制工程量清单措施项目时,若出现本规范未列的项目,可根据工程实际情况补充。规范所列的措施项目如表 5-2 所示。

3. 其他项目

其他项目包括:

(1)暂列金额:根据工程特点,按有关计价规定估算。

(2)暂估价:包括材料暂估单价、工程设备暂估单价、专业工程暂估价。材料、工程设备暂估价应根据工程造价信息或参照市场价格估算;专业工程暂估价应分不同专业,按有关计价规定估算。

(3)计日工:计日工应列出项目和数量。

(4)总承包服务费。

(5)未列的项目,应根据工程实际情况补充。

表 5-2　　　　　　　　　　　　　　　措施项目

项目编码	项目名称
011701001—011701008	脚手架工程(分综合脚手、外脚手、里脚手、悬空脚手、挑脚手、满堂脚手、整体提升架和外装饰吊篮)
011702001—011702032	混凝土模板及支架(用于各类构件)
011703001	垂直运输
011704001	超高施工增加
011705001	大型机器设备进出场及安装拆卸
011706001	沉井
011706002	施工排水
011707001	安全文明施工(含环境保护、文明施工、安全施工、临时设施)
011707002	夜间施工
011707003	非夜间施工照明
011707004	材料二次搬运
011707005	冬雨季施工
011707006	地上、地下设施,建筑物的临时保护设施
011707007	已完工程及设备保护

4. 规费项目

(1) 社会保险费:包括养老保险费、失业保险费、医疗保险费、生育保险费、工伤保险费。

(2) 住房公积金。

(3) 工程排污费。

5.2.2　分部、分项工程内容与主要项目计算规则

1. 分部分项工程内容

房屋建筑与装饰工程的分部、分项工程内容分为土建工程、装饰工程和拆除工程三个部分,分部、分项工程清单项目概况如表 5-3 所示。

表 5-3　　　　　　　　　　　分部分项工程量清单项目概况表

内容	附录名称	分部工程名称	分部工程	节	分项工程
土建工程	附录 A/B/C/D/E/F/G/H/J/K	土石方工程、地基处理与边坡支护工程、桩基工程、砌筑工程、混凝土及钢筋混凝土工程、金属结构工程、木结构工程、门窗工程、屋面及防水工程、保温隔热防腐工程	10	44	275
装饰工程	附录 L/M/N/P/Q	楼地面装饰工程、墙柱面装饰与隔断幕墙工程、天棚工程、油漆涂料与裱糊工程、其他装饰工程	5	38	186
拆除工程	附录 R	拆除工程	1	15	37
合计			16	97	498

编制工程量清单出现附录中未包括的项目,编制人应作补充并报省级或行业工程造价管理机构备案,省级或行业工程造价管理机构应汇总报住房和城乡建设部标准定额研究所。补

充项目的编码由本规范的代码 01 与 B 和三位阿拉伯数字组成,并应从 01B001 起顺序编制,同一招标工程的项目不得重码。工程量清单中需附有补充项目的名称、项目特征、计量单位、工程量计算规则、工程内容。

房屋建筑与装饰工程涉及电气、给排水、消防等安装工程的项目,按照国家标准《通用安装工程计量规范》的相应项目执行;涉及小区道路、室外给排水等工程的项目,按国家标准《市政工程计量规范》的相应项目执行。采用爆破法施工的石方工程按照国家标准《爆破工程计量规范》的相应项目执行。

2. 主要项目计算规则

5.2.2.1 土石方工程

土石方工程的内容如表 5-4 所示。

表 5-4　　　　　　　　　　　　　土(石)方工程项目组成表

章	A 土(石)方工程 0101		
节	A.1 土方工程 010101	A.2 石方工程 010102	A.3 土石方回填 010103
项目	平整场地 010101001 挖一般土方 010101002 挖沟槽土方 010101003 挖基坑土方 010101004 冻土开挖 010101005 挖淤泥,流砂 010101006 管沟土方 010101007	挖一般石方 010102001 挖沟槽石方 010102002 挖基坑石方 010102003 管沟石方 010102004	回填 010103001 余方弃置 010103002

1. 工程量计算规则

1)平整场地

"平整场地"是指建筑场地内厚度在 ±30cm 以内(含)的挖方、填方、运土和土方找平等施工内容。其工程量按设计图示尺寸以建筑物首层面积计算。

2)一般土方、沟槽与基坑土(石)方

厚度 > ±300mm 的竖向挖土或山坡切土应按挖一般土方项目编码列项。沟槽、基坑、一般土(石)方的划分为:底宽 $B \leqslant 7m$,底长 $L > 3B$ 的为"沟槽";$L \leqslant 3B$、底面积 $\leqslant 150m^2$ 为"基坑";超出上述范围按"一般土(石)方"项目列项计算。

一般土(石)方工程量计算:按设计图示尺寸以体积计算,即挖土面积乘以挖土平均厚度。挖土平均厚度按基础垫层底表面标高至交付施工现场地标高确定,无交付施工场地标高时应按自然地面标高确定。

沟槽、基坑的土方工程量计算:房屋建筑按设计图示尺寸以基础垫层底面积乘以挖土深度计算;构筑物按最大水平投影面积乘以挖土深度(原地面平均标高至坑底高度)以体积计算。

沟槽、基坑的石方工程量计算:按设计图示尺寸沟槽(基坑)底面积乘以挖石深度以体积计算。

3)管沟土方

管沟土方项目适用于管道(给排水、工业、电力、通信)、光(电)缆沟(包括人孔桩、接口坑)及连接井(检查井)等。

挖管沟土方工程量有两种计算方法:按设计图示以管道中心线长度(m)计算或按设计图

示管底垫层面积乘以挖土深度(m^2)计算；无管底垫层按管外径的水平投影面积乘以挖土深度计算。

4）回填土

回填土包括场地回填、室内回填和基础回填，项目特征应描述密实度要求、填方材料品种、填方粒径要求和填方来源、运距。工程量按下列公式计算：

（1）场地回填：回填面积乘平均回填厚度。

（2）室内回填：主墙间面积乘回填厚度，不扣除间隔墙。

（3）基础回填：挖方体积减去自然地坪以下埋设的基础体积（包括基础垫层及其他构筑）。

2. 土石方工程共性问题的说明

（1）为使投标人在编制投标价时更能反映工程实际状况的报价，招标人应对项目特征进行必要和充分的描述，如土壤类别、挖土（平均）厚度、回填要求等。弃、取土运距可以不描述，但应注明由投标人根据施工现场实际情况自行考虑，决定报价。

（2）土石方体积按挖掘前的天然密实体积计算，如需计算虚方体积、夯实后体积或松填体积时，可按表5-5所列系数换算。

表5-5   土（石）方体积折算系数表

天然密实度体积	虚方体积	夯实后体积	松填体积
1.00	1.30	0.87	1.08
0.77	1.00	0.67	0.83
1.15	1.49	1.00	1.24
0.93	1.20	0.81	1.00

（3）挖土方如需截桩头时，应按桩基工程相关项目编码列项。

（4）挖沟槽、基坑、一般土方因工作面和放坡增加的工程量（管沟工作面增加的工程量），是否并入各土方工程量中，按各省、自治区、直辖市或行业建设主管部门的规定实施，如并入各土方工程量中，办理工程结算时，按经发包人认可的施工组织设计规定计算，编制工程量清单时，可按本规范规定计算。

（5）挖方出现流砂、淤泥时，应根据实际情况由发包人与承包人双方现场签证确认工程量。

【例5-1】 某工程（以下称该工程项目为"小白屋"）土壤类别为三类土，基础为钢筋混凝土带形基础（外墙下）和砖大放脚带形基础。基础平面图及剖面图见图5-5所示，挖土深度为0.9m，弃土运距4km。室内外高差为0.6m，求：① 场地平整工程量；② 挖基础土方工程量；③ 室内回填土工程量（地面垫层与面层总厚度为150mm）；④ 基础回填土工程量（钢筋混凝土带基6.11m^3，室外地坪以下砖基础为7.66m^3）。

注：以下例题中均未对项目特征进行描述。在实际编制工程量清单时，务必根据工程项目的具体情况，详细描述项目特征。

【解】 （1）010101001 场地平整 $S = (9.6 + 0.24) \times (6.3 + 0.24) = 64.35(m^2)$

（2）挖沟槽土方

010101003001 外墙下垫层 $B = 0.8m$：

$S_1 = (9.6 + 0.4 \times 2) \times (6.3 + 0.4 \times 2) - (9.6 - 0.4 \times 2) \times (6.3 - 0.4 \times 2)$

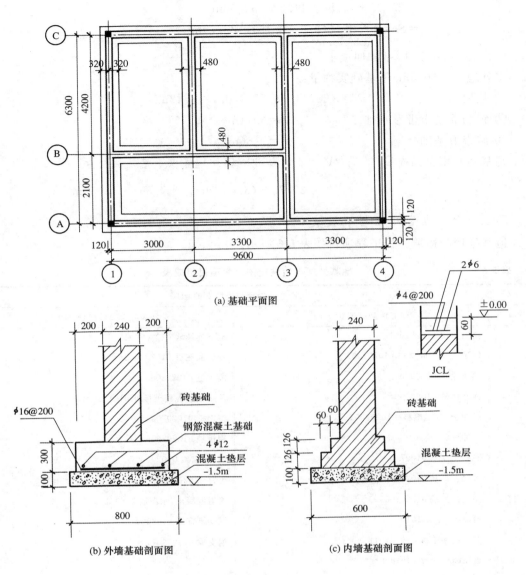

(a) 基础平面图

(b) 外墙基础剖面图

(c) 内墙基础剖面图

图 5-5　基础图

$$=10.4 \times 7.1 - 8.8 \times 5.5 = 25.44 \text{m}^2$$

$$V_1 = 25.44 \times 0.9 = 22.90 \text{m}^3$$

010101003002 内墙下垫层 $B = 0.6 \text{m}$：

$$S_2 = (3.3 + 3.0 - 0.4 - 0.3) \times 0.6 + (4.2 - 0.4 - 0.3) \times 0.6 + (6.3 - 0.4 \times 2) \times 0.6$$

$$= 3.36 + 2.10 + 3.30 = 8.76 \text{m}^2$$

$$V_2 = 8.76 \times 0.9 = 7.88 \text{m}^3$$

$$V = V_1 + V_2 = 22.90 + 7.88 = 30.78 \text{m}^3$$

(3) 010103001001 室内回填土

主墙净面积：$S = [(3.0 - 0.24) + (3.3 - 0.24)] \times (4.2 - 0.24)$

$$+ (3.3 - 0.24) \times (6.3 - 0.24) + (3.0 + 3.3 - 0.24) \times (2.1 - 0.24)$$

$$=23.05+18.54+11.27=52.86m^2$$

$$V=Sh=52.86\times(0.6-0.15)=23.79m^3$$

（4）010103001002 基础回填土

室外地坪（－0.6m）下基础实物量：

① 垫层 $\qquad V=(25.44+8.76)\times0.1=3.42m^3$

② 钢筋混凝土带形基础 $\qquad V=6.11m^3$

③ 砖带形基础 $\qquad V=7.66m^3$

则基础回填土工程量： $\qquad V=$ 挖方体积－室外地坪以下基础实物量

$$=30.78-(3.42+6.11+7.66)=13.59m^3$$

5.2.2.2 地基处理与边坡支护工程

地基处理与边坡支护工程项目如表 5-6 所示。

表 5-6　　　　　　　　　　　　地基处理与边坡支护工程项目组成表

章	B 地基处理与边坡支护 0102	
节	B.1 地基处理 010201	B.2 基坑与边坡支护 010202
项目	换填垫层 010201001 铺设土工合成材料 010201002 预压地基 010201003 强夯地基 010201004 振冲密实（不填料）010201005 振冲桩（填料）010201006 砂石桩 010201007 水泥粉煤灰 010201008 深层搅拌桩 010201009 粉喷桩 010201010 夯实水泥土桩 010201011 高压喷射注浆桩 010201012 石灰桩 010201013 灰土（土）挤密桩 010201014 桩锤冲扩桩 010201015 注浆地基 010201016 褥垫层 010201017	地下连续墙 010202001 咬合灌注桩 010202002 圆木桩 010202003 预制钢筋混凝土板桩 010102004 型钢桩 010202005 钢板桩 010202006 锚杆，锚索 010202007 土钉 010202008 喷射混凝土，水泥砂浆 010202009 混凝土支撑 010202010 钢支撑 010202011

1. 工程量计算规则

工程量计算有按桩的长度以 m 计算，也有既按长度或桩的体积计算，又按基础加固体积计算。具体如下：

（1）按设计图示尺寸以桩长（包括桩尖）计算，项目有水泥粉煤灰碎石桩、深层搅拌桩、粉喷桩、夯实水泥土桩、高压喷射注浆桩、石灰桩、灰土挤密桩及桩锤冲扩桩等。

（2）按设计图示尺寸以桩长（包括桩尖）或桩截面乘以桩长（包括桩尖）计算的项目有振冲

桩、砂石桩。

（3）对预压地基和强夯地基项目的工程量按加固地基的面积计算。

（4）对注浆地基按设计图示尺寸的加固深度以 m 计量或按设计图示尺寸以加固体积计算。

（5）地下连续墙按设计图示墙中心线长乘以厚度乘以槽深以体积计算。

（6）咬合灌注桩、原木桩及预制钢筋混凝土板桩的工程量，按设计图示尺寸以桩长（包括桩尖）计算，或按设计图示以根数计量。

（7）按设计图示尺寸以质量(t)计算的项目有型钢桩、钢板桩和钢支撑。

（8）钢筋混凝土支撑的工程量按设计图示尺寸以体积计算。

（9）钢板桩、喷射混凝土和水泥砂浆护坡工程量按设计图示尺寸以面积计算。

地下连续墙和喷射混凝土的钢筋网及咬合灌注桩的钢筋笼制作、安装，按附录 E 中相关项目编码列项。本分部未列的基坑与边坡支护的排桩按附录 C 中相关项目编码列项。水泥土墙、坑内加固按表 B.1 中相关项目编码列项。砖、石挡土墙、护坡按附录 D 中相关项目编码列项。混凝土挡土墙按附录 E 中相关项目编码列项。弃土（不含泥浆）清理、运输按附录 A 中相关项目编码列项。

5.2.2.3　桩基工程

桩基工程包括预制桩和灌注桩。预制桩的工作内容包括工作平台搭拆、桩机装拆、移位、沉桩、接桩、送桩、填充材料、刷防护材料等，钢管桩还包括切割钢管、精割盖帽、管内取土的工作内容。灌注桩的工作内容包括护筒埋设、成孔、固壁，混凝土制作、运输、灌注、养护，土方、废泥浆外运，打桩场地硬化及泥浆池、泥浆沟的施工等。具体项目如表 5-7 所示。

表 5-7　　　　　　　　　　　　　　桩基工程项目组成表

章	C 桩基工程 0103	
节	C.1 打桩 010301	C.2 灌注桩 010302
项目	预制钢筋混凝土方桩 010301001 预制钢筋混凝土管桩 010301002 钢管桩 010301003 截（凿）桩头 010301004	泥浆护壁成孔灌注桩 010302001；沉管灌注桩 010302002；干作业成孔灌注桩 010302003；挖孔桩土（石）方 010302004；人工挖孔灌注桩 010302005；钻孔压浆桩 010302006；灌注桩后注浆 010302007

1. 桩基工程工程量计算规则

（1）预制钢筋混凝土方桩、管桩：按设计图示尺寸以桩长（包括桩尖）计算、含桩尖的长度乘以截面积或按设计图示数量以根计量。

（2）钢管桩：按设计图示尺寸质量以 t 计算或按设计图示数量以根计算。

（3）泥浆护壁成孔灌注桩、沉管灌注桩、干作业成孔灌注桩有三种计算方法：

① 以 m 计量，按设计图示尺寸以桩长（包括桩尖）计算；② 以 m³ 计量，按不同截面在桩上范围内以体积计算；③ 以根计量，按设计图示数量计算。

泥浆护壁成孔灌注桩是指在泥浆护壁条件下成孔，采用水下灌注混凝土的桩。其成孔方法包括冲击钻成孔、冲抓锥成孔、回旋钻成孔、潜水钻成孔、泥浆护壁的旋挖成孔等。

沉管灌注桩的沉管方法包括锤击沉管法、振动沉管法、振动冲击沉管法、内夯沉管法等。

干作业成孔灌注桩是指在不用泥浆护壁和套管护壁的情况下，用钻机成孔后，下钢筋笼，灌注混凝土的桩，其适合于地下水位以上的土层使用。其成孔方法包括螺旋钻成孔、螺旋钻成孔扩底、干作业的旋挖成孔等。

2. 有关说明

（1）项目特征应描述桩截面、混凝土强度等级、桩长（包括桩尖）、沉桩方式、桩接头方式及灌注桩的空桩长度，桩的类型等可直接用标准图代号或设计桩型进行描述。

（2）各类桩的混凝土充盈量，在报价时应考虑。沉管灌注桩若使用预制混凝土桩尖时，报价时应予计算。爆扩桩扩大头的混凝土量，应包括在报价内。

（3）打桩项目包括成品桩购置费，如果用现场预制桩，应包括现场预制的所有费用。试验桩和斜桩应按相应项目编码单独列项，并应在项目特征中注明试验桩或斜桩（斜率）。桩基础的承载力检测、桩身完整性检测等费用按国家相关取费标准单独计算，不在本清单项目中。混凝土灌注桩的钢筋笼制作、安装，按附录 E 中相关项目编码列项。

【例 5-2】 某工程主楼为预制混凝土管桩，上节桩长为 8m，下节桩长为 12.0m 如图 5-6（b）所示，桩数为 300 根。附房采用预制钢筋混凝土方桩（图 5-6（a））40 根。土壤类别为四类土，混凝土强度等级为 C40；桩接头为焊接。求此工程的预制方桩和管桩的工程量。

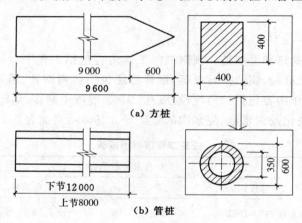

图 5-6 预制钢筋混凝土桩

【解】 ① 010301001001 预制钢筋混凝土方桩：土壤类别为四类土，长为 9.6m，断面为 400mm ×400mm，混凝土强度为 C40：

$$L=9.6 \times 40 = 384.0 \text{m}$$
$$V=9.6 \times 0.4 \times 0.4 \times 40 = 61.44 \text{m}^3$$

或

$$N = 40 \text{ 根}$$

② 010301002001 预制钢筋混凝土管桩：土壤类别为四类土，两节桩 8m＋12m，截面为 $\phi600\text{mm} \times 125\text{mm}$：

$$L=(8.0+12.0) \times 300 = 6000 \text{m}$$
$$V=(8.0+12.0) \times \frac{\pi}{4} \times (0.6^2 - 0.35^2) \times 300 = 1119.20 \text{m}^3$$

或

$$N = 300 \text{ 根}$$

5.2.2.4　砌筑工程

砌筑工程包括砖砌体、砌块砌体、石砌体和垫层四节内容。该项目如表 5-8 所示。

表 5-8　　　　　　　　　砌筑工程项目组成表

章	D 砌筑工程 0104			
节	D.1 砖砌体 010401	D.2 砌块砌体 010402	D.3 石砌体 010403	D.4 垫层 010404
项目	砖基础 010401001；砖砌挖孔桩护壁 010401002；实心砖墙 010401003；多孔砖墙 010401004；空心砖墙 010401005；空斗墙 010401006；空花墙 010401007；填充墙 010401008；实心砖柱 010401009；多孔砖柱 010401010；砖检查井 010101011；零星砌砖 010401012；砖散水、地坪 010401013；砖地沟、明沟 010401014	砌块墙 010402001 砌块柱 010402002	石基础 010403001；石勒脚 010403002；石墙 010403003；石挡土墙 010403004；石柱 01040300；石栏杆 010403006；石护坡 010403007；石台阶 010403008；石坡道 010403009；石地沟、明沟 010403010	垫层 010404001

1）砖基础

"砖基础"适用于各种类型砖基础，如墙基础、柱基础、烟囱基础、水塔基础、管道基础等。基础类型在工程量清单的项目特征中进行描述。

除混凝土垫层按混凝土及钢筋混凝土工程里的列项外，其他没有包括垫层的清单项目应将垫层单独列项。

"砖基础"按设计图示尺寸以体积计算。包括附墙垛基础宽出部分体积，扣除地梁（圈梁）、构造柱所占体积，不扣除基础大放脚 T 形接头处的重叠部分及嵌入基础内的钢筋、铁件、管道、基础防潮层和单个面积在 $0.3\mathrm{m}^3$ 以内孔洞所占体积，靠墙暖气沟的挑檐不增加。

砖基础与砖墙身的划分，以设计室内地坪为界（有地下室的按地下室室内设计地坪为界），以下为基础，以上为墙（柱）身。基础与墙身使用不同材料，位于设计室内地坪±300mm 以内时，以不同材料为界，超过±300mm 时，应以设计室内地坪为界。砖围墙应以设计室外地坪为界，以下为基础，以上为墙身。

（1）带形砖基础

$$V=L(BH+S_{大放脚})+V_{垛}-V_{柱、梁、洞} \tag{5-1}$$

式中　L——外墙砖基础按外墙中心线计算；内墙砖基础按内墙净长线计算；

　　　B,H——分别为砖基础的厚度和高度；

　　　$S_{大放脚}$——大放脚面积，根据大放脚采用等高式或间隔式分别查表 5-9 选用。

表 5-9　　　　　　　　　带形砖基础大放脚增加断面表　　　　　　　　　单位：m^2

放脚层数	一层	两层	三层	四层	五层	六层
间隔式	0.016	0.039	0.079	0.126	0.189	0.260
等高式	0.016	0.047	0.095	0.157	0.236	0.331

【例 5-3】　试计算"小白屋"砖基础的工程量。

【解】　010401001001

外墙下　　　　　　　　$L_{中}=(9.6+6.3)\times2=31.8\mathrm{m}$

　　　　　　　　　　　$H=1.5-0.1-0.3=1.1\mathrm{m}$

扣构造柱　$V=(0.24\times0.24\times1.1+0.24\times0.06\times\dfrac{1.1}{2}\times2)\times4=0.32\mathrm{m}^3$

扣地圈梁(JCL)　　　　$V = 0.24 \times 0.06 \times 31.8 = 0.46 \text{m}^3$

$$V_{外} = 31.8 \times 0.24 \times 1.1 - 0.32 - 0.46 = 7.62 \text{m}^3$$

内墙下　　$L_{内} = (3.0 + 3.3 - 0.24) + (4.2 - 0.24) + (6.3 - 0.24) = 16.08 \text{m}$

$$H = 1.5 - 0.1 = 1.4 \text{m}$$

$$S_{大放脚} = 0.047 \text{m}^2 (两阶等高)$$

扣地圈梁(JCL)　　　　$V = 0.24 \times 0.06 \times 16.08 = 0.23 \text{m}^3$

$$V_{内} = 16.08 \times (0.24 \times 1.4 + 0.047) - 0.23 = 5.93 \text{m}^3$$

基础墙工程量为

$$V = V_{外} + V_{内} = 7.62 + 5.93 = 13.55 \text{m}^3$$

(2) 010301001002"独立柱基础"如图 5-7 所示。其工程量计算式为

$$V = S_{柱基} \cdot H + V_{大放脚} \tag{5-2}$$

式中,$V_{大放脚}$为柱大放脚增加的体积,根据其放脚层数及放脚类型(间隔式或等高式)查表确定。

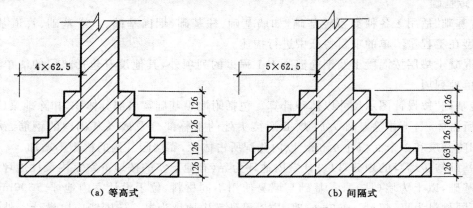

(a) 等高式　　　　　　　　　　(b) 间隔式

图 5-7　大放脚砌筑法

【例 5-4】　如图 5-8 所示,柱基截面为 370mm×370mm,大放脚为两层等高式,垫层面至
±0.00 处高度为 1.5m,求独立柱基础工程量。

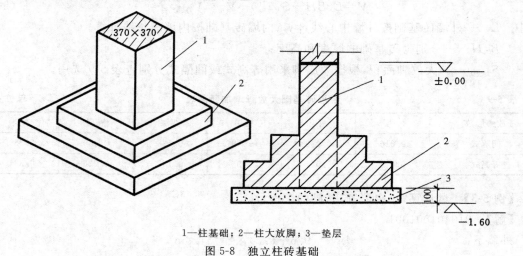

1—柱基础;2—柱大放脚;3—垫层

图 5-8　独立柱砖基础

【解】　查表得柱大放脚的体积为 0.044m^3,则

$$V = 0.37 \times 0.37 \times 1.5 + 0.044 = 0.25 \text{m}^3$$

2）砖砌体

（1）"实心砖墙"适用于各种类型砖墙,可分为外墙、内墙、围墙双面混水墙、双面清水墙、单面清水墙、直形墙、弧形墙等,墙具有不同厚度,砌筑砂浆分水泥砂浆、混合砂浆以及不同的强度,不同的砖强度等级,加浆勾缝、原浆勾缝等,应在工程量清单项目中一一进行描述。

实心砖墙、多孔砖墙、空心砖墙工程量计算规则:按设计图示尺寸以体积计算;应扣除过人洞、空圈、门窗洞口面积和每个面积在 $0.3m^2$ 以上的孔洞所占的体积,嵌入墙身的钢筋混凝土柱、梁(包括过梁、圈梁、挑梁)及凹进墙内的壁龛、管槽、暖气槽、消火栓箱所占体积;但不扣除梁头、板头、梁垫、檩木、垫木、木楞头、沿椽木、木砖、门窗走头、砖墙内的加固钢筋、木筋、铁件的体积及单个面积在 $0.3m^2$ 以内的孔洞所占体积;突出墙面的窗台虎头砖、压顶线、山墙泛水、烟囱根、门窗套、三砖以内的腰线和挑檐等体积亦不增加。突出墙面的砖垛并入墙体体积内计算,其计算公式为

$$V = (L \times H - S_{洞}) \times B \pm \Delta V \qquad (5\text{-}3)$$

式中　L——外墙中心线长度或内墙净长线长度;

　　　$S_{洞}$——门窗孔洞、过人洞或 $0.3m^2$ 以上的空洞等面积;

　　　B——墙厚;

　　　ΔV——按规定需增加或减少的实心砖墙体积;

　　　H——墙身高度:① 外墙:斜(坡)屋面无檐口天棚者,算至屋面板底;有屋架且室内外均有天棚者,算至屋架下弦底另加 200mm;无天棚者,算至屋架下弦底另加 300mm,出檐宽度超过 600mm 时,按实砌高度计算;平屋面算至钢筋混凝土板底。② 内墙:位于屋架下弦者,算至屋架下弦底;无屋架者,算至天棚底另加 100mm;有钢筋混凝土楼板隔层者,算至楼板顶;有框架梁时,算至梁底。③ 内外山墙按图尺寸计算。④ 围墙:高度算至压顶上表面(如有混凝土压顶时算至压顶下表面),围墙柱并入围墙体积内。⑤ 女儿墙:自屋面板上表面至图示女儿墙砖压顶面或钢筋混凝土压顶底面高度,分别根据不同墙厚并入外墙计算。

（2）"填充墙"适用于框架结构、剪力墙等处的填充。其工程量按设计尺寸以填充墙外形体积计算。

（3）"实心砖柱"项目适用于矩形柱、异形柱、圆柱等。其工程量按设计图示尺寸以体积计算。扣除混凝土及钢筋混凝土梁垫、梁头、板头所占的体积。

（4）"零星砌砖"项目适用于台阶、台阶挡墙、梯带、锅台、炉灶、蹲台等。

台阶工程量可按水平投影面积计算(不包括梯带或台阶挡墙);小型池槽、锅台、炉灶可按个计算,以长×宽×高的顺序标明外形尺寸;砖砌小便槽等可按长度计算。

【例 5-5】　"小白屋"底层平面图如图 5-9 所示,墙为 M2.5 混合砂浆。M-1 为 1200mm×2500mm,M-2 为 900mm×2 400mm,C-1 为 1 500mm×1 500mm,过梁断面 240mm×120mm,长为洞口宽加 500mm,构造柱断面 240mm×240mm,圈梁断面为 240mm×200mm,雨篷梁为 240mm×400mm,钢筋混凝土压顶断面为 300mm×80mm。根据施工图计算墙身及零星砌体工程量(二、三层平面图仅将 M₁ 改为 C-1)。

【解】　① 外墙工程量

$$L_{中} = 31.8m(由【例 5\text{-}3】计算所得)$$

$$H = 2.9 \times 3 + 1.0 - 0.08 = 9.62m$$

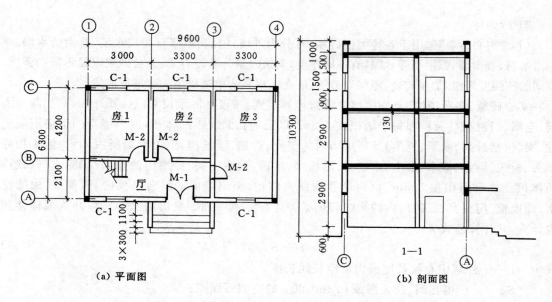

（a）平面图　　　　　　　　　　　　　　　（b）剖面图

图 5-9　底层平面图与剖面图

扣门窗洞　　　　　　$1.2 \times 2.5 + 1.5 \times 1.5 \times 17 = 41.25 \mathrm{m}^2$

扣构造柱　　　　　　$0.24 \times 0.24 \times 9.62 \times 1.25 \times 4 = 2.77 \mathrm{m}^3$

扣圈梁　　　　　　　$0.24 \times 0.2 \times 31.8 \times 3 = 4.58 \mathrm{m}^3$

扣过梁、雨篷梁　$0.24 \times 0.12 \times (1.5 + 0.5) \times 17 + 0.24 \times 0.4 \times 3.3 = 1.30 \mathrm{m}^3$

$$V = (L_{中} H - S_{门窗}) \times B - V_{柱梁}$$

故外墙工程量为

$$(31.8 \times 9.62 - 41.25) \times 0.24 - (2.77 + 4.58 + 1.30) = 54.87 \mathrm{m}^3$$

② 内墙工程量

$$L_{内} = 16.08 \mathrm{m}（由【例 5-3】计算所得）$$

$$H = 2.9 \times 3 = 8.7 \mathrm{m}$$

扣门窗洞口　　　　　$0.9 \times 2.4 \times 9 = 19.44 \mathrm{m}^2$

扣圈梁　　　　　　$0.24 \times 0.2 \times 16.08 \times 3 = 2.32 \mathrm{m}^3$

扣过梁　　　　　$0.24 \times 0.12 \times (0.9 + 0.5) \times 9 = 0.36 \mathrm{m}^3$

故内墙工程量为

$$V = (L_{内} H - S_{门}) \times B - V_{梁}$$

$$= (16.08 \times 8.7 - 19.44) \times 0.24 - (2.32 + 0.36) = 26.23 \mathrm{m}^3$$

③ 零星砌体工程量

砖砌台阶　　　$S = (3.3 + 0.12 \times 2) \times (1.1 + 3 \times 0.3) = 7.08 \mathrm{m}^2$

3）砌块砌体

"砌块砌体"包括各类"砌块墙"和"砌块柱"。

（1）"砌块墙"的工程量计算规则与"实心砖墙"的工程量计算规则相同，但嵌入砌块墙内的实心砖墙不予扣除。

（2）"砌块柱"的工程量计算规则与"实心砖柱"的工程量计算规则相同。

4）砖散水、地坪

"砖散水、地坪"工程内容包括地基找平、夯实、铺垫层、砌筑及抹砂浆面层等。其工程量按设计图示尺寸的面积计算。

"砖地沟、明沟"工程量按设计图示以中心线长度计算。在项目特征说明中,应描述沟的截面尺寸、垫层材料与厚度、混凝土强度等级、砂浆强度等级等。

5.2.2.5　混凝土及钢筋混凝土工程

混凝土及钢筋混凝土工程共有 16 节 90 个项目,项目组成如表 5-10 所示。

表 5-10　　　　　　　　　　　　混凝土及钢筋混凝土工程项目组成表

章		节	项目
E 混凝土及钢筋混凝土工程 0105	现浇	E.1 混凝土基础 010501	垫层,带形基础,独立基础,满堂基础,桩承台基础,设备基础
		E.2 混凝土柱 010502	矩形柱,构造柱,异形柱
		E.3 混凝土梁 010503	基础梁,矩形梁,异形梁,圈梁,过梁,弧形、拱形梁
		E.4 混凝土墙 010504	直形墙,弧形墙,短肢剪力墙,挡土墙
		E.5 混凝土板 010505	有梁板,无梁板,平板,拱板,薄壳板,栏板,天沟(檐沟)、挑檐板,雨篷、悬挑板,阳台板,空心板,其他板
		E.6 混凝土楼梯 010506	直形楼梯,弧形楼梯
		E.7 其他构件 010507	散水、坡道,室外地坪,电缆沟、地沟,台阶,扶手、压顶,化粪池,检查井,其他构件
		E.8 后浇带 010508	后浇带
	预制	E.9 混凝土柱 010509	矩形柱,异形柱
		E.10 混凝土梁 010510	矩形梁,异形梁,过梁,拱形梁,鱼腹式吊车梁,其他梁
		E.11 混凝土屋架 010511	折线型屋架,组合屋架,薄腹屋架,门式刚架屋架,天窗架
		E.12 混凝土板 010512	平板,空心板,槽形板,网架板,折线板,带肋板,大型板,沟盖板、井盖板、井圈
		E.13 混凝土楼梯 010513	楼梯
		E.14 其他构件 010514	垃圾道,通风道,烟道,其他构件
		E.15 钢筋工程 010515	现浇构件钢筋,预制构件钢筋、钢筋网片,钢筋笼,先张法预应力钢筋,后张法预应力钢筋,预应力钢丝,预应力钢绞线,支撑钢筋(铁马),声测管
		E.16 螺栓、铁件 010516	螺栓,预埋铁件,机械连接

(1)"现浇混凝土基础"适用于带形基础(图 5-10)、独立基础(图 5-11)、满堂基础(图 5-12)、设备基础与桩承台(图 5-13)基础。其工程量按设计图示尺寸以体积计算。不扣除构件内钢筋、预埋件和伸入承台基础的桩头所占体积。

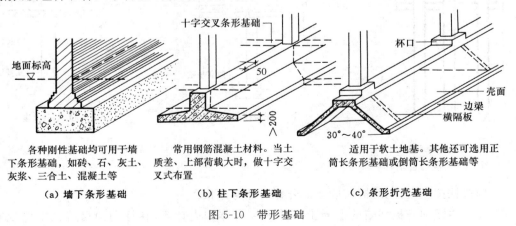

图 5-10　带形基础

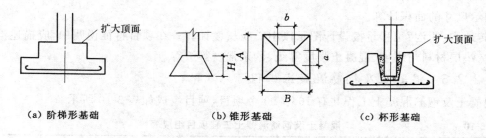

（a）阶梯形基础   （b）锥形基础   （c）杯形基础

图 5-11 独立基础

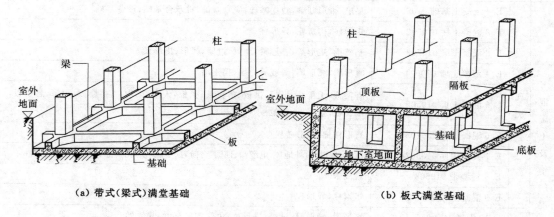

（a）带式（梁式）满堂基础   （b）板式满堂基础

图 5-12 满堂基础

（2）"现浇混凝土柱"包括矩形、异形截面的柱和构造柱。其工程量为柱的截面乘以柱的计算高度。计算高度按以下要求确定：

① 有梁板柱自柱基上表面或楼板上表面至上一楼层上表面[图 5-14(a)]；

② 无梁板柱自柱基上表面或楼板上表面至柱帽底之间的高度[图 5-14(b)]；

③ 框架柱自柱基上表面至柱顶高度；

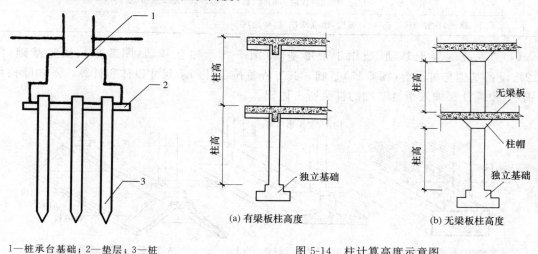

1—桩承台基础；2—垫层；3—桩   图 5-14 柱计算高度示意图

图 5-13 桩承台基础

④ 构造柱按全高计算，嵌接墙体部分并入柱身体积；

⑤ 柱上牛腿和升板柱帽的混凝土量并入柱身体积内计算，在柱的项目特征中应说明柱

高、截面尺寸、混凝土强度等级及拌和料要求。

(3)"现浇混凝土梁"包括基础梁、矩形梁、异形梁、圈梁、过梁、弧形梁、拱形梁等。按设计图示尺寸以体积计算。伸入墙内的梁头、梁垫并入梁体积内,其工程计算式可用下式表示:

$$V=梁长 \times 梁断面积 + \Delta V \tag{5-4}$$

梁长确定:① 梁与柱连接时,则梁长算至柱内侧面(图 5-16(a));② 介入墙内的梁应计算至墙外侧(图 5-16(c));③ 与主梁连接的次梁,长度算至主梁的内侧面(图 5-16(b))。④ 外墙圈梁长按外墙的中心线长度,内墙圈梁按其净长线长度。现浇梁搁置处有现浇垫块者,垫块体积可并入梁内计算。

在梁的项目特征中应说明梁底标高、梁截面、混凝土强度等级及拌和料要求。

(4)"现浇混凝土墙"包括直形墙、弧形墙、短肢剪力墙、挡土墙。其工程量按设计图示尺寸以体积计算。扣除门窗洞口及单个面积 $0.3m^2$ 以上的孔洞所占体积,墙垛及突出墙面部分并入墙体体积。墙垛是指在墙身高度连续凸出的部分,如图 5-15 所示。

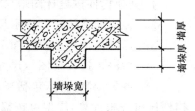

图 5-15 节点图

在现浇混凝土墙的项目特征中应说明墙的类型与厚度、混凝土强度等级及拌和料要求。

(5)"现浇混凝土板"包括有梁板、无梁板、平板、拱板、薄壳板、栏板、天沟、挑檐板、雨篷、阳台板和其他板等。它们的工程量均按设计图示尺寸以体积计算,需注意:

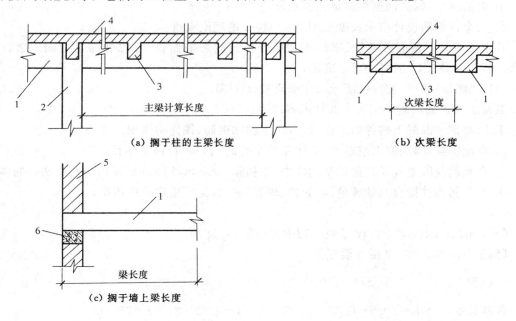

1—主梁;2—柱;3—次梁;4—板;5—墙;6—梁垫

图 5-16 梁计算长度

① 有梁板(包括主、次梁与板)按梁板体积之和计算;
② 无梁板按板和柱帽之和计算;

③ 各类板(雨篷、阳台板除外)伸入墙内的板头并入板体积内;

④ 薄壳板的肋、基梁并入薄壳体积内;

⑤ 雨篷、阳台板以伸出墙外部分体积计算,包括挑梁和雨篷反挑檐的体积。

有梁板是指密肋板、井字梁板的梁板结构构件。

在现浇混凝土板项目特征中应说明板底标高、板厚度、混凝土强度等级及混凝土类别。

(6)"现浇混凝土楼梯"包括直形楼梯和弧形楼梯两个项目。工程量按设计图示尺寸以水平投影面积计算。水平投影面积应包括休息平台、平台梁、斜梁和楼梯与板的连接梁。当现浇梯与板无梯梁连接时,以最上一个踏步边加 300mm 为界。不扣除宽度小于 0.5m 的楼梯井,伸入墙内部分不计算。

(7)"现浇混凝土其他构件"包括其他构件、散水与坡道和电缆沟、地沟等三个项目。

① 其他构件按设计图示尺寸的体积计算;

② 散水、坡道按设计图示尺寸面积计算;

③ 电缆沟、地沟按设计图示以中心线长度计算。

(8)后浇带按设计图示尺寸以体积计算。

(9)各类预制构件(包括梁、柱、屋架、板、楼梯等)均按设计图示尺寸以体积计算。梁、柱构件还可按根计算,屋架可按榀计算,板、楼梯按块计算,等等。

(10)"钢筋工程"分为现浇混凝土钢筋、钢筋网片、钢筋笼、先张法预应力钢筋、后张法预应力钢筋、预应力钢丝和预应力钢绞线、支撑钢筋(铁马)及声测管等 9 个项目。工程量计算均以其质量(t)计算:

① 钢筋网片:钢筋网面积×单位面积理论重量;

② 其余:(钢筋设计图示长度±ΔL)×单位长度理论重量。

其中,ΔL 是对预应力钢丝、钢绞线和后张法预应力筋而言,考虑到锚具锚固因素,应按《计价规范》表 A4.16 的有关规定确定。

(11)"螺栓、铁件"按设计图示尺寸以质量(t)计算。

混凝土及钢筋混凝土工程中共性内容说明:

① 所有钢筋混凝土构件的工程量中,均不扣除钢筋、铁件的体积。

② 在现浇板、墙及散水坡道中,不扣除单个孔洞 0.3m² 以内的体积。

③ 在预制混凝土板及其他预制构件中,不扣除 300mm×300mm 以内的孔洞所占的体积。

④ 当预制构件按自然计算单位(如根、块等)时,特征要描述单件体积。

【例 5-6】 试计算"小白屋"【例 5-1】中带形基础工程量。

【解】 ① 010501002 带基混凝土

截面积: $S=(0.2+0.24+0.2)\times0.3=0.192m^2$

带基长度: $L=(9.6+0.32\times2)\times2+(6.3-0.32\times2)\times2=31.8m$

注:当 $L_中$ 为带基中心线时,带基长度即为 $L_中$

故 $V=0.192\times31.8=6.11m^3$

② 010515001 带基钢筋

010515001001 $\phi16$

— 100 —

单根长度：$640-25\times2=590mm=0.59m$

根数：$\dfrac{31.8+4\times0.64}{0.2}=172$ 根

总长度：$0.59\times172=101.48m$

质量：$101.48\times1.58\times10^{-3}=0.160t$

010515001002 $\phi12$

Ⓐ,Ⓒ轴下：单根长度：$9.6+0.64-0.025\times2=10.19m$

①,④轴下：单根长度：$6.3+0.64-0.025\times2=6.89m$

总长度：$10.19\times8+6.89\times8=136.64m$

质量：$136.64\times0.888\times10^{-3}=0.121t$

【例 5-7】 计算"小白屋"【例 5-5】(图 5-9)所示的构造柱混凝土工程量。

【解】 010502002 构造柱

截面积： $S=0.24\times0.24=0.058m^2$

构造柱高度： $L=1.1+2.9\times3+1.0=10.8m$，

构造柱凸出部分体积： $0.24\times0.06\times\dfrac{10.8}{2}\times2=0.156m^3$

$$V=(0.058\times10.8+0.156)\times4=3.12m^3$$

5.2.2.6 金属结构工程(0106)

金属结构工程包括 7 节 32 个项目,项目组成如表 5-11 所示。

表 5-11 金属结构工程项目组成表

章	节	项目
F 金 属 结 构 工 程 0106	F.1 钢网架 010601	钢网架
	F.2 钢屋架、钢托架、钢桁架、钢桥架 010602	钢屋架,钢托架,钢桁架,钢桥架
	F.3 钢柱 010603	实腹钢柱,空腹钢柱,钢管柱
	F.4 钢梁 010604	钢梁,钢吊车梁
	F.5 钢板楼板、墙板 010605	钢板楼板,钢板墙板
	F.6 钢构件 010606	钢支撑,钢拉条,钢檩条,钢天窗架,钢挡风架,钢墙架,钢平台,钢走道,钢梯,钢护栏,钢漏斗,钢板天沟,钢支架,零星钢构件
	F.7 金属制品 010607	成品空调金属百页护栏,成品栅栏,成品雨篷,金属网栏,砌块墙钢丝网加固,后浇带金属网

(1)工程量计算规则:钢板楼板、墙板及金属制品工程量按面积计算外,其余项目均按设计图示尺寸以质量计算,工程量中不扣除孔眼的质量,焊条、铆钉、螺栓等质量不另增加。钢屋架还可按设计图示的数量以"榀"计量。依附在钢柱上的牛腿及悬臂梁等并入钢柱工程量内;钢管柱上的节点板、加强环、内衬管、牛腿等并入钢管柱工程量内;制动梁、制动板、制动桁架、车挡并入钢吊车梁工程量内;依附漏斗或天沟的型钢并入漏斗或天沟工程量内。

(2)项目特征应描述构件类型、钢材品种与规格、单个(榀)质量、安装高度、螺栓种类、探伤要求、防火要求等。

5.2.2.7 木结构工程(0107)

木结构工程的项目组成如表 5-12 所示。

表 5-12　　　　　　　　　　　木结构工程项目组成表

章	G 木结构工程 0107		
节	G.1 木屋架 010701	G.2 木构件 010702	G.3 屋面木基层 010703
项目	木屋架 010701001 钢木屋架 010701002	木柱 010702001 木梁 010702002 木檩 010702003 木楼梯 010702004 其他木构件 010702005	屋面木基层 0107103001

(1) 木屋架、钢木屋架工程量计算按设计图示数量计算,计量单位"榀"。此外木屋架也可按设计图示的规格尺寸以体积计算。按标准图设计的屋架以榀计量,项目特征必须标注标准图代号。

(2) 木构件中,木楼梯工程量按设计图示尺寸以水平投影面积计算,不扣除宽度≤300mm的楼梯井,伸入墙内部分不计算。其余的木构件均按设计图示尺寸以体积计算。此外,木檩的工程量也可按设计图示尺寸以长度计算。以 m 计量,项目特征必须描述构件规格尺寸。

(3) 屋面木基层按设计图示尺寸以斜面积计算,不扣除房上烟囱、风帽底座、风道、小气窗、斜沟等所占面积,小气窗的出檐部分不增加面积。

5.2.2.8 门窗工程(0108)

门窗工程的项目组成如表 5-13 所示。

表 5-13　　　　　　　　　　　门窗工程项目组成表

章	节	项目
H 门 窗 工 程 0108	H.1 木门 010801	木质门,木质门带套,木质连窗门,木质防火门,木门框,门锁安装
	H.2 金属门 010802	金属(塑钢)门,彩板门,钢质防火门,防盗门
	H.3 金属卷帘(闸)门 010803	金属卷帘(闸)门,防火卷帘(闸)门
	H.4 厂库房大门、特种 010804	木板大门,钢木大门,全钢板大门,防护铁丝门,金属格栅门,钢质花饰大门,特种门
	H.5 其他门 010805	电子感应门,旋转门,电子对讲门,电动伸缩门,全玻自由门,镜面不锈钢饰面门,复合材料门
	H.6 木窗 010806	木质窗,木橱窗,木飘(凸)窗,木质成品窗
	H.7 金属窗 010807	金属(塑钢、断桥)窗,金属百叶窗,金属纱窗,金属格栅窗,金属(塑钢、断桥)橱窗,金属(塑钢、断桥)飘(凸)窗,彩板窗,复合材料窗
	H.8 门窗套 010808	木门窗套,木筒子板,饰面夹板筒子板,金属门窗套,石材门窗套,门窗木贴脸,成品木门窗套
	H.9 窗台板 010809	木窗台板,铝塑窗台板,金属窗台板,石材窗台板
	H.10 窗帘、窗帘盒、轨 010810	窗帘,木窗帘盒,饰面夹板、塑料窗帘盒,铝合金窗帘盒,窗帘轨

1. 工程量计算规则

(1) 各类门窗的工程量计算均有两种方法:按设计图示数量以"樘"计算或按设计图示洞口尺寸以面积计算。

木质门应区分镶板木门、企口木板门、实木装饰门、胶合板门、夹板装饰门、木纱门、全玻门(带木质扇框)、木质半玻门(带木质扇框)等项目,分别编码列项。木门五金应包括:折页、插销、门碰珠、弓背拉手、搭机、木螺丝、弹簧折页(自动门)、管子拉手(自由门、地弹门)、地弹簧(地弹门)、角铁、门轨头(地弹门、自由门)等。

金属门应区分金属平开门、金属推拉门、金属地弹门、全玻门(带金属扇框)、金属半玻门(带扇框)等项目,分别编码列项。铝合金门五金包括:地弹簧、门锁、拉手、门插、门铰、螺丝等。其他金属门五金包括L型执手插锁(双舌)、执手锁(单舌)、门轨头、地锁、防盗门机、门眼(猫眼)、门碰珠、电子锁(磁卡锁)、闭门器、装饰拉手等。

特种门应区分冷藏门、冷冻间门、保温门、变电室门、隔音门、防射电门、人防门、金库门等项目,分别编码列项。

木质窗应区分木百叶窗、木组合窗、木天窗、木固定窗、木装饰空花窗等项目;金属窗应区分金属组合窗、防盗窗等项目。

以"樘"计量,项目特征必须描述洞口尺寸,没有洞口尺寸必须描述门框或扇外围尺寸。

(2) 门窗套的工程量按设计图示数量计算,计量单位"樘",或按设计图示尺寸以展开面积计算,也可按设计图示中心以延长米计算。以"樘"计量,项目特征必须描述洞口尺寸、门窗套展开宽度。以米计量,项目特征必须描述门窗套展开宽度、筒子板及贴脸宽度。

(3) 窗台板按设计图示尺寸以展开面积计算。项目特征应描述基层材料种类、窗台面板材质、规格、颜色以及防护材料种类等。

(4) 窗帘工程量按设计图示尺寸以长度计算或按图示尺寸以展开面积计算。项目特征应描述窗帘材质、窗帘高度、宽度、窗帘层数、带幔要求。

(5) 窗帘盒、轨的工程量按设计图示尺寸以长度计算。项目特征应描述窗帘盒(轨)材质与规格、防护材料种类。

【例 5-8】 计算"小白屋"【例 5-5】中门 M1、M2 及窗 C1 的工程量。M1 钢板防盗门,M2 为胶合板门,C1 为铝合金平开窗。门窗尺寸分别为 1200×2500、900×2400、1500×1500。

【解】 010802003 M1:1 樘;$1.2 \times 2.5 = 3.00 m^2$

010801001M2:9 樘;$0.9 \times 2.4 \times 9 = 19.44 m^2$

010807001C3:17 樘;$1.5 \times 1.5 \times 17 = 38.25 m^2$

5.2.2.9 屋面及防水工程(0109)

屋面及防水工程项目组成如表 5-14 所示。

(1) 屋面工程中膜结构屋面的工程量按设计图示尺寸以需要覆盖的水平投影面积计算。其余的屋面工程量均按设计图示尺寸以斜面积计算。不扣除屋面上烟囱、风帽底座、风道、小气窗、斜沟等所占面积。小气窗的出檐部分不增加面积。

(2) 屋面卷材防水、涂膜防水及屋面刚性层工程量按设计图示尺寸以面积计算。其中斜屋顶按斜面积计算,平屋顶按水平投影面积计算,不扣除房上烟囱、风帽底座、风道、屋面小气窗和斜沟所占面积,屋面的女儿墙、伸缩缝和天窗等处的弯起部分,并入屋面工程量内。

(3) 屋面排水(气)管按设计图示尺寸以长度计算。

表 5-14　　　　　　　　　　　屋面及防水工程项目组成表

章	J 屋面及防水工程 0109			
节	J.1 瓦、型材及其他屋面 010901	J.2 屋面防水及其他 010902	J.3 墙面防水、防潮 010903	J.4 楼（地）面防水、防潮 010904
项目	瓦屋面 010901001 型材屋面 010901002 阳光板屋面 010901003 玻璃钢屋面 010901004 膜结构屋面 010901005	屋面卷材防水 010902001 屋面涂膜防水 010902002 屋面刚性层 010902003 屋面排水管 010902004 屋面排（透）气管 010902005 屋面（廊、阳台）落水管 　010902006 屋面天沟、檐沟 010902007 屋面变形缝 010902008	墙面卷材防水 010903001 墙面涂膜防水 010903002 墙面砂浆防水（防潮） 　010903003 墙面变形缝 010903004	楼（地）面卷材防水 010904001 楼（地）面涂膜防水 010904002 楼（地）面砂浆防水（防潮） 　010904003 楼（地）面变形缝 010904004

（4）屋面天沟、檐沟按设计图示尺寸以展开面积计算。

（5）墙面防水层按设计图示尺寸以面积计算。

（6）楼、地面防水层按主墙间净空面积计算，扣除凸出地面的构筑物、设备基础等所占面积，不扣除间壁墙及单个面积 $\leqslant 0.3 \mathrm{m}^2$ 柱、垛、烟囱和孔洞所占面积。楼（地）面防水反边高度 $\leqslant 300 \mathrm{mm}$ 算作地面防水，反边高度 $> 300 \mathrm{mm}$ 算作墙面防水。

（7）楼、地面及墙面变形缝按设计图示以长度计算。项目特征应描述嵌缝材料种类、止水带材料种类、盖缝材料及防护材料种类。

屋面找平层在附录 L 楼地面装饰工程"平面砂浆找平层"项目编码列项。

【例 5-9】　计算"小白屋"图 5-5 基础墙防水、图 5-9 屋面卷材防水工程量及图 5-17 的屋面天沟工程量（图 5-9 中 屋面防水层沿女儿墙上反 350mm）。

【解】　① 010903003 基础墙防水

$$S=(31.8+16.08)\times 0.24=11.49 \mathrm{m}^2$$

② 010902001 屋面卷材防水层

屋面卷材防水工程量按平屋面需要覆盖的水平投影面积计算，女儿墙弯起部分并入屋面工程量内：

$$S=(9.6-0.24)\times(6.3-0.24)+[(9.6-0.24)\times 2+(6.3-0.24)\times 2]\times 0.35=67.52 \mathrm{m}^2$$

③ 010902007 屋面天沟

屋面天沟工程量按设计图示尺寸以展开面积计算，即

$$天沟底面：S=(6.49+0.84\times 2)\times(4.73+0.84\times 2)-6.49\times 4.73=21.67 \mathrm{m}^2$$

$$天沟反口：S_2=(8.17+6.41)\times 2\times 0.3=8.75 \mathrm{m}^2$$

$$S=21.67+8.75=30.42 \mathrm{m}^2$$

5.2.2.10　保温、隔热及防腐工程

保温、隔热及防腐工程项目组成如表 5-15 所示。

表 5-15　　　　　　　保温、隔热、防腐工程项目组成表

章	K　保温、隔热、防腐工程		
节	K.1 保温、隔热 011001	K.2 防腐面层 011002	K.3 其他防腐 011003
项目	保温隔热屋面 011001001 保温隔热天棚 011001002 保温隔热墙面 011001003 保温柱、梁 011001004 保温隔热楼地面 011001005 其他保温隔热 011001006	防腐混凝土面层 011002001 防腐砂浆面层 011002002 防腐胶泥面层 011002003 玻璃钢防腐面层 011002004 聚氯乙烯板面层 011002005 块料防腐面层 011002006 池、槽块料防腐面层 011002007	隔离层 011003001 砌筑沥青浸渍砖 011003002 防腐涂料 011003003

(1) 保温隔热的所有项目工程量计算按设计图示尺寸以面积计算,扣除面积大于 $0.3m^2$ 孔洞及占位(柱、垛、孔、梁)面积。门窗洞口侧壁需做保温时,并入保温墙体工程量内。柱帽保温隔热应并入天棚保温隔热工程量内。池槽保温隔热应按其他保温隔热项目编码列项。保温隔热的项目特征描述内容包括保温隔热部位,保温隔热方式,隔气层材料品种、厚度,保温隔热面层材料品种、规格、性能,保温隔热材料品种、规格及厚度,粘结材料种类及做法,增强网及抗裂防水砂浆种类,防护材料种类及做法。

(2) 防腐面层(除池、槽的块料防腐面层)分平面防腐面层和立面防腐面层。按设计图示尺寸以面积计算。

① 平面防腐工程量:扣除凸出地面的构筑物、设备基础等以及面积大于 $0.3m^2$ 孔洞、柱、垛所占面积

② 立面防腐:扣除门、窗、洞口以及面积大于 $0.3m^2$ 孔洞、梁所占面积,门、窗、洞口侧壁、垛突出部分按展开面积并入墙面积内。

③ 池、槽块料防腐面层工程量按设计图示尺寸以展开面积计算。

(3) 其他防腐中隔离层及防腐涂料的工程量计算规则与保温隔热项目计算规则相同。而砌筑沥青浸渍砖的工程量计算按设计图示尺寸以体积计算。

【例 5-10】　计算"小白楼"屋面保温层工程量。

【解】　保温隔热屋面 011001001

按设计图示尺寸以面积计算:

$$S=(9.6-0.24)\times(6.3-0.24)=56.72m^2$$

5.2.2.11　楼地面装饰工程

楼地面装饰工程的项目组成如表 5-16 所示。

(1) 楼地面抹灰按设计图示尺寸以面积计算。扣除凸出地面构筑物、设备基础、室内管道、地沟等所占面积,不扣除间壁墙(指墙厚≤120mm 的墙)及≤$0.3m^2$ 柱、垛、附墙烟囱及孔洞所占面积。门洞、空圈、暖气包槽、壁龛的开口部分不增加面积。

(2) 镶贴面层、橡塑面层及其他材料面层的工程量按设计图示尺寸以面积计算,门洞、空圈、暖气包槽、壁龛的开口部分并入相应的工程量内。

(3) 踢脚线按设计图示长度乘高度以面积计算或按延长米计算。

(4) 楼梯面层按设计图示尺寸以楼梯(包括踏步、休息平台及≤500mm 的楼梯井)水平投影面积计算。楼梯与楼地面相连时,算至梯口梁内侧边沿;无梯口梁者,算至最上一层踏步边沿加 300mm。

表 5-16   楼地面装饰工程项目组成表

章	节	项目
L 楼 地 面 装 饰 工 程 0111	L.1 整体面层及找平层 011101	水泥砂浆楼地面,现浇水磨石楼地面,细石混凝土楼地面,菱苦土楼地面,自流坪楼地面,平面砂浆找平层
	L.2 块料面层 011102	石材楼地面,碎石材楼地面,块料楼地面
	L.3 橡塑面层 011103	橡胶板楼地面,橡胶板卷材楼地面,塑料板楼地面,塑料卷材楼地面
	L.4 其他材料面层 11104	地毯楼地面,竹木地板,金属复合地板,防静电活动地板
	L.5 踢脚线 011105	水泥砂浆踢脚线,石材踢脚线,块料踢脚线,塑料板踢脚线,木质踢脚线,金属踢脚线,防静电踢脚线
	L.6 楼梯面层 011106	石材楼梯面层,块料楼梯面层,拼碎块料面层,水泥砂浆楼梯面层,现浇水磨石楼梯面层,地毯楼梯面层,木板楼梯面层,橡胶板楼梯面层,塑料板楼梯面层
	L.7 台阶装饰 011107	石材台阶面,块料台阶面,拼碎块料台阶面,水泥砂浆台阶面,现浇水磨石台阶面,剁假石台阶面
	L.8 零星装饰项目 011108	石材零星项目,拼碎石材零星项目,块料零星项目,水泥砂浆零星项目

(5) 台阶按设计图示尺寸以台阶(包括最上层踏步边沿加 300mm)水平投影面积计算。

(6) 零星装饰项目工程量按设计图示尺寸以面积计算。

【例 5-11】 计算小白楼(图 5-9)。房 3 的各层地坪做法如表 5-17 所述。试计算房 3 的三个房间地坪工程量与底层厅的地坪(塑料地板)工程量(门安装在墙中心线上)。

表 5-17   楼地坪做法

底层	素土夯实,70 厚道碴垫层,100 厚素混凝土垫层,20 厚 1:2 水泥砂浆找平层,玻化砖面层
二层	120 厚钢筋混凝土楼板,30 厚 1:2 水泥砂浆找平层,50mm×70mm@300mm 木龙骨,18 厚实木地板(漆板)面层
三层	120 厚钢筋混凝土楼板,40 厚 C20 细石混凝土面层,地毯面层

【解】 ① 011102003001 底层玻化砖工程量

$$S=(3.3-0.24)\times(6.3-0.24)+0.9\times0.12=18.65\text{m}^2$$

② 011104002001 二层木地板工程量

$$S=18.54+0.9\times0.12=18.65\text{m}^2$$

③ 011104001001 三层地毯工程量(计算门开口部分面积)

$$S=18.65\text{m}^2$$

④ 011101003001 三层 40 厚 C20 细石混凝土面层工程量

$$S=18.54\text{m}^2$$

⑤ 011103003001 底层厅塑料地板工程量

$$S=(2.1-0.24)\times(6.3-0.24)+0.9\times0.12\times3+1.2\times0.12=11.74\text{m}^2$$

⑥ 011105003001 一层房 3 的玻化砖踢脚线(踢脚线高为 150mm)工程量

长度 $L=[(3.3-0.24)+(6.3-0.24)]\times2-0.9+0.12+0.12=17.58\text{m}$

$$S=17.58\times0.15=2.64m^2$$

5.2.2.12 墙、柱面与幕墙、隔断工程

墙、柱面与幕墙、隔断工程项目组成如表 5-18 所示。

表 5-18 墙、柱面装饰与隔断、幕墙工程组成表

章	节	项目
M 墙、柱面装饰与隔断、幕墙工程 0112	M.1 墙面抹灰 011201	墙面一般抹灰,墙面装饰抹灰,墙面勾缝,立面砂浆找平层
	M.2 柱(梁)面抹灰 011202	柱、梁面一般抹灰,柱、梁面装饰抹灰,柱、梁面砂浆找平,柱、梁面勾缝
	M.3 零星抹灰 011203	零星项目一般抹灰,零星项目装饰抹灰,零星项目砂浆找平
	M.4 墙面块料面层 011204	石材墙面,拼碎石材墙面,块料墙面,干挂石材钢骨架
	M.5 柱(梁)面镶贴块料 011205	石材柱面,块料柱面,拼碎块柱面,石材梁面,块料梁面
	M.6 镶贴零星块料 011206	石材零星项目,块料零星项目,拼碎块零星项
	M.7 墙饰面 011207	墙面装饰板,墙面装饰浮雕
	M.8 柱(梁)饰面 011208	柱(梁)面装饰,成品装饰柱
	M.9 幕墙工程 011209	带骨架幕墙,全玻(无框玻璃)幕墙
	M.10 隔断 011210	木隔断,金属隔断,玻璃隔断,塑料隔断,成品隔断,其他隔断

墙、柱面装饰包括抹灰面层、镶贴块料面层、饰面等内容,抹灰面层中又含一般抹灰、装饰抹灰和勾缝等项目。

1. 工程量计算规则

墙面抹灰包括墙面一般抹灰、墙面装饰抹灰、墙面勾缝和立面砂浆找平层 4 个项目,均按设计图示尺寸以面积计算。扣除墙裙、门窗洞口及单个大于 $0.3m^2$ 的孔洞面积,不扣除踢脚线、挂镜线和墙与构件交接处的面积,门窗洞口和孔洞的侧壁及顶面不增加面积。附墙柱、梁、垛、烟囱侧壁并入相应的墙面面积内。

(1)外墙抹灰面积按外墙垂直投影面积计算。

(2)外墙裙抹灰面积按其长度乘以高度计算。

(3)内墙抹灰面积按主墙间的净长乘以高度计算:无墙裙的,高度按室内楼地面至天棚底面计算;有墙裙的,高度按墙裙顶至天棚底面计算。

(4)内墙裙抹灰面按内墙净长乘以高度计算。

(5)柱(梁)面抹灰的工程量按设计图示柱(梁)断面周长乘高度(长度)以面积计算。

(6)零星抹灰按设计图示尺寸以面积计算。

2. 关于抹灰工程的几点说明

(1)抹石灰砂浆、水泥砂浆、混合砂浆、聚合物水泥砂浆、麻刀石灰浆、石膏灰浆等按墙、柱(梁)面一般抹灰编码列项,水刷石、斩假石、干粘石、假面砖等按墙、柱(梁)面装饰抹灰编码列项。

(2)砂浆找平项目适用于仅做找平层的墙、柱(梁)面抹灰。

(3)墙、柱(梁)面 $\leqslant0.5m^2$ 的少量分散的抹灰按 M.3 零星抹灰项目编码列项。

(4)(墙面、柱面、梁面及零星镶贴)块料面层工程量均按镶贴面面积计算。

3. 关于块料面层的几点说明

(1)在描述碎块项目的面层材料特征时可不用描述规格、品牌、颜色。

（2）石材、块料与粘接材料的结合面刷防渗材料的种类在防护层材料种类中描述。

（3）安装方式可描述为砂浆或粘接剂粘贴、挂贴、干挂等，不论哪种安装方式，都要详细描述与组价相关的内容。

（4）零星项目干挂石材的钢骨架按表 M.4 相应项目编码列项。

（5）墙柱面≤0.5m² 的少量分散的镶贴块料面层应按零星项目执行。

（6）墙面饰面板工程量按设计图示墙净长乘净高以面积计算。扣除门窗洞口及单个 >0.3m² 的孔洞所占面积；柱、梁饰面板工程量按设计图示饰面外围尺寸以面积计算，柱帽、柱墩并入相应柱饰面工程量内。

（7）带骨架幕墙按设计图示框外围尺寸以面积计算，与幕墙同种材质的窗所占面积不扣除；无框玻璃幕墙按设计图示尺寸以面积计算，带肋全玻幕墙按展开面积计算。

（8）隔断按设计图示框外围尺寸以面积计算，不扣除单个≤0.3 m² 的孔洞所占面积；浴厕门的材质与隔断相同时，门的面积并入隔断面积内。对成品隔断还可按设计间的数量以间计算。

【例 5-12】 本项目室内 1200 高为硬质纤维板墙裙、上部为一般抹灰刷乳胶漆墙面，在 2.6m 标高处设吊顶（图 5-17）。外立面勒脚为石块，檐口为水刷石层，墙面为面砖贴面。

【解】 内墙面：

① 内墙裙饰面：设计净长×净高＋垛侧、门窗侧面积－门窗洞口面积

$[6.49-0.365×2+(4.73-0.365×2)]×2×1.2+0.18×1.2×2+0.18×0.3×6+0.18$

$×1.2×2-(1.2×1.2+1.2×0.3×3)=19.52×1.2+1.188-2.52=22.09m^2$

计算式中：0.18＝0.365/2（门窗按墙中布置，且门窗厚度不计考虑）

② 内墙一般抹灰：设计净长×（墙裙顶面至吊顶标高之差）＋垛侧面－门窗洞口面积

$19.52×1.4+0.18×2×1.4-(1.2×1.2+1.2×1.2×3)=22.07m^2$

③ 外墙：装饰抹灰（水刷石）

$$L=[(6.49+0.9×2)+(4.73+0.9×2)]×2=29.64m$$

$$S=29.64×0.4=11.86m^2$$

④ 镶贴块料面层

$$石材 L=(6.49+4.73)×2=22.44m$$

$$S=22.44×0.6=13.46m^2$$

面砖：外墙面投影面积－门窗孔洞口面积＋门窗洞口侧壁面积（设门、窗置于墙中心线）

则 $S=22.44×(0.9+1.5+0.65)-(1.2×2.4+1.2×1.5×3)$

$+(2.4×2+1.2)×0.18+(1.2×2+1.5×2)×0.18×3=64.16m^2$

5.2.2.13 天棚工程

天棚工程的项目组成如表 5-19 所示。

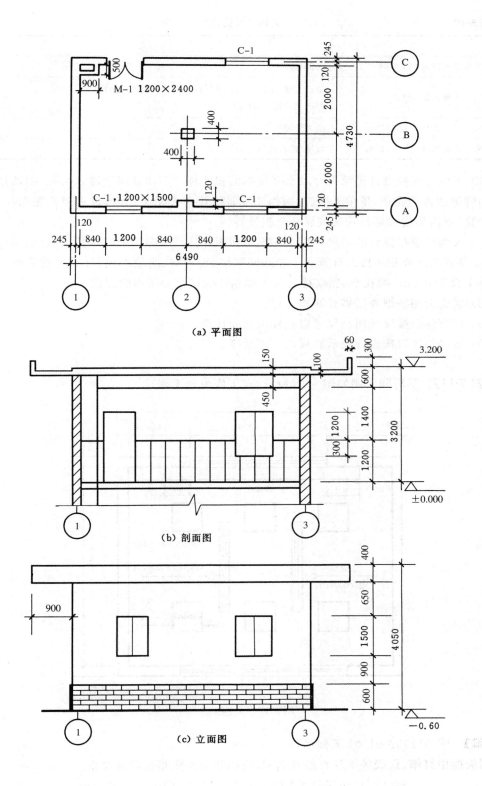

（a）平面图

（b）剖面图

（c）立面图

图 5-17　工程示意图

表 5-19　　　　　　　　　　　　　　　　天棚工程组成表

章	节	项目
N 天棚 工程 0113	N.1 天棚抹灰 011301	天棚抹灰
	N.2 天棚吊顶 011302	吊顶天棚,格栅吊顶,吊筒吊顶,藤条造型悬挂吊顶,织物软雕吊顶,网架(装饰)
	N.3 采光天棚工程 011303	采光天棚
	N.4 天棚其他装饰 011304	灯带(槽),送风口、回风口

(1)天棚抹灰按设计图示尺寸以水平投影面积计算。不扣除间壁墙、垛、柱、附墙烟囱、检查口和管道所占的面积,带梁天棚、梁两侧抹灰面积并入天棚面积内,板式楼梯底面抹灰按斜面积计算,锯齿形楼梯底板抹灰按展开面积计算。

(2)天棚吊顶按设计图示尺寸以水平投影面积计算。天棚面中的灯槽及跌级、锯齿形、吊挂式、藻井式天棚面积不展开计算。不扣除间壁墙、检查口、附墙烟囱、柱垛和管道所占面积,扣除单个大于 $0.3m^2$ 的孔洞、独立柱及与天棚相连的窗帘盒所占的面积。

(3)采光天棚按框外围展开面积计算。

(4)灯带(槽)按设计图示尺寸以框外围面积计算。

(5)送(回)风口按设计图示数量以"个"计算。

【例 5-13】 某房间天棚如图 5-18 所示,求天棚吊顶工程量。

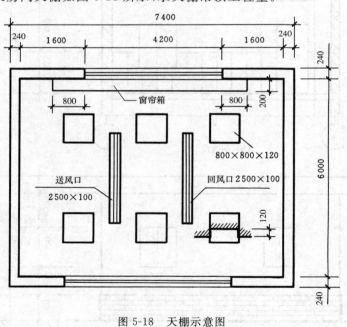

图 5-18　天棚示意图

【解】　① 011302001001 天棚吊顶

因天棚中灯槽、跌级等不计算展开面积,应扣除与天棚相连的窗帘箱。

故　　　　　　　　$S=(7.4-0.48)\times6.0-(4.2+0.8\times2)\times0.2=40.36m^2$

② 011304002001 金属送回风口:2 个

5.2.2.14 油漆、涂料、裱糊工程

油漆、涂料、裱糊工程的项目组成如表 5-20 所示。

表 5-20 　　　　　　　　　　　　　　　油漆、涂料、裱糊工程组成表

章	节	项目
P 油漆 涂料 裱糊 工程 0114	P.1 门油漆 011401	木门油漆，金属门油漆
	P.2 窗油漆 011402	木窗油漆，金属窗油漆
	P.3 木扶手及其他板条、线条油漆 011403	木扶手油漆，窗帘盒油漆，封檐板、顺水板油漆，挂衣板、黑板框油漆，挂镜线、窗帘棍、单独木线油漆
	P.4 木材面油漆 011404	木板、纤维板、胶合板油漆，木护墙、木墙裙油漆，窗台板、筒子板、盖板、门窗套、踢脚线油漆，清水板条天棚、檐口油漆，木方格吊顶天棚油漆，吸音板墙面、天棚面油漆，暖气罩油漆，木间壁、木隔断油漆，玻璃间壁露明墙筋油漆，木栅栏、木栏杆(带扶手)油漆，衣柜、壁柜油漆，梁柱饰面油漆，零星木装修油漆，木地板油漆，木地板烫硬蜡面
	P.5 金属面油漆 011405	金属面油漆
	P.6 抹灰面油漆 011406	抹灰面油漆，抹灰线条油漆，满刮腻子
	P.7 喷刷涂料 011407	墙面喷刷涂料，天棚喷刷涂料，空花格、栏杆刷涂料，线条刷涂料，金属构件刷防火涂料，木材构件喷刷防火涂料
	P.8 裱糊 011408	墙纸裱糊，织锦缎裱糊

(1) 门窗油漆工程量同门窗工程量的计算方法。

木门油漆应区分木大门、单层木门、双层(一玻一纱)木门、双层(单裁口)木门、全玻自由门、半玻自由门、装饰门及有框门或无框门等项目，分别编码列项；木窗油漆应区分单层木门、双层(一玻一纱)木窗、双层框扇(单裁口)木窗、双层框三层(二玻一纱)木窗、单层组合窗、双层组合窗、木百叶窗、木推拉窗等项目，分别编码列项。

金属门油漆应区分平开门、推拉门、钢制防火门列项，金属窗油漆应区分平开窗、推拉窗、固定窗、组合窗、金属隔栅窗分别列项。

(2) 木扶手及其他板条、线条油漆按设计图示尺寸以长度计算。

(3) 木材面油漆按设计图示尺寸以面积计算。其中衣柜、壁柜油漆、梁柱饰面与零星木装修油漆的工程量按设计图示尺寸以油漆部分展开面积计算。

(4) 金属面油漆、金属构件刷防火涂料按设计图示尺寸以质量(t)计算或按设计展开面积计算。

(5) 抹灰线条油漆及线条刷涂料按长度计算。

(6) 抹灰面油漆、满刮腻子、墙面与天棚喷刷涂料以及裱糊工程的工程量均按设计图示尺寸以面积计算。

各个项目的特征及各种内容应按规范要求写明。

【例 5-14】 请计算【例 5-5】中门 M2 的油漆工程量及房 3 内墙涂料工程量。

【解】 (1) M2 油漆工程量 011401001：9 樘，14.44m²。

(2) 墙面涂料 011407001：

[(3.3−0.24)+(6.3−0.24)]×2×(2.9−0.13)×3−(1.5×1.5×2+0.9×2.4)×3=131.59m²

(3) 天棚涂料 011407002：(3.3−0.24)×(6.3−0.24)×3=55.63m²

5.2.2.15 其他装饰工程

其他装饰工程涉及的内容比较繁杂,具体项目如表 5-21 所示。

表 5-21 　　　　　　　　　　　　**其他装饰工程组成表**

章	节	项目
Q 其他 装饰 工程 0115	Q.1 柜类、货架 011501	柜台,酒柜,衣柜,存包柜,鞋柜,书柜,厨房壁柜,木壁柜,厨房低柜,厨房吊柜,矮柜,吧台背柜,酒吧吊柜,酒吧台,展台,收银台,试衣间,货架,书架,服务台
	Q.2 装饰线 011502	金属装饰线,木质装饰线,石材装饰线,石膏装饰线,镜面玻璃线,铝塑装饰线,塑料装饰线
	Q.3 扶手、栏杆、栏板装饰 011503	金属扶手、栏杆、栏板,硬木扶手、栏杆、栏板,塑料扶手、栏杆、栏板,金属靠墙扶手,硬木靠墙扶手,塑料靠墙扶手,玻璃栏板
	Q.4 暖气罩 011504	饰面板暖气罩,塑料板暖气罩,金属暖气罩
	Q.5 浴厕配件 011505	洗漱台,晒衣架,帘子杆,浴缸拉手,卫生间扶手,毛巾杆(架),毛巾环,卫生纸盒,肥皂盒,镜面玻璃,镜箱
	Q.6 雨篷、旗杆 011506	雨篷吊挂饰面,金属旗杆,玻璃雨篷
	Q.7 招牌、灯箱 011507	平面、箱式招牌,竖式标箱,灯箱
	Q.8 美术字 011508	泡沫塑料字,有机玻璃字,木质字,金属字,吸塑字

(1) 柜类、货架工程量按设计图示数量计量或按设计图示尺寸以延长米计算。

(2) 装饰线按设计图示尺寸以长度计算。

(3) 扶手、栏杆、栏板装饰按设计图示以扶手中心线长度(包括弯头长度)计算。

(4) 暖气罩按设计图示尺寸以垂直投影面积(不展开)计算。

(5) 浴厕配件分别按不同对象以个、套、㎡等计算。美术字按字的数量以个计算。

5.2.2.16 拆除工程

拆除工程在房屋改建、房屋装饰装修工程中经常涉及,具体项目如表 5-22 所示。

表 5-22 　　　　　　　　　　　　**拆除工程组成表**

章	节	项目
R 拆除 工程 0116	R.1 砖砌体拆除 011601	砖砌体拆除
	R.2 混凝土及钢筋混凝土构件拆除 011602	混凝土构件拆除,钢筋混凝土构件拆除
	R.3 木构件拆除 011603	木构件拆除
	R.4 抹灰面拆除 011604	平面抹灰层拆除,立面抹灰层拆除,天棚抹灰面拆除
	R.5 块料面层拆除 011605	平面块料拆除,立面块料拆除
	R.6 龙骨及饰面拆除 011606	楼地面龙骨及饰面拆除,墙柱面龙骨及饰面拆除,天棚面龙骨及饰面拆除
	R.7 屋面拆除 011607	刚性层拆除,防水层拆除
	R.8 铲除油漆涂料裱糊面 011608	铲除油漆面,铲除涂料面,铲除裱糊面
	R.9 栏杆、轻质隔断隔墙拆除 011609	栏杆、栏板拆除,隔断隔墙拆除
	R.10 门窗拆除 011610	木门窗拆除,金属门窗拆除
	R.11 金属构件拆除 011611	钢梁拆除,钢柱拆除,钢网架拆除,钢支撑、钢墙架拆除,其他金属构件拆除
	R.12 管道及卫生洁具拆除 011612	管道拆除,卫生洁具拆除
	R.13 灯具、玻璃拆除 011613	灯具拆除,玻璃拆除
	R.14 其他构件拆除 011614	暖气罩拆除,柜体拆除,窗台板拆除,筒子板拆除,窗帘盒拆除,窗帘轨拆除
	R.15 开孔(打洞) 011615	开孔(打洞)

工程量计算以拆除对象的拆除、铲除按面积计算居多,对金属构件按拆除物的质量(t)计算,管道拆除按延长米计算,灯具、卫生洁具拆除工程量按拆除数量以个或套计算,开孔、打洞以个数计算。

5.3　安装工程工程量计量

《通用安装工程工程量计算规范》(GB 50856—2013)包括附录 A 机械设备安装工程,附录 B 热力设备安装工程,附录 C 静置设备与工艺金属结构制作安装工程,附录 D 电气设备安装工程,附录 E 建筑智能化工程,附录 F 自动化控制仪表安装工程,附录 G 通风空调工程,附录 H 工业管道工程,附录 J 消防工程,附录 K 给排水、采暖、燃气工程,附录 L 通信设备及线路工程,附录 M 刷油、防腐蚀、绝热工程,附录 N 措施项目等。

5.4　市政工程工程量计量

市政工程指城市道路、桥梁、隧道、给排水、污水处理、垃圾处理、路灯等城市公用事业工程。《市政工程工程量计算规范》(GB 50857—2013)(以下简称本规范)包括附录 A 土石方工程,附录 B 道路工程,附录 C 桥涵工程,附录 D 隧道工程,附录 E 管网工程,附录 F 水处理工程,附录 G 垃圾处理工程,附录 H 路灯工程,附录 I 钢筋工程,附录 J 拆除工程,附录 K 措施项目。

本规范中土石方工程、道路工程中的垫层、地基处理与加固、桥涵工程中的桩基、基坑与边坡支护、钢、钢结构、钢筋工程等项目工程量计算规则与《房屋建筑与装饰工程工程量计算规范》(GB 50854—2013)(以下简称《房建》)计算规则相同。例如:本规范土石方工程挖一般土方项目(040102001)与《房建》的土石方工程挖一般土方(010101002)、本规范道路工程中强夯地基项目(040201002)与《房建》的强夯地基项目(010201004)、桥涵工程中钢管桩(040301005)与房屋建筑与装饰工程计量规范中桩基工程钢管桩(010301003)等计算规则、计量单位、项目特征描述等是相同的。这里不再叙述。

本规范附录 C 中清单项目缺项时,可按《房建》中相关项目编码列项。附录 F 水处理工程、附录 G 垃圾处理工程中建筑物应按《房建》中相关项目编码列项,园林绿化项目应按《园林绿化工程工程量计算规范》中相关项目编码列项。附录 H 路灯工程与《通用安装工程工程量计算规范》(GB 50856—2013)(以下简称《通用安装》)中电气设备安装项目的界限划分:厂区、住宅小区的道路路灯安装工程、庭院艺术喷泉等电气设备安装工程按《通用安装》中电气设备安装工程相应项目执行;涉及市政道路、庭院艺术喷泉等电气设备安装工程的项目,按本规范相应项目执行。刷油、防腐、保温工程、阴极保护及牺牲阳极应按《通用安装》中刷油、防腐蚀、绝热工程中相关项目编码列项;高压管道及管件、阀门安装,不锈钢管及管件、阀门安装,管道焊缝无损探伤应按《通用安装》工业管道中相关项目编码列项。

5.5　绿化园林工程工程量计量

绿化园林工程的分部分项工程包括绿化工程、园林园桥工程和园林景观工程。

5.6　建筑面积计算规则

5.6.1　建筑面积的概念与作用

1. 建筑面积的概念

建筑面积,也称"建筑展开面积",是指建筑物各层外围水平投影面积的总和。

建筑面积由建筑物的使用面积、辅助面积和结构面积组成。使用面积是指建筑物内各层平面布置中可直接为生产或生活使用的净面积,在居住建筑中,使用面积也可称"居住面积"。辅助面积是指建筑物各层平面布置中为辅助生产或生活所占净面积,如公共走廊(道)、电梯间、公共建筑中的卫生间等面积。使用面积与辅助面积的总和称"有效面积"。结构面积是指建筑物各层平面布置中的墙体、柱等结构所占的面积,不包括抹灰厚度所占的面积。

2. 建筑面积的作用

建筑面积是一项反映或衡量建筑物技术经济指标的重要参数。

(1) 在建筑设计中,利用建筑面积计算建筑平面系数、土地利用系数。

$$建筑平面系数 = \frac{使用面积}{建筑面积} \tag{5-5}$$

$$容积率 = \frac{总建筑面积}{建筑用地面积} \tag{5-6}$$

(2) 在编制估算造价时,将建筑面积作为估算指标的依据,如单位面积造价 = 工程造价/建筑面积(元/m²);在概预算编制时,利用建筑面积,计算建筑或结构的工程量;还可计算造价指标、材料、消耗量指标等技术经济指标,如人工消耗指标 = 人工消耗量/建筑面积(工日/m²),材料消耗指标 = 材料消耗量/建筑面积。

(3) 在建筑施工企业管理中,完成建筑面积的多少,是反映企业的业绩大小,建筑面积是企业配备施工力量、物资供应、成本核算等依据之一。

(4) 建筑面积也能衡量一个国家或地区的工农业发展状况及人民生活居住水平和文化生活福利设施建筑的程度,如人均住房面积指标等。

5.6.2　建筑面积计算规则

(1) 单层建筑物及多层建筑物首层的建筑面积,应按其外墙勒脚以上结构外围水平面积计算(图 5-19);二层及以上楼层应按其外墙结构外围水平面积计算。

图 5-19 为某单层建筑物的平面图,其高度为 3.5m,其建筑面积为

$$S = (3.0 \times 3 + 0.24) \times (4.00 + 0.24) = 39.18 m^2$$

图中室外台阶、平台及墙垛不计算建筑面积。

(2) 建筑物层高在 2.20m 及以上者计算全部面积,不足 2.20m 者应计算 1/2 面积。

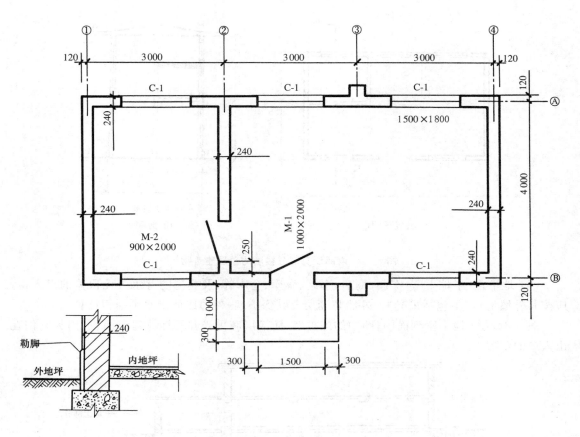

图 5-19　单层建筑面积示意图

（3）利用坡屋顶内空间和场馆看台下空间时，净高超过 2.10m 的部位应计算全面积；净高在 1.20m 至 2.10m 的部位应计算 1/2 面积；当设计不利用或其净高不足 1.20m 时不计算面积。图 5-20 为某体育场看台下空间利用时建筑面积计算示意图。

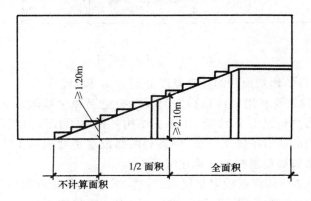

图 5-20　某体育场看台下空间利用示意图

（4）单层建筑物设有局部楼层者，局部楼层的二层及以上楼层，有围护结构的按其围护结构外围水平面积计算，无围护结构的按其结构底板水平面积计算。图 5-21 为设三层局部楼层的单层建筑物，其建筑面积为

$$S = AB + ab + ab/2 = AB + 1.5ab \tag{5-7}$$

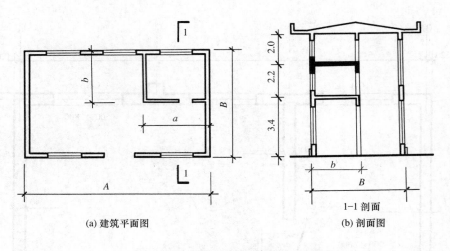

(a) 建筑平面图　　　　　　　　　(b) 剖面图

图 5-21　内部设有部分楼层的单层建筑物

（5）地下室、半地下室（车间、商店、车站、车库、仓库等）及相应的有永久性顶盖的出入口，应按其外墙上口（不包括采光井、外墙防潮层及其保护墙）外边线所围水平面积计算。

图 5-22 为一地下室剖面图，图中的保护墙、防潮层和采光井不计算建筑面积，因为它们在出入口的下方。

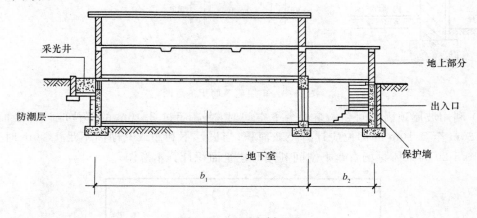

图 5-22　地下室剖面图

地下室和其出入口的建筑面积的计算宽度分别为 b_1 和 b_2。

（6）建于坡地的建筑物利用坡地吊脚空间设置架空层和深基础地下架空设计加以利用，且有围护结构的，其层高超过 2.20m 时，按围护结构外围水平投影面积计算建筑面积。设计加以利用、无围护结构的建筑吊脚架空层，按其利用部位水平面积的 1/2 计算；设计不利用的深基础架空层、坡地吊脚架空层则不计算建筑面积。

图 5-23 为有围护结构的深基础架空层，其层高≥2.2m，其建筑面积为架空外围的全部面积。图 5-24 为坡地的吊脚架空层，设计不利用空间不计算建筑面积，而结构外围内的层高为 2.0m，故其建筑面积为吊脚架空层结构外围面积的一半。

（7）建筑物内的门厅、大厅，不论其高度如何，均按一层建筑面积计算。门厅、大厅内设有回廊时，按其结构底板的水平面积计算建筑面积。

（8）室内楼梯间、电梯井、提物井、垃圾道、管道井、通风排气竖井、垃圾道、附墙烟囱等，均按建筑物的自然层计算建筑面积。

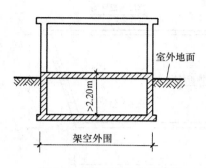

图 5-23　架空深基础示意图

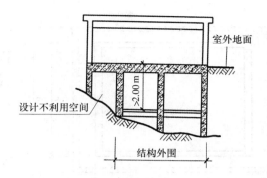

图 5-24　坡地架空基础示意图

（9）立体书库、立体仓库、立体车库设有结构层的，按结构层计算建筑面积；没有结构层的，按一层计算建筑面积。

（10）有围护结构的舞台灯光控制室，按其围护结构外围水平面积计算建筑面积。

（11）建筑物外有围护结构的落地橱窗、门斗、挑廊、走廊、檐廊，按其围护结构外围水平面积计算。层高超过 2.2m 的，应计算全面积，层高不足 2.20m 者应计算 1/2 面积。有永久性顶盖无围护结构的按其结构底板水平面积的 1/2 计算。图 5-25 为有围护结构的门斗，其建筑面积为 ab（层高 ≥2.20m）或 $ab/2$（层高 <2.20m）。

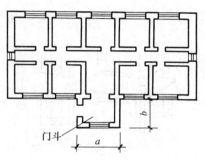

图 5-25　有围护结构的门斗

（12）有永久性顶盖无围护结构的场馆看台按其顶盖水平投影面积的 1/2 计算。

（13）建筑物顶部有围护结构的楼梯间、水箱间、电梯机房等，按围护结构外围水平面积计算建筑面积。层高 ≥2.20m 者计算全面积，否则按 1/2 计算。图5-26 为有围护结构的屋面楼梯间，当其层高超过或等于 2.20m 时，$S=ab$，当其层高不到 2.20m 时，建筑面积为 $ab/2$。

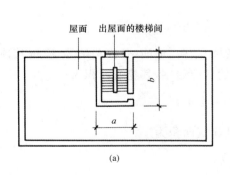

(a)

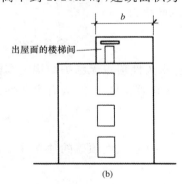

(b)

图 5-26　有围护结构的屋面楼梯间

（14）围护结构不垂直于水平面，且对底板而言外向扩展的建筑物，按其底板面的外围水平面积计算。图 5-27 为某层建筑平面和剖面示意图，当层高 H≥2.20m 时，该层建筑面积为 ab，当层高 H<2.20m 时，该层建筑面积为 $ab/2$。

（15）雨篷不分有柱和无柱的雨篷，当雨篷结构的外边线至外墙结构的外边线的宽度超过 2.10m 者，按雨篷结构板的水平投影面积的 1/2 计算。图 5-28 中雨篷的建筑面积为 $S=BL/2$。

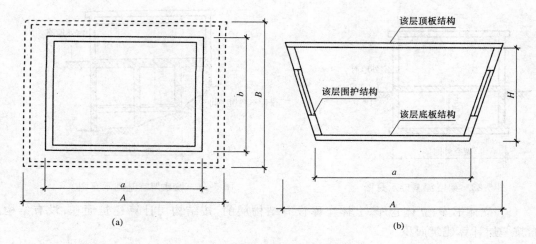

(a)   (b)

图 5-27　不垂直围护结构建筑层

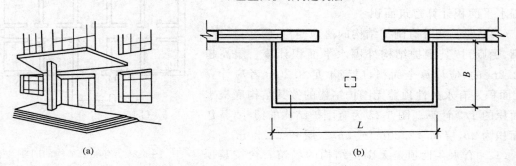

(a)   (b)

图 5-28　雨篷示意图

（16）有永久性顶盖的室外楼梯，应按建筑物自然层的水平投影面积的 1/2 计算。

（17）建筑物的阳台不论其是否封闭，均按其水平投影面积的 1/2 计算。图 5-29 为阳台示意图，其建筑面积为

$$S=\frac{1}{2}ab+\frac{1}{2}cd+\frac{1}{2}(a_1b_1+a_2b_2) \tag{5-8}$$

（18）有永久性顶盖无围护结构的车棚、货棚、站台、加油站、收费站等，应按其顶盖水平投影面积的 1/2 计算。图 5-30 为有永久性顶盖的货（车）棚，其建筑面积为

$$S=CD+\frac{1}{2}AB \tag{5-9}$$

图 5-31 为有永久性顶盖的独立柱站台，其建筑面积为

$$S=BL/2 \tag{5-10}$$

（19）高低联跨的建筑物，以高跨结构外边线为界分别计算建筑面积，其高低跨内部连通时，其变形缝应计算在低跨面积内。

图 5-32 为高低联跨单层建筑物的示意图，高跨按算足的原则计算，即以高跨外边界分界计算。

高跨建筑面积：　　　　　　　　　　　$S=AL$ 　　　　　　　　　　　　　　（5-11）

低跨建筑面积：　　　　　　　　　　　$S=BL+CL$ 　　　　　　　　　　　　（5-12）

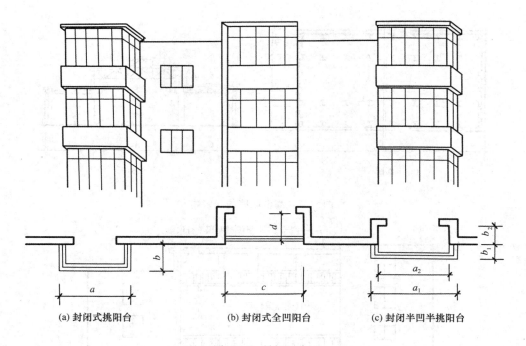

(a) 封闭式挑阳台   (b) 封闭式全凹阳台   (c) 封闭半凹半挑阳台

图 5-29   封闭阳台

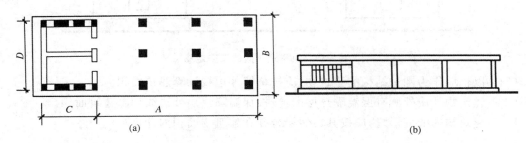

(a)   (b)

图 5-30   有永久性顶盖的货（车）棚

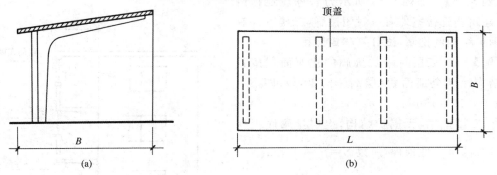

(a)   (b)

图 5-31   有永久性顶盖的独立柱站台

（20）建筑物间有围护结构的架空走廊，按其围护结构外围水平面积计算。层高在2.20m及以上者算全面积，不足 2.20m 者算一半面积。有永久性顶盖无围护结构的按其结构底板水平面积的 1/2 计算。图 5-33 为两建筑物间的架空走廊，其下方的架空走廊既无围护结构（仅有栏杆），也无顶板，故不算建筑面积，上方的架空走廊，有围护结构且层高超过2.20m，则其建筑面积算围护结构外边线围合面积的全部。

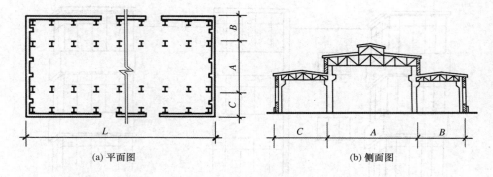

(a) 平面图   (b) 侧面图

图 5-32 高低联跨的建筑物

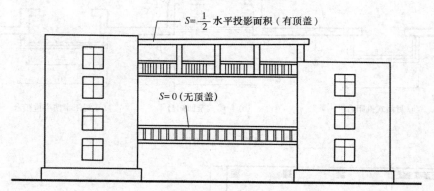

图 5-33 两建筑物间的架空走廊

（21）以幕墙作为围护结构的建筑物，应按幕墙外边线计算建筑面积。

（22）建筑物外墙外侧有保温隔热层的，应按保温隔热层外边线计算建筑面积。

（23）建筑物内的变形缝，应按其自然层合并在建筑物面积内计算。

【例 5-15】 如图 5-34 所示为一栋建筑物侧面图，建筑物三楼室外有一封闭挑廊，二楼室外有一无围护结构的挑廊，试计算建筑面积。

【解】 ① 三层封闭式挑廊的建筑面积按其围护结构计算全部面积（层高≥2.20m），即 $S=bL=1.5\times10=15\mathrm{m}^2$；

② 二楼挑廊，无围护结构，上层挑廊底板视为本挑廊的永久性顶板，所以 $S=\dfrac{bL}{2}=7.5\mathrm{m}^2$。

（24）下列项目不应计算建筑面积：

① 建筑物通道，包括骑楼、过街楼的底层。图 4-35 为建筑物通道（过街楼）示意图。

② 建筑物内设备管道夹层。

③ 建筑物分隔的单层房间，舞台及后台悬挂幕布，布景的天桥、挑台等。

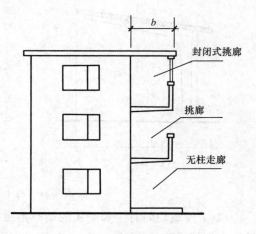

图 5-34 建筑物侧面图

④ 屋顶水箱、花架、凉棚、露台、露天游泳池。

⑤ 建筑物内的操作平台、上料平台、安装箱和罐体的平台。

⑥ 勒脚、附墙柱、垛、台阶、墙面抹灰、装饰面、镶贴块料面层、装饰性幕墙、空调室外机搁板（箱）、飘窗、配件、构件、宽度在 2.10m 及以内的雨篷以及与建筑物内不相连通的装饰性阳台、挑廊。

⑦ 无永久性顶盖的架空走廊、室外楼梯和用于检修、消防等室外钢楼梯、爬梯。

⑧ 自动扶梯、自动人行道。

⑨ 独立烟囱、烟道、地沟、油（水）罐、气柜、水塔、贮油（水）池、贮仓、栈桥、地下人防通道、地铁隧道。

图 5-35　通道示意图

（25）有关术语解释：

① 自然层：按楼板、地板结构分层的楼层。

② 架空层：建筑物深基础或坡地建筑吊脚架空层部位不回填土（石）方形成的建筑空间。

③ 走廊：指建筑物的水平交通空间。

④ 挑廊：挑出建筑物外墙的水平交通空间。

⑤ 檐廊：设置在建筑物底层出檐下的水平交通空间。

⑥ 回廊：在建筑物门厅、大厅内设置在二层或二层以上的回形走廊。

⑦ 门斗：在建筑物出入口设置的起分隔、挡风、御寒等作用的建筑过渡空间。

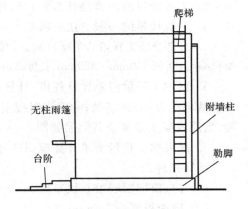

图 5-36　不计算建筑面积示意图

⑧ 围护结构：围合建筑空间四周的墙体、门、窗等。

⑨ 变形缝：伸缩缝（温度缝）、沉降缝和抗震缝的总称。

⑩ 永久性顶盖：经规划批准设计的永久使用的顶盖。

⑪ 飘窗：为房间采光和美化造型而设置的突出外墙的窗。

⑫ 骑楼：楼层部分跨在人行道上的临街楼房。

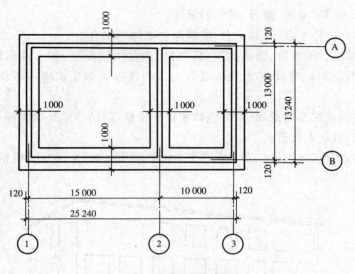

图 5-37　基础平面图

复习思考题与计算题

1. 何谓工程量？工程量、实物量与工程计量的区别是什么？

2. 工程计量的内容是什么？它们各有什么作用？

3. 工程计量的一般方法有哪些？

4. 分部分项工程量清单项目是如何编码的？请写出某工程两种规格的预制钢筋混凝土桩的项目编码：断面 450mm×450mm，长度 25m；断面 400mm×400mm，长度 15m，并计算工程量。

5. 试用工程量清单计算规则，计算如图 5-37 所示工程项目的工程量：① 场地平整；②挖一般基础土方；③砖基础；④现浇混凝土基础；⑤场地回填、室内回填与基础回填土方量。砖基础、钢筋混凝土带基及其垫层如图 5-38 中±0.000 以下所示。

6. 试根据工程量清单计算规则计算图 5-38、图 5-39 所示项目的工程量。

已知条件：

(1) 门、窗均居墙中心线布置；

(2) 屋面板厚为 130mm；

(3) ②—③/Ⓐ—Ⓑ的顶板厚为 110mm；

(4) 屋面防水层上弯高为 400mm。

试计算：

(1) 实心砖外墙（多孔砖）；

(2) 实心砖内墙（加气砖块）；

(3) 现浇柱、梁工程量（L_1，L_2 断面均为 200mm×300mm）；

(4) 现浇圈梁、过梁工程量；

(5) 构造柱工程量；

(6) 门窗工程量；

(7) 外墙面面砖工程量；

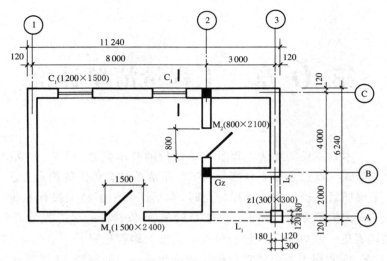

图 5-38 平面图

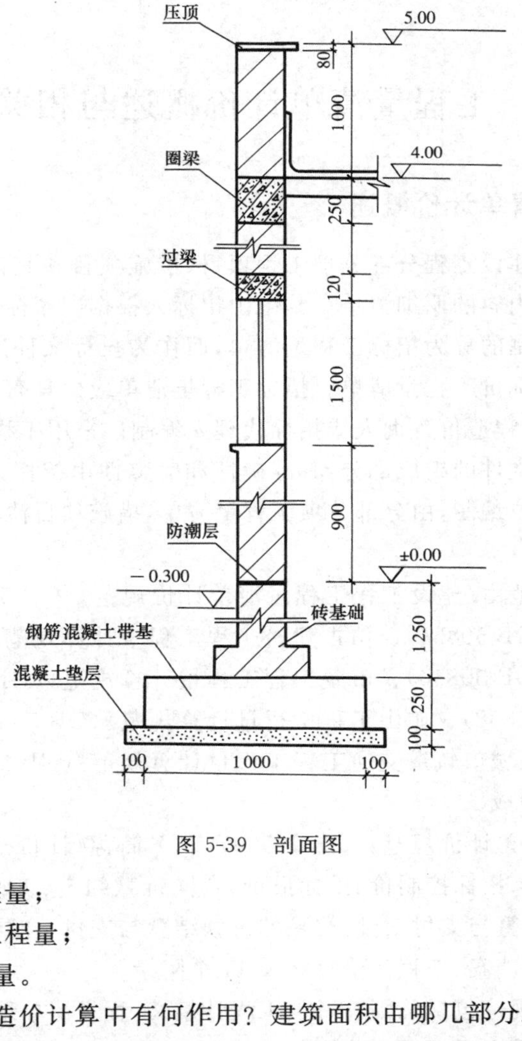

图 5-39 剖面图

（8）内墙面抹灰工程量；

（9）屋面现浇楼板工程量；

（10）屋面防水工程量。

7. 建筑面积在工程造价计算中有何作用？建筑面积由哪几部分组成？

8. 根据建筑面积计算规则，试统计计算一半面积和不计算的建筑面积。

第 *6* 章 工程量清单计价

本章主要阐述了工程量清单计价的基本概念、程序、组成格式和编制方法与步骤。重点介绍了分部分项工程量清单综合单价的确定方法、计算要点以及工程项目总价的构成过程。同时,本章还介绍了施工投标报价的程序与策略、工程询价等方面的知识。在本章的最后,安排了一个工程量清单投标报价的编制实例,以帮助读者进一步理解工程量清单投标报价的编制过程。

通过本章学习,应掌握工程量清单招标控制价和投标价的编制,特别是分部分项工程量清单综合单价的确定。

6.1　工程量清单计价概述与相关表格

6.1.1　工程量清单计价概述

工程量清单是载明建设工程分部分项工程项目、措施项目和其他项目的名称和相应数量以及规费和税金项目等内容的明细清单。其中由招标人根据国家标准、招标文件、设计文件以及施工现场实际情况编制的称为招标工程量清单,而作为投标文件组成部分的已标明价格并经承包人确认的称为已标价工程量清单。招标工程量清单应由具有编制能力的招标人或受其委托,具有相应资质的工程造价咨询人或招标代理人编制。采用工程量清单方式招标,招标工程量清单必须作为招标文件的组成部分,其准确性和完整性由招标人负责。招标工程量清单应以单位(项)工程为单位编制,由分部分项工程量清单,措施项目清单,其他项目清单、规费项目、税金项目清单组成。

工程量清单计价规范由《建设工程工程量清单计价规范》(GB 50500)、《房屋建筑与装饰工程工程量计算规范》(GB 50854)、《仿古建筑工程工程量计算规范》(GB 50855)、《通用安装工程工程量计算规范》(GB 50856)、《市政工程工程量计算规范》(GB 50857)、《园林绿化工程工程量计算规范》(GB 50858)、《矿山工程工程量计算规范》(GB 50859)、《构筑物工程工程量计算规范》(GB 50860)、《城市轨道交通工程工程量计算规范》(GB 50861)、《爆破工程工程量计算规范》(GB 50862)组成。

《建设工程工程量清单计价规范》(GB 50500)(以下简称《计价规范》)包括总则、术语、一般规定、工程量清单编制、招标控制价、投标报价、合同价款约定、工程计量、合同价款调整、合同价款期中支付、竣工结算与支付、合同解除的价款结算与支付、合同价款争议的解决、工程造价鉴定、工程计价资料与档案、工程计价表格及 11 个附录。

各专业工程量计量规范包括总则、术语、工程计量、工程量清单编制、附录。

计价规范适用于建设工程发承包阶段、施工阶段的计价活动。使用国有资金投资的建设工程发承包,必须采用工程量清单计价;非国有资金投资的建设工程宜采用工程量清单计价;不采用工程量清单计价的建设工程,应执行计价规范中除工程量清单等专门性规定外的其他规定。国有资金投资的项目包括全部使用国有资金(含国家融资资金)投资或国有资金投资为主的工程建设项目。工程量清单计价的作用有:

1. 提供一个平等的竞争条件

采用施工图预算来投标报价,不同施工企业计算出的工程量可能不同。而工程量清单报价就为投标者提供了一个平等竞争的条件,相同的工程量由企业根据自身的实力来填不同的单价。投标人的这种自主报价使得企业的优势体现到投标报价中,可在一定程度上规范建筑市场秩序,确保工程质量。

2. 满足市场经济条件下竞争的需要

招投标过程就是竞争的过程,招标人提供工程量清单,投标人根据自身情况确定综合单价,利用单价与工程量逐项计算每个项目的合价,再分别填入工程量清单表内,计算出投标总价。单价成了决定性的因素,定高了不能中标,定低了又要承担过大的风险。单价的高低直接取决于企业管理水平和技术水平的高低,这种局面促成了企业整体实力的竞争,有利于我国建设市场的快速发展。

3. 有利于提高工程计价效率,能真正实现快速报价

采用工程量清单计价方式,避免了传统计价方式下招标人与投标人在工程量计算上的重复工作,各投标人以招标人提供的工程量清单为统一平台,结合自身的管理水平和施工方案进行报价,促进了各投标人企业定额的完善和工程造价信息的积累和整理,体现了现代工程建设中快速报价的要求。

4. 有利于工程款的拨付和工程造价的最终结算

中标后,业主要与中标单位签订施工合同,中标价就是确定合同价的基础,投标清单上的单价就成了拨付工程款的依据。业主根据施工企业完成的工程量,可以很容易地确定进度款的拨付额。工程竣工后,根据设计变更、工程量增减等,业主也很容易确定工程的最终造价,可在某种程度上减少业主与施工单位之间的纠纷。

5. 有利于业主对投资的控制

采用现在的施工图预算形式,业主对因设计变更、工程量的增减所引起的工程造价变化不敏感,往往等到竣工结算时才知道这些变更对项目投资的影响有多大,但此时常常是为时已晚。而采用工程量清单报价的方式则可对投资变化一目了然,在要进行设计变更时,能马上知道它对工程造价的影响,业主就能根据投资情况来决定是否变更或进行方案比较,以决定最恰当的处理方法。

6.1.2　工程量清单计价相关表格

1. 分部分项工程项目

分部分项工程是"分部工程"和"分项工程"的总称。"分部工程"是单位工程的组成部分,系按结构部位、路段长度及施工特点或施工任务将单位工程划分为若干分部工程。例如,房屋建筑与装饰工程分为土石方工程、桩基工程、砌筑工程、混凝土及钢筋混凝土工程、楼地面装饰工程、天棚工程等分部工程。"分项工程"是分部工程的组成部分,系按不同施工方法、材料、工序及路段长度等将分部工程划分为若干个分项或项目的工程。例如现浇混凝土基础分为带形基础、独立基础、满堂基础、桩承台基础、设备基础等分项工程。

分部分项工程项目清单必须载明项目编码、项目名称、项目特征、计量单位和工程量。分部分项工程项目清单必须根据各专业工程计量规范规定的项目编码、项目名称、项目特征、计量单位和工程量计算规则进行编制。其格式如表 6-1 所示,在分部分项工程量清单的编制过程中,由招标人负责前 6 项内容填列,金额部分在编制招标控制价或投标报价时填列。

表 6-1   **分部分项工程量清单与计价表**

工程名称: 标段: 第 页　共 页

序号	项目编码	项目名称	项目特征描述	计量单位	工程量	金额		
						综合单价	合价	其中:暂估价

项目特征是构成分部分项工程项目、措施项目自身价值的本质特征。项目特征是对项目的准确描述,是确定一个清单项目综合单价不可缺少的重要依据,是区分清单项目的依据,是履行合同义务的基础。分部分项工程量清单的项目特征应按各专业工程计量规范附录中规定的项目特征,结合技术规范、标准图集、施工图纸,按照工程结构、使用材质及规格或安装位置等,予以详细而准确的表述和说明。凡项目特征中未描述到的其他独有特征,由清单编制人视项目具体情况确定,以准确描述清单项目为准。

工程数量主要通过工程量计算规则计算得到。除另有说明外,所有清单项目的工程量应以实体工程量为准,并以完成后的净值计算;投标人投标报价时,应在单价中考虑施工中的各种损耗和需要增加的工程量。

2. 措施项目

措施项目是指为完成工程项目施工,发生于该工程施工准备和施工过程中的技术、生活、安全、环境保护等方面的项目。

措施项目清单应根据相关工程现行国家计量规范的规定编制,并应根据拟建工程的实际情况列项。例如,《房屋建筑与装饰工程工程量计算规范》(GB 50854)中规定的措施项目,包括脚手架工程,混凝土模板及支架(撑),垂直运输,超高施工增加,大型机械设备进出场及安拆,施工排水、降水,安全文明施工及其他措施项目。

措施项目费用的发生大都与实际完成的实体工程量的大小关系不大,如安全文明施工,夜间施工,非夜间施工照明,二次搬运,冬雨季施工,地上、地下设施、建筑物的临时保护设施,已完工程及设备保护等。

但是有些措施项目则是可以计算工程量的项目,如脚手架工程,混凝土模板及支架(撑),垂直运输,超高施工增加,大型机械设备进出场及安拆,施工排水、降水等,与完成的工程实体具有直接关系,并且是可以精确计量的项目,用分部分项工程量清单的方式采用综合单价,更有利于措施费的确定和调整。措施项目中不能计算工程量的项目清单,以"项"为计量单位进行编制(表 6-2);可以计算工程量的项目清单宜采用分部分项工程量清单的方式编制,列出项目编码、项目名称、项目特征、计量单位和工程量计算规则(表 6-3)。

3. 其他项目

其他项目清单是指分部分项工程量清单、措施项目清单所包含的内容以外,因招标人的特殊要求而发生的与拟建工程有关的其他费用项目和相应数量的清单。工程建设标准的高低、工程的复杂程度、工程的工期长短、工程的组成内容、发包人对工程管理要求等都直接影响其他项目清单的具体内容。其他项目清单包括暂列金额;暂估价(包括材料暂估单价、工程设备暂估单价、专业工程暂估价);计日工;总承包服务费。其他项目清单宜按照表 6-4 的格式编制,出现未包含在表格中内容的项目,可根据工程实际情况补充。

表 6-2 　　　　　　　　　　　　**总价措施项目清单与计价表**

工程名称:　　　　　　　　　标段:　　　　　　　　　　　　　　　　第 页 共 页

序号	项目编码	项目名称	计算基础	费率(%)	金额(元)
		安全文明施工			
		夜间施工			
		非夜间施工照明			
		二次搬运			
		冬雨季施工			
		地上、地下设施,建筑物的临时保护设施			
		已完工程及设备保护			
		各专业工程的措施项目			
		合　计			

注:本表适用于以"项"计价的措施项目。

表 6-3 　　　　　　　　　　　　**单价措施项目清单与计价表**

工程名称:　　　　　　　　　标段:　　　　　　　　　　　　　　　　第 页 共 页

序号	项目编码	项目名称	项目特征描述	计量单位	工程量	金额(元)	
						综合单价	合价
		本页小计					
		合　计					

注:本表适用于以综合单价形式计价的措施项目。

表 6-4 　　　　　　　　　　　　**其他项目清单与计价汇总表**

序号	项目名称	计量单位	金额(元)	备　注
1	暂列金额			明细详见表 6-5
2	暂估价			
2.1	材料(工程设备)暂估价			明细详见表 6-6
2.2	专业工程暂估价			明细详见表 6-7
3	计日工			明细详见表 6-8
4	总承包服务费			明细详见表 6-9
	合　计			

注:材料暂估单价进入清单项目综合单价,此处不汇总。

1) 暂列金额

暂列金额是指招标人在工程量清单中暂定并包括在合同价款中的一笔款项。用于工程合同签订时尚未确定或者不可预见的所需材料、工程设备、服务的采购,施工中可能发生的工程变更、合同约定调整因素出现时的合同价款调整以及发生的索赔、现场签证确认等的费用。不管采用何种合同形式,其理想的标准是,一份合同的价格就是其最终的竣工结算价格或者至少两者应尽可能接近。我国规定对政府投资工程实行概算管理,经项目审批部门批复的设计概算是工程投资控制的刚性指标,即使商业性开发项目也有成本的预先控制问题,否则,无法相对准确预测投资的收益和科学合理地进行投资控制。但工程建设自身的特性决定了工程的设计需要根据工程进展不断地进行优化和调整,业主需求可能会随工程建设进展出现变化,工程建设过程还会存在一些不能预见、不能确定的因素。消化这些因素必然会影响合同价格的调整,暂列金额正是因这类不可避免的价格调整而设立,以便达到合理确定和有效控制工程造价的目标。设立暂列金额并不能保证合同结算价格就不会再出现超过合同价格的情况,是否超出合同价格完全取决于工程量清单编制人对暂列金额预测的准确性以及工程建设过程是否出现了其他事先未预测到的事件。

暂列金额应根据工程特点,按有关计价规定估算。暂列金额可按照表 6-5 的格式列示。

表 6-5   **暂列金额明细表**

工程名称: 标段: 第 页 共 页

序号	项目名称	计量单位	暂定金额(元)	备注
1				
2				
3				
合　计				

注:此表由招标人填写,如不能详列,也可只列暂定金额总额,投标人应将上述暂列金额计入投标总价中。

2) 暂估价

暂估价是指招标人在工程量清单中提供的用于支付必然发生但暂时不能确定价格的材料、工程设备的单价以及专业工程的金额、包括材料暂估单价、工程设备暂估单价和专业工程暂估价。暂估价类似于 FIDIC 合同条款中的 prime cost items,在招标阶段预见肯定要发生,只是因为标准不明确或者需要由专业承包人完成,暂时无法确定价格。暂估价数量和拟用项目应当结合工程量清单中的"暂估价表"予以补充说明。为方便合同管理,需要纳入分部分项工程量清单项目综合单价中的暂估价应只是材料、工程设备暂估单价,以方便投标人组价。

专业工程的暂估价一般应是综合暂估价,应当包括除规费和税金以外的管理费、利润等取费。当采用总承包招标时,专业工程设计深度往往是不够的,一般需要交由专业设计者设计。国际上,出于提高可建造性考虑,一般由专业承包人负责设计,以发挥其专业技能和专业施工经验的优势。这类专业工程交由专业分包人完成是国际工程的良好实践,目前在我国工程建设领域也已经比较普遍。公开透明地合理确定这类暂估价的实际开支金额的最佳途径就是通过施工总承包人与工程建设项目招标人共同组织的招标。

暂估价中的材料、工程设备暂估单价应根据工程造价信息或参照市场价格估算,列出明细表;专业工程暂估价应分不同专业,按有关计价规定估算,列出明细表。暂估价可按表 6-6、表 6-7 的格式列示。

3) 计日工

在施工过程中,承包人完成发包人提出的工程合同范围以外的零星项目或工作,按合同中约定的单价计价的一种方式。计日工是为了解决现场发生的零星工作的计价而设立的。国际上常见的标准合同条款中,大多数都设立了计日工(daywork)计价机制。计日工对完成零星工作所消耗的人工工时、材料数量、施工机械台班进行计量,并按照计日工表中填报的适用项目的单价进行计价支付。计日工适用的所谓零星项目或工作一般是指合同约定之外的或者因变更而产生的、工程量清单中没有相应项目的额外工作,尤其是那些难以事先商定价格的额外工作。

表6-6   材料(工程设备)暂估单价表

工程名称: 标段: 第 页 共 页

序号	材料(工程设备)名称、规格、型号	计量单位	单价(元)	备注
1				
2				
3				

注:此表由招标人填写,并在备注栏说明暂估价的材料、工程设备拟用在哪些清单项目上,投标人应将上述材料、工程设备暂估单价计入工程量清单综合单价报价中。

表6-7   专业工程暂估价

工程名称: 标段: 第 页 共 页

序号	工程名称	工程内容	金额(元)	备注
1				
2				
3				
合 计				

注:此表由招标人填写,投标人应将上述专业工程暂估价计入投标总价中。

计日工应列出项目名称、计量单位和暂估数量。计日工可按照表6-8的格式列示。

表6-8   计日工表

工程名称: 标段: 第 页 共 页

序号	项目名称	单位	暂定数量	综合单价	合价
一	人工				
1					
2					
…					
人工小计					
二	材料				
1					
2					
…					
材料小计					
	施工机械				
1					
2					
…					
施工机械小计					
总 计					

注:此表中的项目名称、数量由招标人填写;当编制招标控制价时,单价由招标人按有关规定确定;当编制投标文件时,单价由投标人自主报价,计入投标总价中。

4）总承包服务费

总承包服务费是指总承包人为配合协调发包人进行的专业工程发包，对发包人自行采购的材料、工程设备等进行保管以及施工现场管理、竣工资料汇总整理等服务所需的费用。招标人应预计该项费用并按投标人的投标报价向投标人支付该项费用。

总承包服务费应列出服务项目及其内容等。总承包服务费按照表 6-9 的格式列示。

表 6-9　　　　　　　　　　**总承包服务费计价表**

工程名称：　　　　　　　　　标段：　　　　　　　　　　　　　第 页 共 页

序号	项目名称	项目价值（元）	服务内容	费率（%）	金额（元）
1	发包人发包专业工程				
2	发包人提供材料				
合　计					

注：此表中的项目名称、服务内容由招标人填写。当编制招标控制价时，费率及金额由招标人按有关计价规定确定；当编制投标时，费率及金额由投标人自主报价，计入投标总价中。

4. 规费、税金项目

规费项目清单应按照下列内容列项：社会保险费，包括养老保险费、失业保险费、医疗保险费、工伤保险费、生育保险费；住房公积金；工程排污费；出现计价规范中未列的项目应根据省级政府或省级有关权力部门的规定列项。

税金项目清单应包括下列内容：营业税；城市维护建设税；教育费附加；地方教育附加。出现计价规范未列的项目应根据税务部门的规定列项。

规费、税金项目计价表如表 6-10 所示。

表 6-10　　　　　　　　　　**规费、税金项目计价表**

工程名称：　　　　　　　　　标段：　　　　　　　　　　　　　第 页 共 页

序号	项目名称	计算基础	计算基数	计算费率（%）	金额（元）
1	规费	定额人工费			
1.1	社会保障费	定额人工费			
（1）	养老保险费	定额人工费			
（2）	失业保险费	定额人工费			
（3）	医疗保险费	定额人工费			
（4）	工伤保险费	定额人工费			
（5）	生育保险费	定额人工费			
1.2	住房公积金	定额人工费			
1.3	工程排污费	按工程所在地环境保护部门收取标准，按实计入			
2	税金（扣除不列入计税范围的工程设备金额）	分部分项工程费＋措施项目费＋其他项目费＋规费			
合　计					

6.2 工程量清单计价基本过程和方法

6.2.1 工程量清单计价基本过程

工程量清单计价的过程可以分为两个阶段,即工程量清单的编制和工程量清单应用两个阶段,工程量清单的编制程序如图 6-1 所示,工程量清单应用过程如图 6-2 所示。

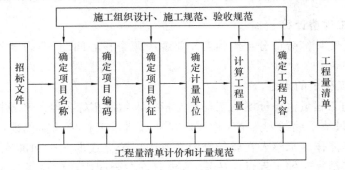

图 6-1 工程量清单编制程序

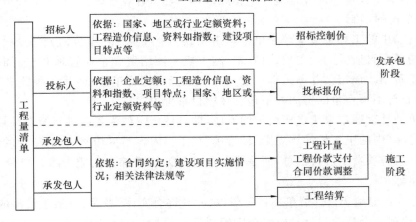

图 6-2 工程量清单应用过程

工程量清单计价的基本过程可以描述为:按照工程量清单计价规范规定,在各相应专业工程计量规范规定的工程量清单项目设置和工程量计算规则基础上,针对具体工程的施工图纸和施工组织设计计算出各个清单项目的工程量,根据规定的方法计算出综合单价,并汇总各清单合价得出工程总价。采用工程量清单计价,建筑安装工程造价由分部分项工程费、措施项目费、其他项目费、规费和税金组成。

(1) 分部分项工程费 $=\sum$(分部分项工程量×相应分部分项综合单价)   (6-1)

(2) 措施项目费 $=\sum$各措施项目费   (6-2)

(3) 其他项目费 $=$暂列金额＋暂估价＋计日工＋总承包服务费   (6-3)

(4) 单位工程报价 $=$分部分项工程费＋措施项目费＋其他项目费＋规费＋税金   (6-4)

(5) 单项工程报价 $=\sum$单位工程报价   (6-5)

(6) 建设项目总报价 $=\sum$单项工程报价   (6-6)

公式中,综合单价是指完成一个规定清单项目所需的人工费、材料和工程设备费、施工机具使用费和企业管理费、利润以及一定范围内的风险费用。风险费用是隐含于已标价工程量清单综合单价中,用于化解发承包双方在工程合同中约定内容和范围内的市场价格波动风险的费用。

工程量清单计价活动涵盖施工招投标、合同管理以及竣工交付全过程,主要包括编制招标工程量清单、招标控制价、投标报价,确定合同价,进行工程计量与价款支付、合同价款的调整、工程结算和工程计价纠纷处理等活动。

6.2.2 工程量清单计价方法

1. 分部分项工程费计算

利用综合单价法计算分部分项工程费需要解决两个核心问题,即确定各分部分项工程的工程量及其综合单价。

1) 分部分项工程量的确定

招标文件中的工程量清单标明的工程量是招标人编制招标控制价和投标人投标报价的共同基础,它是工程量清单编制人按施工图图示尺寸和清单工程量计算规则计算得到的工程净量。但该工程量不能作为承包人在履行合同义务中应予完成的实际和准确的工程量,发承包双方进行工程竣工结算时的工程量应按发、承包双方在合同中约定应予计量且实际完成的工程量确定,当然该工程量的计算也应严格遵照清单工程量计算规则,以实体工程量为准。

2) 综合单价的编制

《计价规范》中的工程量清单综合单价是指完成一个规定计量单位的分部分项工程量清单项目或措施清单项目所需的人工费、材料费、施工机械使用费和企业管理费与利润,以及一定范围内的风险费用。该定义并不是真正意义上的全费用综合单价,而是一种狭义上的综合单价,规费和税金等不可竞争的费用并不包括在项目单价中。

综合单价的计算通常采用定额组价的方法,即以计价定额为基础进行组合计算。由于"计价规范"与"定额"中的工程量计算规则、计量单位、工程内容不尽相同,综合单价的计算不是简单的将其所含的各项费用进行汇总,而是要通过具体计算后综合而成。综合单价的计算可以概括为以下步骤:

(1)确定组合定额子目。清单项目一般以一个"综合实体"考虑,包括了较多的工程内容,计价时,可能出现一个清单项目对应多个定额子目的情况。因此计算综合单价的第一步就是将清单项目的工程内容与定额项目的工程内容进行比较,结合清单项目的特征描述,确定拟组价清单项目应该由哪几个定额子目来组合。如"预制预应力C20混凝土空心板"项目,计价规范规定此项目包括制作、运输、吊装及接头灌浆,若定额分别列有制作、安装、吊装及接头灌浆,则应用这4个定额子目来组合综合单价。

(2)计算定额子目工程量。由于一个清单项目可能对应几个定额子目,而清单工程量计算的是主项工程量,与各定额子目的工程量可能并不一致;即便一个清单项目对应一个定额子目,也可能由于清单工程量计算规则与所采用的定额工程量计算规则之间的差异,而导致两者的计价单位和计算出来的工程量不一致。因此,清单工程量不能直接用于计价,在计价时必须考虑施工方案等各种影响因素,根据所采用的计价定额及相应的工程量计算规则重新计算各定额子目的施工工程量。定额子目工程量的具体计算方法,应严格按照与所采用的定额相对应的工程量计算规则计算。

(3)测算工、料、机消耗量。工、料、机的消耗量一般参照定额进行确定。在编制招标控制价时一般参照政府颁发的消耗量定额;编制投标报价时一般采用反映企业水平的企业定额,投标企业没有企业定额时可参照消耗量定额进行调整。

(4) 确定工、料、机单价。人工单价、材料价格和施工机械台班单价应根据工程项目的具体情况及市场资源的供求状况进行确定,采用市场价格作为参考并考虑一定的调价系数。

(5) 计算清单项目的直接工程费。按确定的分项工程人工、材料和机械的消耗量及询价获得的人工单价、材料单价、施工机械台班单价,与相应的计价工程量相乘得到各定额子目的直接工程费,将各定额子目的直接工程费汇总后算出清单项目的直接工程费。

$$直接工程费=\sum 计价工程量\times(\sum 人工消耗量\times 人工单价$$

$$+\sum 材料消耗量\times 材料单价+\sum 台班消耗量\times 台班单价) \tag{6-7}$$

(6) 计算清单项目的管理费和利润。企业管理费及利润通常根据各地区规定的费率乘以规定的计价基础得出。通常情况下,计算公式如下:

$$管理费=直接工程费\times 管理费费率 \tag{6-8}$$

$$利润=(直接工程费+管理费)\times 利润率 \tag{6-9}$$

(7) 计算清单项目的综合单价。将清单项目的直接工程费、管理费及利润汇总得到该清单项目合价,将该清单项目合价除以清单项目的工程量即可得到该清单项目的综合单价。

$$综合单价=(直接工程费+管理费+利润)/清单工程量 \tag{6-10}$$

【例 6-1】 某多层砖混住宅土方工程,土壤类别为三类土;基础为砖大放脚带形基础;垫层宽度为 920mm,挖土深度为 1.8m,基础总长度为 1590.6m。根据施工方案,土方开挖的工作面宽度各边 0.25m,放坡系数为 0.2。除沟边堆土 1000m³ 外,现场堆土 2170.5m³,运距 60m,采用人工运输。其余土方需装载机装,自卸汽车运,运距 4km。

已知人工挖土单价为 8.4 元/m³,人工运土单价 7.38 元/m³,装载机装、自卸汽车运土所需人工、材料、机械的消耗量和单价列于下表:

项目	消耗量	单价
人工	0.012 工日/m³	25 元/工日
材料(水)	0.012m³/m³	1.8 元/m³
装载机	0.00398 台班/m³	280 元/台班
自卸汽车	0.04925 台班/m³	340 元/台班
推土机	0.00296 台班/m³	500 元/台班
洒水车	0.0006 台班/m³	300 元/台班

试根据建筑工程量清单计算规则计算土方工程的综合单价(不含措施费、规费和税金),其中管理费取直接工程费的 14%,利润取直接工程费与管理费和的 8%。

【解】 (1)招标人根据清单规则计算的挖方量为:

$$0.92m \times 1.8m \times 1590.6m = 2634.034m³$$

(2) 投标人根据地质资料和施工方案计算挖土方量和运土方量

① 需挖土方量

工作面宽度各边 0.25m,放坡系数为 0.2,则基础挖土方总量为:

$$(0.92m+2\times 0.25m+0.2\times 1.8m)\times 1.8m \times 1590.6m = 5096.282m³$$

② 运土方量

沟边堆土1000m³;现场堆土2170.5m³,运距60m,采用人工运输;装载机装,自卸汽车运,运距4km,运土方量为:

$$5\,096.282m^3-1\,000m^3-2\,170.5m^3=1\,925.782m^3$$

（3）人工挖土直接工程费

人工费:5 096.282m³×8.4元/m³＝42 808.77元

（4）人工运土(60m内)直接工程费

人工费:2 170.5m³×7.38元/m³＝16 018.29元

（5）装载机装自卸汽车运土(4km)直接工程费

① 人工费:25元/工日×0.012工日/m³×1 925.782m³

＝0.3元/m³×1 925.782m³＝577.73元

② 材料费:水1.8元/m³×0.012m³/m³×1 925.782m³

＝0.022元/m³×1 925.782m³＝41.60元

③ 机械费:

装载机:280元/台班×0.003 98台班/m³×1 925.782m³＝2 146.09元

自卸汽车:340元/台班×0.049 25台班/m³×1 925.782m³＝32 247.22元

推土机:500元/台班×0.002 96台班/m³×1 925.782m³＝2 850.16元

洒水车:300元/台班×0.000 6台班/m³×1 925.782m³＝346.64元

机械费小计:37 590.11元

机械费单价＝280元/台班×0.003 98台班/m³＋340元/台班×0.049 25台班/m³＋500元/台班×0.002 96台班/m³＋300元/台班×0.000 6台班/m³＝19.519元/m³

④ 机械运土直接工程费合计:38 209.44元。

（6）综合单价计算

① 直接工程费合计:42 808.77＋16 018.29＋38 209.44＝97 036.50元

② 管理费:直接工程费×14％＝97 036.50×14％＝13 585.11元

③ 利润 :(直接工程费＋管理费)×8％＝(97 036.50＋13 585.11)×8％＝8 849.73元

④ 总计:97 036.50＋13 585.11＋8 849.73＝119 471.34元

⑤ 综合单价

按招标人提供的土方挖方总量折算为工程量清单综合单价:

119 471.34元÷2 634.034m³＝45.36元/m³

（7）综合单价分析

清单单位含量＝某工程内容的定额工程量/清单工程量

① 人工挖土方:清单单位含量＝5 096.282/2 634.034＝1.934 8m³

直接工程费用＝8.40元/m³

管理费＝8.40元/m³×14％＝1.176元/m³

利润＝(8.40元/m³＋1.176元/m³)×8％＝0.766元/m³

管理费及利润＝1.176元/m³＋0.766元/m³＝1.942元/m³

②人工运土方:清单单位含量＝2 170.5/2 634.034＝0.824 0m³

直接工程费用＝7.38元/m³

管理费＝7.38元/m³×14％＝1.033元/m³

利润＝(7.38元/m³＋1.033元/m³)×8％＝0.673元/m³

管理费及利润＝1.033 元/m³＋0.673 元/m³＝1.706 元/m³

③ 装载机自卸汽车运土方:清单单位含量＝1925.782/2634.034＝0.731m³

直接工程费用＝0.3 元/m³＋0.022 元/m³＋19.519 元/m³＝19.841 元/m³

管理费＝19.841 元/m³×14%＝2.778 元/m³

利润＝(19.841 元/m³＋2.778 元/m³)× 8%＝1.8095 元/m³

管理费及利润＝2.778 元/m³＋1.8095 元/m³＝4.588 元/m³

2. 措施项目费计算

措施项目费是指为完成工程项目施工,用于发生在该工程施工准备和施工过程中的技术、生活、安全、环境保护等方面的非工程实体项目所支出的费用。措施项目清单计价应根据建设工程的施工组织设计,可以计算工程量的措施项目,应按分部分项工程量清单的方式采用综合单价计价;其余的措施项目可以以"项"为单位的方式计价,应包括除规费、税金外的全部费用。措施项目清单中的安全文明施工费应按照国家或省级、行业建设主管部门的规定计价,不得作为竞争性费用。措施项目费的计算方法一般有以下几种:

1) 综合单价法

这种方法与分部分项工程综合单价的计算方法一样,就是根据需要消耗的实物工程量与实物单价计算措施费,适用于可以计算工程量的措施项目,主要是指一些与工程实体有紧密联系的项目,如混凝土模板、脚手架、垂直运输等。与分部分项工程不同,并不要求每个措施项目的综合单价必须包含人工费、材料费、机械费、管理费和利润中的每一项。

2) 参数法计价

参数法计价是指按一定的基数乘系数的方法或自定义公式进行计算。这种方法简单明了,但最大的难点是公式的科学性、准确性难以把握。这种方法主要适用于施工过程中必须发生,但在投标时很难具体分项预测,又无法单独列出项目内容的措施项目。如夜间施工费、二次搬运费、冬雨季施工的计价均可以采用该方法。

3) 分包法计价

在分包价格的基础上增加投标人的管理费及风险费进行计价的方法,这种方法适合可以分包的独立项目,如室内空气污染测试等。

有时招标人要求对措施项目费进行明细分析,这时采用参数法组价和分包法组价都是先计算该措施项目的总费用,这就需人为用系数或比例的办法分摊人工费、材料费、机械费、管理费及利润。

3. 其他项目费计算

其他项目费由暂列金额、暂估价、记日工、总承包服务费等内容构成。

暂列金额和暂估价由招标人按估算金额确定。招标人在工程量清单中提供的暂估价的材料和专业工程,若属于依法必须招标的,由承包人和招标人共同通过招标确定材料单价与专业工程分包价;若材料不属于依法必须招标的,经发、承包双方协商确认单价后计价;若专业工程不属于依法必须招标的,由发包人、总承包人与分包人按有关计价依据进行计价。

记日工和总承包服务费由承包人根据招标人提出的要求,按估算的费用确定。

4. 规费与税金的计算

规费是指政府和有关权力部门规定必须缴纳的费用。建筑安装工程税金是指国家税法规定的应计入建筑安装工程造价内的营业税、城市维护建设税及教育费附加和地方教育费附加。如国家税法发生变化或地方政府及税务部门依据职权对税种进行了调整,应对税金项目清单进行相应调整。

　　规费和税金应按国家或省级、行业建设主管部门的规定计算,不得作为竞争性费用。每一项规费和税金的规定文件中,对其计算方法都有明确的说明,故可以按各项法规和规定的计算方式计取。具体计算时,一般按国家及有关部门规定的计算公式和费率标准进行计算。

　　5. 风险费用的确定

　　风险具体指工程建设施工阶段承发包双方在招投标活动和合同履约及施工中所面临的涉及工程计价方面的风险。采用工程量清单计价的工程,应在招标文件或合同中明确风险内容及其范围(幅度),并在工程计价过程中予以考虑。

6.3　招标控制价的编制

6.3.1　招标控制价的概念

　　招标控制价是招标人根据国家以及当地有关规定的计价依据和计价办法、招标文件、市场行情,并按工程项目设计施工图纸等具体条件调整编制的,对招标工程项目限定的最高工程造价,也可称其为拦标价、预算控制价或最高报价等。对于招标控制价及其规定,应注意从以下方面理解:

　　(1)国有资金投资的工程建设项目实行工程量清单招标,并应编制招标控制价。根据《中华人民共和国招标投标法》的规定,国有资金投资的工程项目进行招标,招标人可以设标底。当招标人不设标底时,为有利于客观、合理地评审投标报价和避免哄抬标价,造成国有资产流失,招标人应编制招标控制价,作为招标人能够接受的最高交易价格。

　　(2)招标控制价超过批准的概算时,招标人应将其报原概算审批部门审核。因为我国对国有资金投资项目实行的是投资概算审批制度,国有资金投资的工程项目原则上不能超过批准的投资概算。

　　(3)投标人的投标报价高于招标控制价的,其投标应予以拒绝。国有资金投资的工程项目,招标人编制并公布的招标控制价相当于招标人的采购预算,同时要求其不能超过批准的概算,因此,招标控制价是招标人在工程招标时能接受投标人报价的最高限价,投标人的投标报价不能高于招标控制价,否则,其投标将被拒绝。

　　(4)招标控制价应由具有编制能力的招标人或受其委托具有相应资质的工程造价咨询人编制。工程造价咨询人不得同时接受招标人和投标人对同一工程的招标控制价和投标报价的编制。

　　(5)招标控制价应在招标文件中公布,不应上调或下浮,招标人应将招标控制价及有关资料报送工程所在地工程造价管理机构备查。招标控制价的作用决定了招标控制价不同于标底,无须保密。为体现招标的公平、公正,防止招标人有意抬高或压低工程造价,招标人应在招标文件中如实公布招标控制价各组成部分的详细内容,不得对所编制的招标控制价进行上浮或下调。

　　(6)投标人经复核认为招标人公布的招标控制价未按照《建设工程工程量清单计价规范》的规定进行编制的,应在开标前5日向招投标监督机构或工程造价管理机构投诉。招标投标监督机构应会同工程造价管理机构对投诉进行处理,发现确有错误的,应责成招标人修改。

6.3.2 招标控制价的计价依据

招标控制价应按下列依据编制：

(1)《建设工程工程量清单计价规范》(GB 50500—2013)。

(2) 国家或省级、行业建设主管部门颁发的计价定额和计价办法。

(3) 建设工程设计文件及相关资料。

(4) 招标文件中的工程量清单及有关要求。

(5) 与建设项目相关的标准、规范、技术资料。

(6) 施工现场情况、工程特点及常规施工方案。

(7) 工程造价管理机构发布的工程造价信息，工程造价信息没有发布的参照市场价。

(8) 其他的相关资料。

6.3.3 招标控制价的编制内容

当采用工程量清单计价时，招标控制价的编制内容包括分部分项工程费、措施项目费、其他项目费、规费和税金。

1. 分部分项工程费的编制

分部分项工程费采用综合单价的方法编制。采用的分部分项工程量应是招标文件中工程量清单提供的工程量；综合单价应根据招标文件中的分部分项工程量清单的特征描述及有关要求、行业建设主管部门颁发的计价定额和计价办法等编制依据进行编制。

为使招标控制价与投标报价所包含的内容一致，综合单价中应包括招标文件中招标人要求投标人承担的风险内容及其范围(幅度)产生的风险费用，可以风险费率的形式进行计算。招标文件提供了暂估单价的材料，应按暂估单价计入综合单价。

2. 措施项目费的编制

措施项目费应依据招标文件中提供的措施项目清单和拟建工程项目的施工组织设计确定。可以计算工程量的措施项目，应按分部分项工程量清单的方式采用综合单价计价；其余的措施项目可以以"项"为单位的方式计价，应包括除规费、税金外的全部费用。措施项目费中的安全文明施工费应当按照国家或地方行业建设主管部门的规定标准计价。

3. 其他项目费的编制

1) 暂列金额

暂列金额可根据工程的复杂程度、设计深度、工程环境条件(包括地质、水文、气候条件等)进行估算，一般可以按照分部分项工程费的 10%~15% 为参考。

2) 暂估价

暂估价包括材料暂估价和专业工程暂估价。暂估价中的材料单价应按照工程造价管理机构发布的工程造价信息中的材料单价计算，工程造价信息未发布的材料单价，其单价参考市场价格估算；暂估价中的专业工程暂估价应分不同专业，按有关计价规定估算。

3) 计日工

计日工包括计日人工、材料和施工机械。在编制招标控制价时，对计日工种的人工单价和施工机械台班单价应按地方行业建设主管部门或其授权的工程造价管理机构公布的单价计算；材料费应按工程造价管理机构发布的工程造价信息计算，工程造价信息未发布材料单价的材料，其价格应按市场调查确定的单价计算。

4）总承包服务费

编制招标控制价时,总承包服务费应按照省级或行业建设主管部门的规定,并根据招标文件列出的内容和要求估算。在计算时可参考以下标准:

（1）招标人仅要求对分包的专业工程进行总承包管理和协调时,按分包的专业工程估算造价的 1.5％计算。

（2）招标人要求对分包的专业工程进行总承包管理和协调,并同时要求提供配合服务时,根据招标文件中列出的配合服务内容和提出的要求,按分包的专业工程估算造价的 3％～5％计算。

（3）招标人自行供应材料的,按招标人供应材料价值的 1％计算。

4. 规费和税金的编制

规费和税金必须按国家或省级、行业建设主管部门规定的标准计算,不得作为竞争性费用。

6.3.4 编制招标控制价应注意的问题

招标控制价编制时,应该注意以下问题:

（1）招标控制价编制的表格格式等应执行《建设工程工程量清单计价规范》（GB 50500—2013）的有关规定。

（2）一般情况下,编制招标控制价,采用的材料价格应是工程造价管理机构通过工程造价信息发布的材料单价,工程造价信息未发布材料单价的材料,其材料价格应通过市场调查确定。另外,未采用工程造价管理机构发布的工程造价信息时,需在招标文件或答疑补充文件中对招标控制价采用的与造价信息不一致的市场价格予以说明,采用的市场价格则应通过调查、分析确定,有可靠的信息来源。

（3）施工机械设备的选型直接关系到基价综合单价水平,应根据工程项目特点和施工条件,本着经济实用、先进高效的原则确定。

（4）应该正确、全面地使用行业和地方的计价定额以及相关文件。

（5）不可竞争的措施项目和规费、税金等费用的计算均属于强制性条款,编制招标控制价时应该按国家有关规定计算。

（6）不同工程项目、不同施工单位会有不同的施工组织方法,所发生的措施费也会有所不同。因此,对于竞争性的措施费用的编制,应该首先编制施工组织设计或施工方案,然后依据经过专家论证后的施工方案,合理地确定措施项目与费用。

6.3.5 招标控制价的编制程序

编制招标控制价时应当遵循如下程序:

（1）了解编制要求与范围。

（2）熟悉工程图纸及有关设计文件。

（3）熟悉与建设工程项目有关的标准、规范、技术资料。

（4）熟悉拟订的招标文件及其补充通知、答疑纪要等。

（5）了解施工现场情况、工程特点。

（6）熟悉工程量清单。

（7）掌握工程量清单涉及计价要素的信息价格和市场价格,依据招标文件确定其价格。

（8）进行分部分项工程量清单计价。

（9）论证并拟定常规的施工组织设计或施工方案。

（10）进行措施项目工程量清单计价。

（11）进行其他项目、规费项目、税金项目清单计价。

（12）工程造价汇总、分析、审核。

（13）成果文件签认、盖章。

（14）提交成果文件。

6.4　投标价的编制

6.4.1　投标报价的概念

《计价规范》规定,投标价是投标人参与工程项目投标时报出的工程造价。即投标价是指在工程招标发包过程中,由投标人或受其委托具有相应资质的工程造价咨询人按照招标文件的要求以及有关计价规定,依据发包人提供的工程量清单、施工设计图纸,结合工程项目特点、施工现场情况及企业自身的施工技术、装备和管理水平等,自主确定的工程造价。

投标价是投标人希望达成工程承包交易的期望价格,但不能高于招标人设定的招标控制价。投标报价的编制是指投标人对拟承建工程项目所要发生的各种费用的计算过程。作为投标计算的必要条件,应预先确定施工方案和施工进度,此外,投标计算还必须与采用的合同形式相一致。

6.4.2　投标价的编制原则

报价是投标的关键性工作,报价是否合理直接关系到投标工作的成败。工程量清单计价下编制投标报价的原则如下:

（1）投标报价由投标人自主确定,但必须执行《建设工程工程量清单计价规范》的强制性规定。投标价应由投标人或受其委托且具有相应资质的工程造价咨询人编制。

（2）投标人的投标报价不得低于成本。《中华人民共和国招标投标法》中规定:"中标人的投标应当符合下列条件……(二)能够满足招标文件的实质性要求,并且经评审的投标价格最低;但是投标价格低于成本的除外。"《评标委员会和评标方法暂行规定》中规定:"在评标过程中,评标委员会发现投标人的报价明显低于其他投标报价或者在设有标底时明显低于标底的,使得其投标报价可能低于其个别成本的,应当要求该投标人做出书面说明并提供相关证明材料。投标人不能合理说明或者不能提供相关证明材料的,由评标委员会认定该投标人以低于成本报价竞标,其投标应作为废标处理。"上述法律法规的规定,特别要求投标人的投标报价不得低于成本。

（3）按招标人提供的工程量清单填报价格。实行工程量清单招标,招标人在招标文件中提供工程量清单,其目的是使各投标人在投标报价中具有共同的竞争平台。因此,为避免出现差错,要求投标人应按招标人提供的工程量清单填报投标价格,填写的项目编码、项目名称、项目特征、计量单位、工程量必须与招标人提供的一致。

（4）投标报价要以招标文件中设定的承发包双方责任划分,作为设定投标报价费用项目和费用计算的基础。承发包双方的责任划分不同,会导致合同风险分摊不同,从而导致投标人报价不同;不同的工程承发包模式会直接影响工程项目投标报价的费用内容和计算深度。

(5)应该以施工方案、技术措施等作为投标报价计算的基本条件。企业定额反映企业技术和管理水平,是计算人工、材料和机械台班消耗量的基本依据;更要充分利用现场考察、调研成果、市场价格信息和行情资料等编制基础标价。

(6)报价计算方法要科学严谨,简明适用。

6.4.3 投标价编制依据

投标报价应根据下列依据编制:

(1)《建设工程工程量清单计价规范》(GB 50500—2013)。

(2)国家或省级、行业建设主管部门颁发的计价办法。

(3)企业定额、国家或省级、行业建设主管部门颁发的计价定额。

(4)招标文件、工程量清单及其补充通知、答疑纪要。

(5)建设工程项目的设计文件及相关资料。

(6)施工现场情况、工程项目特点及拟定投标文件的施工组织设计或施工方案。

(7)与建设项目相关的标准、规范等技术资料。

(8)市场价格信息或工程造价管理机构发布的工程造价信息。

(9)其他的相关资料。

6.4.4 投标价的编制内容

在编制投标报价之前,需要先对清单工程量进行复核。因为工程量清单中的各分部分项工程量并不十分准确,若设计深度不够则可能有较大的误差,而工程量的多少是选择施工方法、安排人力和机械、准备材料必须考虑的因素,自然也影响分项工程的单价,因此一定要对工程量进行复核。

投标报价的编制过程,应首先根据招标人提供的工程量清单编制分部分项工程量清单计价表、措施项目清单计价表、其他项目清单计价表、规费、税金项目清单计价表,计算完毕后汇总而得到单位工程投标报价汇总表,再层层汇总,分别得出单项工程投标报价汇总表和工程项目投标总价汇总表。工程项目投标报价的编制过程,如图 6-3 所示。

1. 分部分项工程费报价

投标人应按招标人提供的工程量清单填报价格,填写的项目编码、项目名称、项目特征、计量单位、工程量必须与招标人提供的一致。编制分部分项工程量清单与计价表的核心是确定综合单价。综合单价的确定方法与招标控制价中综合单价的确定方法相同,但确定的依据有所差异,主要体现在:

1)工程量清单项目特征描述

工程量清单中项目特征的描述决定了清单项目的实质,直接决定了工程的价值,是投标人确定综合单价最重要的依据。在招投标过程中,若出现招标文件中分部分项工程量清单特征描述与设计图纸不符,投标人应以分部分项工程量清单的项目特征描述为准,确定投标报价的综合单价;若施工中施工图纸或设计变更与工程量清单项目特征描述不一致时,发、承包双方应按实际施工的项目特征,依据合同约定重新确定综合单价。

2)企业定额

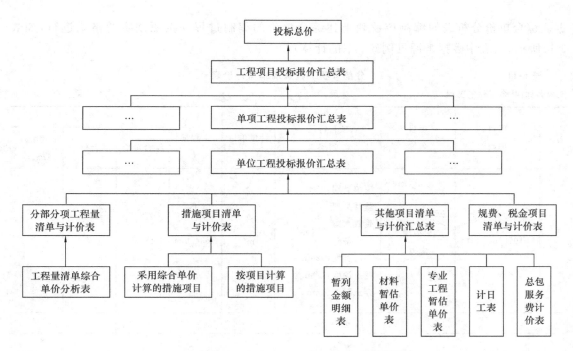

图 6-3 工程项目工程量清单投标报价流程

企业定额是施工企业根据本企业具有的管理水平、拥有的施工技术和施工机械装备水平而编制的,完成一个规定计量单位的工程项目所需的人工、材料、施工机械台班的消耗标准,是施工企业内部进行施工管理的标准,也是施工企业投标报价确定综合单价的依据之一。投标企业没有企业定额时可根据企业自身情况参照消耗量定额进行调整。

3）资源可获取价格

综合单价中的人工费、材料费、机械费是以企业定额的工、料、机消耗量乘以工、料、机的实际价格得出的,因此投标人拟投入的工、料、机等资源的可获取价格直接影响综合单价的高低。

4）管理费、利润

管理费通常按直接工程费与管理费费率之乘积。管理费费率可由投标人根据本企业近年的企业管理费核算数据自行测定,当然也可以参照当地造价管理部门发布的平均参考值。

利润是承包人完成承包工程获得的盈利,一般按工程成本乘以利润率。利润率可由投标人根据本企业当前盈利情况、施工水平、拟投标工程的竞争情况以及企业当前经营策略自主确定。

5）风险费用

招标文件中要求投标人承担的风险费用,投标人应在综合单价中给予考虑,通常以风险费率的形式进行计算。风险费率的测算应根据招标人要求结合投标企业当前风险控制水平进行定量测算。在施工过程中,当出现的风险内容及其范围（幅度）在招标文件规定的范围（幅度）内时,综合单价不得变动,工程款不作调整。

6）材料暂估价

招标文件中提供了暂估单价的材料,按暂估的单价计入综合单价。

最后根据计算出的综合单价,可编制分部分项工程量清单与计价表,如表 6-11 所示。为表明分部分项工程量综合单价的合理性,投标人应对其进行单价分析,以作为评标时的判断依据。综合单价分析表的编制应反映上述综合单价的编制过程并按照规定的格式进行,如表 6-12所示。(表中数据来源见例 6-1 中的计算)

表 6-11   **分部分项工程量清单与计价表**

工程名称:某多层住宅工程   标段: 第 页 共 页

序号	项目编码	项目名称	项目特征描述	计量单位	工程量	综合单价	合价	其中:暂估价
						金 额(元)		
	010101003001	挖沟槽土方	土壤类别:三类土 基础类型: 砖放大脚 带形基础 垫层宽度:920m 挖土深度:1.8m 弃土距离:4km	m³	2634.034	45.36	119471.34	
			本页小计					
			合计					

表 6-12   **工程量清单综合单价分析表**

工程名称:某多层住宅工程   标段: 第 页 共 页

项目编码	010101003001		项目名称	挖沟槽土方		计量单位	m³

清单综合单价组成明细

定额编号	定额名称	定额单位	数量	单 价				合 价			
				人工费	材料费	机械费	管理费和利润	人工费	材料费	机械费	管理费和利润
	人工挖土	m³	1.9348	8.40			1.942	16.25			3.76
	人工运土	m³	0.8240	7.38			1.706	6.08			1.41
	装载机装、自卸汽车运土方	m³	0.7311	0.30	0.022	19.519	4.588	0.22	0.02	14.27	3.35
人工单价		小计						22.55	0.02	14.27	8.52
元/工日		未计价材料费									
清单项目综合单价								45.36			

材料费用明细	主要材料名称、规格、型号	单位	数量	单价(元)	合价(元)	暂估单价(元)	暂估合价(元)
	水	m³	0.012	1.8	0.022		
	其他材料费			—		—	
	材料费小计			—	0.022	—	

2. 措施项目费报价

投标人可根据工程项目实际情况以及施工组织设计或施工方案,自主确定措施项目费。

招标人在招标文件中列出的措施项目清单是根据一般情况确定的,没有考虑不同投标人的具体情况。因此,投标人投标报价时应根据自身拥有的施工装备、技术水平和采用的施工方法确定措施项目,对招标人所列的措施项目进行调整。

措施项目费的计价方式,应根据《计价规范》的规定,可以计算工程量的措施项目采用综合单价方式计价,如表 6-14 所示;其余的措施项目采用以"项"为计量单位的方式计价,如表 6-13 所示,应包括除规费、税金外的全部费用。措施项目费由投标人自主确定,但其中安全文明施工费应按国家或省级、行业建设主管部门的规定确定。

表 6-13　　　　　　　　　　　　　　**总价措施项目清单与计价表**

工程名称:某多层住宅工程　　　　　　标段:　　　　　　　　　　　　　　　第　页　共　页

序号	项目编码	项目名称	计算基础	费率(%)	金额(元)
1	011707001001	安全文明施工费	人工费	30	222 750
2	011707002001	夜间施工增加费	人工费	1.5	11 138
3	011707004001	二次搬运费	人工费	1	7 425
4	011707005001	冬雨季施工增加费	人工费	0.6	4 455
5	011707006001	地上、地下设施,建筑物的临时保护设施			2 000
6	011707007001	已完工程及设备保护			6 000
7		工程定位复测费			5 000
8		特殊地区施工增加费			8 000
		…			
		合　计			266 768

表 6-14　　　　　　　　　　　　　　**单价措施项目清单与计价表**

工程名称:某多层住宅工程　　　　　　标段:　　　　　　　　　　　　　　　第　页　共　页

序号	项目编码	项目名称	项目特征描述	计量单位	工程量	金额(元)	
						综合单价	合价
1	011701001001	综合脚手架	框剪结构,檐口高度 23.65m	m²	7 500	2.16	23 700
2	011702014001	现浇钢筋混凝土有梁板及支架	矩形梁,断面 200mm×400mm,梁底支模高度 2.6m,板底支模高度 3m	m²	1 500	25	37 500
3	011702016001	现浇混凝土平板模板及支架	矩形板,支模高度 3m	m²	1 200	20	24 000
			…				
		本页小计					85 200
		合　计					195 401

3. 其他项目费报价

其他项目费主要包括暂列金额、暂估价、计日工以及总承包服务费,如表6-15所示。

投标报价时,投标人对其他项目费应遵循以下原则:

(1)暂列金额应按照其他项目清单中列出的金额填写,不得变动,如表6-16所示。

(2)暂估价不得变动和更改。暂估价中的材料暂估价必须按照招标人提供的暂估单价、计入分部分项工程费用中的综合单价;专业工程暂估价必须按照招标人提供的其他项目清单中列出的金额填写,如表6-17、表6-18所示。

(3)计日工应按照其他项目清单列出的项目和估算的数量,自主确定各项综合单价并计算费用,如表6-19所示。

(4)总承包服务费应根据招标人在招标文件中列出的分包专业工程内容、供应材料和设备情况,由投标人按照招标人提出的协调、配合与服务要求以及施工现场管理需要自主确定,如表6-20所示。

表 6-15   **其他项目清单与计价汇总表**

工程名称:某多层住宅工程   标段: 第 页 共 页

序号	项目名称	计量单位	金额(元)	备注
1	暂列金额	项	306 000	详见表6-16
2	暂估价		102 000	
2.1	材料、工程设备暂估价	—	—	详见表6-17
2.2	专业工程暂估价	项	102 000	详见表6-18
3	计日工		29 780	详见表6-19
4	总承包服务费		15 000	详见表6-20
	合 计		452 780	

表 6-16   **暂列金额明细表**

工程名称:某多层住宅工程   标段: 第 页 共 页

序号	项目名称	计量单位	暂定金额(元)	备注
1	工程量清单中工程量偏差和设计变更	项	101 000	
2	政策性调整和材料价格风险	项	102 000	
3	其他	项	103 000	
	合 计		306 000	

表 6-17   **材料工程设备暂估单价表**

工程名称:某多层住宅工程   标段: 第 页 共 页

序号	材料名称、规格、型号	计量单位	单价(元)	备 注
1	钢筋(规格、型号综合)	t	5000	用于所有现浇混凝土钢筋清单项目
2	工程设备(成套配电箱 DAPXl4.0kW)	台	5700	用于消防电梯排污泵控制

表 6-18 专业工程暂估价表

工程名称:某多层住宅工程   标段: 第 页 共 页

序号	工程名称	工程内容	金额(元)	备注
1	入户防盗门	安装	102000	
	合　计		102000	

表 6-19 计日工表

工程名称:某多层住宅工程   标段: 第 页 共 页

序号	项目名称	单位	暂定数量	综合单价(元)	合价(元)
	人工				
1	普工	工日	200	56	11200
2	技工	工日	50	86	4300
3	高级技工	工日	20	129	2580
	人工小计				18080
	材料				
1	钢筋(规格、型号综合)	t	1	5000	5000
2	水泥 42.5	t	2	460	920
3	中砂	m³	10	83	830
4	砾石(5~40mm)	m³	5	46	230
5	蒸压灰砂砖(240mm×115mm×53mm)	千块	1	230	230
	材料小计				7210
	施工机械				
1	自升式塔式起重机(起重力矩1250kN·m)	台班	5	840	4200
2	灰浆搅拌机(400L)	台班	2	65	130
3	交流弧焊机(30kV·A)	台班	1	160	160
	施工机械小计				4490
	总　计				29780

表 6-20 总承包服务费计价表

工程名称:某多层住宅工程   标段: 第×页　共×页

序号	项目名称	项目价值(元)	服务内容	费率(%)	金额(元)
1	发包人供应材料	1000000	对发包人供应的材料进行验收及保管和使用发放	1	10000
2	发包人发包专业工程	100000	(1)按专业工程承包人的要求提供施工工作面并对施工现场进行统一管理,对竣工资料进行统一整理汇总; (2)为专业工程承包人提供垂直运输机械和焊接电源接入点,并承担垂直运输费和电费; (3)为防盗门安装后进行补缝和找平并承担相应费用	5	5000
	合　计				15000

4. 规费和税金报价

规费和税金应按国家或省级、行业建设主管部门规定计算,不得作为竞争性费用。

规费、税金项目清单与计价表的编制如表6-21所示。

表 6-21   **规费、税金项目清单与计价表**

工程名称:某多层住宅工程   标段: 第 页 共 页

序号	项目名称	计算基础	费率(%)	金额(元)
1	规费			104 272
1.1	社会保险费	(1)+(2)+(3)+(4)+(5)		81 928
(1)	养老保险费	人工费	14	52 136
(2)	失业保险费	人工费	2	7 448
(3)	医疗保险费	人工费	6	22 344
(4)	生育保险费			
(5)	工伤保险费			
1.2	住房公积金	人工费	6	22 344
1.3	工程排污费	按工程所在地环保部门规定按实计算		
2	税金	分部分项工程费+措施项目费+ 其他项目费+规费	3.477	72 550.57
				176 822.57

5. 投标价的汇总

投标人的投标总价应当与组成工程量清单的分部分项工程费、措施项目费、其他项目费和规费、税金的合计金额相一致,即投标人在进行工程项目工程量清单招标的投标报价时,不能进行投标总价优惠(或降价、让利),投标人对投标报价的任何优惠(或降价、让利)均应反映在相应清单项目的综合单价中。施工企业项目投标报价计算可按表6-22所示进行填列。

表 6-22   **施工企业投标报价计价汇总表**

工程名称:某多层住宅工程   标段: 第 页 共 页

序号	汇总内容	计算方法	金额(元)
1	分部分项工程	自主报价	1 067 364.34
1.1	土方工程		119 471.34
1.2	砌筑工程		112 973.91
1.3	混凝土及钢筋混凝土工程		651 413.99
	...		
2	措施项目	自主报价	462 169
2.1	其中:安全文明施工费	按规定标准计算	222 242
3	其他项目		452 780
3.1	其中:暂列金额	按招标文件提供金额计列	306 000
3.2	其中:专业工程暂估价	按招标文件提供金额计列	102 000
3.3	其中:计日工	自主报价	29 780
3.4	其中:总承包服务费	自主报价	15 000
4	规费	按规定标准计算	104 272
5	税金	(1+2+3+4)×3.477%	72 550.57
	投标报价合计=1+2+3+4+5		2 159 135.91

6.5 投标报价程序与策略分析

投标是一种要约,需要严格遵守关于招投标的法律规定及程序,还需对招标文件作出实质性响应,并符合招标文件的各项要求,科学规范地编制投标文件与合理策略地提出报价,直接关系到承揽工程项目的中标率。

6.5.1 建设项目施工投标报价程序

任何一个施工项目的投标报价都是一项复杂的系统工程,需要周密思考,统筹安排。在取得招标信息后,投标人首先要决定是否参加投标,如果参加投标,即进行前期工作:准备资料,申请并参加资格预审;获取招标文件;组建投标报价班子;然后进入询价与编制阶段,整个投标过程需遵循一定的程序(图6-4)进行。

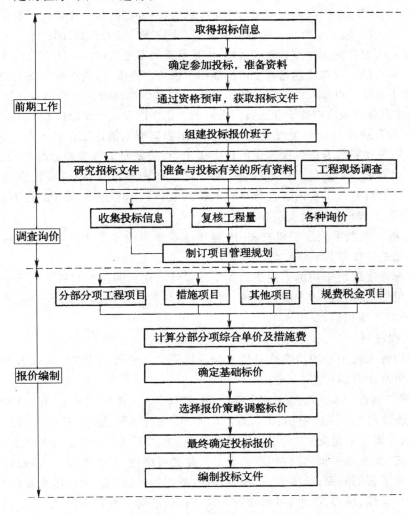

图 6-4 施工投标报价流程图

1. 施工投标前期工作

1) 研究招标文件

投标人取得招标文件后,为保证工程量清单报价的合理性,应对投标人须知、合同条件、技术规范、图纸和工程量清单等重点内容进行分析,深刻而正确地理解招标文件和业主的意图。

(1) 投标人须知,它反映了招标人对投标的要求,特别要注意项目的资金来源、投标书的编制和递交、投标保证金、更改或备选方案、评标方法等,重点在于防止废标。

(2) 合同分析。

① 合同背景分析。投标人有必要了解与自己承包的工程内容有关的合同背景,了解监理方式,了解合同的法律依据,为报价和合同实施及索赔提供依据。

② 合同形式分析。主要分析承包方式(如分项承包、施工承包、设计与施工总承包和管理承包等);计价方式(如总价合同、单价合同和成本加酬金确定的合同价格等)。

③ 合同条款分析。主要包括:a. 承包商的任务、工作范围和责任;b. 工程变更及相应的合同价款调整;c. 付款方式、时间。应注意合同条款中关于工程预付款、材料预付款的规定。根据这些规定和预计的施工进度计划,计算出占用资金的数额和时间,从而计算出需要支付的利息数额并计入投标报价;d. 施工工期。合同条款中关于合同工期、竣工日期、部分工程分期交付工期等规定,这是投标人制订施工进度计划的依据,也是报价的重要依据。要注意合同条款中有无工期奖罚的规定,尽可能做到在工期符合要求的前提下报价有竞争力,或在报价合理的前提下工期有竞争力;e. 业主责任。投标人所制订的施工进度计划和做出的报价都是以业主履行责任为前提的。所以应注意合同条款中关于业主责任措辞的严密性以及关于索赔的有关规定。

④ 技术标准和要求分析。工程技术标准是按工程类型来描述工程技术和工艺内容特点,对设备、材料、施工和安装方法等所规定的技术要求,有的是对工程质量进行检验、试验和验收所规定的方法和要求。它们与工程量清单中各子项工作密不可分,报价人员应在准确理解招标人要求的基础上对有关工程内容进行报价。任何忽视技术标准的报价都是不完整、不可靠的,有时可能导致工程承包重大失误和亏损。

⑤ 图纸分析。图纸是确定工程范围、内容和技术要求的重要文件,也是投标者确定施工方法等施工计划的主要依据。

图纸的详细程度取决于招标人提供的施工图设计所达到的深度和所采用的合同形式。详细的设计图纸可使投标人比较准确地估价,而不够详细的图纸则需要估价人员采用综合估价方法,其结果一般不很精确。

2) 调查工程现场

招标人在招标文件中一般会明确进行工程现场踏勘的时间和地点。投标人对一般区域调查重点注意以下几个方面:

(1) 自然条件调查。如气象资料,水文资料,地震、洪水及其他自然灾害情况,地质情况等。

(2) 施工条件调查。主要包括:工程现场的用地范围、地形、地貌、地物、高程,地上或地下障碍物,现场的三通一平情况;工程现场周围的道路、进出场条件、有无特殊交通限制;工程现场施工临时设施、大型施工机具、材料堆放场地安排的可能性,是否需要二次搬运;工程现场邻近建筑物与招标工程的间距、结构形式、基础埋深、新旧程度、高度;市政给水及污水、雨水排放管线位置、高程、管径、压力、废水、污水处理方式,市政、消防供水管道管径、压力、位置等;当地供电方式、方位、距离、电压等;当地煤气供应能力,管线位置、高程等;工程现场通信线路的连接和铺设;当地政府有关部门对施工现场管理的一般要求、特殊要求及规定,是否允许节假日和夜间施工等。

（3）其他条件调查。主要包括各种构件、半成品及商品混凝土的供应能力和价格，以及现场附近的生活设施、治安情况等。

2. 询价与工程量复核

1）询价

投标报价之前，投标人必须通过各种渠道，采用各种手段对工程所需各种材料、设备等的价格、质量、供应时间、供应数量等进行系统全面的调查，同时还要了解分包项目的分包形式、分包范围、分包人报价、分包人履约能力及信誉等。询价是投标报价的基础，它为投标报价提供可靠的依据。询价时要特别注意两个问题，一是产品质量必须可靠，并满足招标文件的有关规定；二是供货方式、时间、地点，有无附加条件和费用。

（1）询价的渠道。

① 直接与生产厂商联系。

② 了解生产厂商的代理人或从事该项业务的经纪人。

③ 了解经营该项产品的销售商。

④ 向咨询公司进行询价。通过咨询公司所得到的询价资料比较可靠，但需要支付一定的咨询费用，也可向同行了解。

⑤ 通过互联网查询。

⑥ 自行进行市场调查或信函询价。

（2）生产要素询价。

① 材料询价。材料询价的内容包括调查对比材料价格、供应数量、运输方式、保险和有效期、不同买卖条件下的支付方式等。询价人员在施工方案初步确定后，立即发出材料询价单，并催促材料供应商及时报价。收到询价单后，询价人员应将从各种渠道所询得的材料报价及其他有关资料汇总整理。对同种材料从不同经销部门所得到的所有资料进行比较分析，选择合适、可靠的材料供应商的报价，提供给工程报价人员使用。

② 施工机械设备询价。在外地施工需用的机械设备，有时在当地租赁或采购可能更为有利。因此，事前有必要进行施工机械设备的询价。必须采购的机械设备，可向供应厂商询价。对于租赁的机械设备，可向专门从事租赁业务的机构询价，并应详细了解其计价方法。

③ 劳务询价。劳务询价主要有两种情况：一是成建制的劳务公司，相当于劳务分包，一般费用较高，但素质较可靠，工效较高，承包商的管理工作较轻；另一种是劳务市场招募零散劳动力，根据需要进行选择，这种方式虽然劳务价格低廉，但有时素质达不到要求或工效降低，且承包商的管理工作较繁重。投标人应在对劳务市场充分了解的基础上决定采用哪种方式，并以此为依据进行投标报价。

④ 分包询价。总承包商在确定了分包工作内容后，就将分包专业的工程施工图纸和技术说明送交预先选定的分包单位，请他们在约定的时间内报价，以便进行比较选择，最终选择合适的分包人。对分包人询价应注意以下几点：分包标函是否完整；分包工程单价所包含的内容；分包人的工程质量、信誉及可信赖程度；质量保证措施；分包报价。

2）复核工程量

工程量清单作为招标文件的组成部分，是由招标人提供的。工程量的大小是投标报价最直接的依据。复核工程量的准确程度将影响承包商的经营行为：一是根据复核后的工程量与招标文件提供的工程量之间的差距，考虑相应的投标策略，决定报价尺度；二是根据工程量的大小采取合适的施工方法,选择适用、经济的施工机具设备、投入使用相应的劳动力数量等。

复核工程量要与招标文件中所给的工程量进行对比,注意以下几方面:

(1)投标人应认真根据招标说明、图纸、地质资料等招标文件资料,计算主要清单工程量,复核工程量清单。其中特别注意,按一定顺序进行,避免漏算或重算;正确划分分部分项工程项目,与"清单计价规范"保持一致。

(2)复核工程量的目的不是修改工程量清单,即使有误,投标人也不能修改工程量清单中的工程量,因为修改了清单就等于擅自修改了合同。对工程量清单存在的错误,可以向招标人提出,由招标人统一修改并把修改情况通知所有投标人。

(3)针对工程量清单中工程量的遗漏或错误,是否向招标人提出修改意见取决于投标策略。投标人可以运用一些报价的技巧提高报价的质量,争取在中标后能获得更大的收益。

(4)通过工程量计算复核还能准确地确定订货及采购物资的数量,防止由于超量或少购等带来的浪费、积压或停工待料。

在核算完全部工程量清单中的细目后,投标人应按大项分类汇总主要工程总量,以便获得对整个工程施工规模的整体概念,并据此研究采用合适的施工方法,选择适用的施工设备等。

3)制订项目管理规划

项目管理规划是工程投标报价的重要依据,项目管理规划应分项目管理规划大纲和项目管理实施规划。根据《建设工程项目管理规范》(GB/T 50326—2006),当承包商以编制施工组织设计代替项目管理规划时,施工组织设计应满足项目管理规划的要求。

(1)项目管理规划大纲。项目管理规划大纲是投标人管理层在投标之前编制的,旨在作为投标依据、满足招标文件要求及签订合同要求的文件。可包括下列内容(根据需要选定):项目概况;项目范围管理规划;项目管理目标规划;项目管理组织规划;项目成本管理规划;项目进度管理规划;项目质量管理规划;项目职业健康安全与环境管理规划;项目采购与资源管理规划;项目信息管理规划;项目沟通管理规划;项目风险管理规划;项目收尾管理规划。

(2)项目管理实施规划。项目管理实施规划是指在开工之前由项目经理主持编制的,旨在指导施工项目实施阶段管理的文件。项目管理实施规划必须由项目经理组织项目经理部在工程开工之前编制完成。应包括下列内容:项目概况;总体工作计划;组织方案;技术方案;进度计划;质量计划;职业健康安全与环境管理计划;成本计划;资源需求计划;风险管理规划;信息管理计划;项目沟通管理计划;项目收尾管理计划;项目现场平面布置图;项目目标控制措施;技术经济指标。

3. 编制投标文件

1)投标文件编制的内容

投标人应当按照招标文件的要求编制投标文件。投标文件应当包括下列内容:

(1)投标函及投标函附录。

(2)法定代表人身份证明或附有法定代表人身份证明的授权委托书。

(3)联合体协议书(如工程允许采用联合体投标)。

(4)投标保证金。

(5)已标价工程量清单。

(6)施工组织设计。

(7)项目管理机构。

(8)拟分包项目情况表。

（9）资格审查资料。

（10）规定的其他材料。

2）投标文件编制时应遵循的规定

（1）投标文件应按"投标文件格式"进行编写，如有必要，可以增加附页，作为投标文件的组成部分。其中，投标函附录在满足招标文件实质性要求的基础上，可以提出比招标文件要求更能吸引招标人的承诺。

（2）投标文件应当对招标文件有关工期、投标有效期、质量要求、技术标准和要求、招标范围等实质性内容做出响应。

（3）投标文件应由投标人的法定代表人或其委托代理人签字或盖单位章。委托代理人签字的，投标文件应附法定代表人签署的授权委托书。投标文件应尽量避免涂改、行间插字或删除。如果出现上述情况，改动之处应加盖单位章或由投标人的法定代表人或其授权的代理人签字确认。

（4）投标文件正本一份，副本份数按招标文件有关规定。正本和副本的封面上应清楚地标记"正本"或"副本"的字样。投标文件的正本与副本应分别装订成册，并编制目录。当副本和正本不一致时，以正本为准。

（5）除招标文件另有规定外，投标人不得递交备选投标方案。允许投标人递交备选投标方案的，只有中标人所递交的备选投标方案方可予以考虑。评标委员会认为中标人的备选投标方案优于其按照招标文件要求编制的投标方案的，招标人可以接受该备选投标方案。

3）投标文件的递交

投标人应当在招标文件规定的提交投标文件的截止时间前，将投标文件密封送达投标地点。招标人收到招标文件后，应当向投标人出具标明签收人和签收时间的凭证，在开标前任何单位和个人不得开启投标文件。在招标文件要求提交投标文件的截止时间后送达或未送达指定地点的投标文件，为无效的投标文件，招标人不予受理。有关投标文件的递交还应注意以下问题：

（1）投标人在递交投标文件的同时，应按规定的金额、担保形式和投标保证金格式递交投标保证金，并作为其投标文件的组成部分。联合体投标的，其投标保证金由牵头人递交，并应符合规定。投标保证金除现金外，可以是银行出具的银行保函、保兑支票、银行汇票或现金支票。投标保证金的数额不得超过投标总价的 2%。依法必须进行招标的项目的境内投标单位，以现金或者支票形式提交的投标保证金应当从其基本账户转出。投标人不按要求提交投标保证金的，其投标文件作废标处理。招标人最迟应当在书面合同签订后 5 日内向中标人和未中标的投标人退还投标保证金及银行同期存款利息。出现下列情况的，投标保证金将不予返还：

① 投标人在规定的投标有效期内撤销或修改其投标文件。

② 中标人在收到中标通知书后，无正当理由拒签合同协议书或未按招标文件规定提交履约担保。

（2）投标有效期。投标有效期从投标截止时间起开始计算，主要用作组织评标委员会评标招标人定标、发出中标通知书，以及签订合同等工作，一般考虑以下因素：

① 组织评标委员会完成评标需要的时间。

② 确定中标人需要的时间。

③ 签订合同需要的时间。

一般项目投标有效期为 60~90 天,大型项目为 120 天左右。投标保证金的有效期应与投标有效期保持一致。

出现特殊情况需要延长投标有效期的,招标人以书面形式通知所有投标人延长投标有效期。投标人同意延长的,应相应延长其投标保证金的有效期,但不得要求或被允许修改或撤销其投标文件;投标人拒绝延长的,其投标失效,但投标人有权收回其投标保证金。

(3)投标文件的密封和标识。投标文件的正本与副本应分开包装,加贴封条,并在封套上清楚标记"正本"或"副本"字样,于封口处加盖投标人单位章。

(4)投标文件的修改与撤回。在规定的投标截止时间前,投标人可以修改或撤回已递交的投标文件,但应以书面形式通知招标人。在招标文件规定的投标有效期内,投标人不得要求撤销或修改其投标文件。

(5)费用承担与保密责任。投标人准备和参加投标活动发生的费用自理。参与招标投标活动的各方应对招标文件和投标文件中的商业和技术等秘密保密,违者应对由此造成的后果承担法律责任。

4)联合体投标

两个以上法人或者其他组织可以组成一个联合体,以一个投标人的身份共同投标。联合体投标需遵循以下规定:

(1)联合体各方应按招标文件提供的格式签订联合体协议书,明确联合体牵头人和各方权利义务,牵头人代表联合体成员负责投标和合同实施阶段的主办、协调工作,并应当向招标人提交由所有联合体成员法定代表人签署的授权书。

(2)联合体各方签订共同投标协议后,不得再以自己名义单独投标,也不得组成新的联合体或参加其他联合体在同一项目中投标。

(3)联合体各方应具备承担本施工项目的资质条件、能力和信誉,通过资格预审的联合体,其各方组成结构或职责以及财务能力、信誉情况等资格条件不得改变。

(4)由同一专业的单位组成的联合体,按照资质等级较低的单位确定资质等级。

(5)联合体投标的,应当以联合体各方或者联合体中牵头人的名义提交投标保证金。以联合体中牵头人名义提交的投标保证金,对联合体各成员具有约束力。

6.5.2 投标报价策略分析

承包商通过投标取得项目,是市场经济条件下的必然。但是,作为承包商来说并不是每标必投,这里有个投标决策的问题。所谓投标决策,主要包括三方面的内容:一是针对招标项目确定是否投标;二是倘若去投标,是投什么性质的标;三是投标中如何采用以长制短、以优胜劣的策略和技巧。投标决策的正确与否,关系到能否中标和中标后的效益,关系到施工企业的信誉和发展前景以及职工的切身经济利益,甚至关系到国家的信誉和经济发展问题。因此,企业的决策班子必须充分认识到投标决策的重要意义。

施工企业不得参与企业经营范围之外项目的投标,也不得参与工程规模、技术要求超过企业技术等级或资质的项目投标,对盈利水平较低、风险较大的招标项目或本施工企业技术等级、信誉、施工水平明显不如竞争对手的项目,不宜参与投标。

1. 投标类型

1)投标按性质分类

投标按性质可分为风险标和保险标。

（1）风险标，是指明知工程承包难度大、风险大，且技术、设备、资金上都有未解决的问题，但由于队伍窝工，或因为招标项目盈利丰厚，或为了开拓新技术领域而决定参加投标，同时设法解决存在的问题，这种情况下的投标即为风险标。投标后，如果问题解决得好，可取得较好的经济效益，锻炼出一支好的施工队伍，使企业更上一层楼。否则，企业的信誉效益就会因此受到损害，严重者将导致企业亏损甚至破产。因此，投风险标必须审慎从事。

（2）保险标是指对可以预见并可控的情况下在技术、设备、资金等重大问题都有了解决的对策之后再投标，即为保险标。企业经济实力较弱，经不起失误的打击，则往往投保险标。当前，我国施工企业多数都愿意投保险标，特别是在国际工程承包市场。

2）投标按效益分类

投标按效益分类有盈利标、保本标和亏损标三种。

（1）盈利标，如果招标工程既是本企业的强项，又是竞争对手的弱项，或建设单位对本企业承包意向明确，或本企业任务饱满，利润丰厚，不考虑让企业超负荷运转，此种情况下的投标，称投盈利标。

（2）保本标，当企业无后继工程，或已出现部分窝工，必须争取投标中标。但招标的工程项目对于本企业又无优势可言，竞争对手又是"强手如林"的局面，此时，宜投保本标，至多投薄利标，称为保本标。

（3）亏损标，投亏损标是一种非常手段，且有悖于我国招标投标的相关法律。在残酷的市场竞争中，有的施工企业不得已而为之。如本企业已大量窝工，严重亏损，若中标后至少可以使部分人工、机械运转，减少亏损；或者为在对手林立的竞争中夺得头标，不惜血本压低标价，或是为了在本企业一统天下的地盘里，为挤垮企图插足的竞争对手；或为打入新市场，取得拓宽市场的立足点而压低标价。

2. 投标策略分析

承包商参加投标，能否战胜竞争对手获得项目，在很大程度上取决于能否运用正确灵活的投标策略来指导投标全过程的活动。正确的投标策略来自实践经验的积累、对客观规律的不断深入的认识以及对具体情况的了解。同时，决策者的能力和魄力也是不可缺少的。概括起来讲，投标策略可以归纳为四大要素，即"把握形势，以长胜短，掌握主动，随机应变"。具体地讲，常见的投标策略有以下几种：

（1）靠高水平的经营管理取胜。即通过优化施工方案，安排合理的施工进度，科学地组织管理，选择可靠的分包单位等措施，来降低施工成本。在此基础上降低投标报价，从而提高中标概率。这样，标价虽低，利润并不一定低。这种策略是企业应采取的最根本的策略。

（2）靠改进设计取胜。即仔细研究原设计图纸，发现不够合理之处，提出改进的措施（尤其是能降低造价，缩短工期的措施）。

（3）靠缩短建设工期取胜。即通过采取有效措施，使得在投标文件规定工期的基础上，工程能提前竣工。

（4）靠招标函中附带优惠条件取胜。即要求施工企业在掌握信息时，要特别注意业主的困难，然后，挖掘本企业的潜力，提出优惠条件，通过替业主分忧而创造中标条件。

（5）低利策略。主要适用竞争比较激烈，施工任务不足，或企业想在新的地区打开局面等情况。

（6）基于施工索赔策略。即利用设计图纸、技术说明书或合同条款中不明确之处，以便在施工时寻找索赔机会。

（7）放眼将来策略。为掌握某种有发展前途的工程施工技术（如某些新型建筑结构、核电站或海洋工程等的施工），或为了承接到发包方后续项目而宁愿目前少赚钱。

（8）联合体投标策略。当项目很大，一个施工企业不能独自承担该项目建设，可联合其他企业组成一个联合体参与投标。

3. 投标报价方法的选择

施工企业按照节 6.4 的有关内容标出项目最初的投标报价，然后根据投标策略的分析结果，选定适当的投标报价方法。目前，投标报价常用的方法有以下几种：

（1）低报价法

当企业施工任务不足，或为了打开局面、扩大市场，可采用薄利保本甚至不惜亏损报价；对短期能突击完成或投标竞争激烈、参与投标单位多或施工工艺成熟结构简单（如住宅等）项目，也可采用低报价法。低报价可按下式确定：

$$低报价 = 基础报价（最初报价）- 预期盈利 \times 修正系数 \qquad (6-11)$$

（2）高报价法

一般在下述情况下，投标人可采用高报价法进行报价，以获取更大的利润：外商投资项目；有特殊要求的项目，投标人已掌握该项目中的关键技术并处于绝对领先地位，竞争者少；工程项目小或施工条件作业环境差等项目；当施工企业任务相对饱满时，不是十分迫切希望得到项目的中标权，也可以采用高报价法，失标不可惜，中标却可获得较高利润。高报价法按下式确定：

$$高报价 = 基础报价（最初报价）+ 预期盈利 \times 修正系数 \qquad (6-12)$$

（3）多方案报价法

若业主拟定的合同条件要求过于苛刻，为方便业主修改合同要求，可准备"两个报价"。并阐明按原合同要求规定，投标报价为某一数值；倘若合同要求做某些修改，则投标报价为另一数值，即比前一数值的报价低一定百分点，以此吸引对方修改合同条件。

自己的技术和设备满足不了原设计的要求，但在修改设计以适应自己的施工能力的前提下仍希望中标，于是可以报一个原设计施工的投标报价（高报价）；另一个则按修改设计施工的方案，它比原设计施工的标价低得多的投标报价，以诱导业主采用合理的报价或修改设计。但是，这种修改设计必须符合设计的基本要求。

（4）有条件降价法

对于某些大型工程项目，如高等级公路项目或特大桥梁工程项目，一般都分为几个合同段同时招标，投标者在参加投标时可同时投 2～3 个合同段，并在投标致函或附件中声明：若能同时中标两个及以上合同段，则可以适当降低总合同报价。这样，业主可少付出工程款，而承包商可节省一笔施工调遣费，机械设备和人力等也可周转与协调，因而总的利润并不降低。

6.6　工程量清单计价编制实例

某三层砖混住宅（小白屋）工程，工程概况参见本书第 5 章小白屋例题，此处不再重述。现就第 5 章小白屋所算出的工程量（局部）列示如表 6-23 所示，计算和确定该项目的投标价。

表 6-23　　　　　　　　　　　**分部分项工程量清单与计价表**

工程名称:小白屋　　　　　　　　　　　　　　　　　　　　　　　

序号	项目编号	项目名称	项目特征描述	计量单位	工程量	金额(元)		
						综合单价	合价	其中:暂估价
		房屋建筑与装饰工程工程量清单						
		土石方工程						
1	010101001001	平整场地		m²	64.35			
2	010101003001	挖沟槽土方(外墙下)		m³	25.44			
3	010101003002	挖沟槽土方(内墙下)		m³	8.76			
4	010103001001	回填方(室内回填)		m³	23.79			
5	010103001002	回填方(基础回填)		m³	16.99			
		砌筑工程						
6	010401001001	砖基础(内墙下)		m³	5.93			
7	010401001002	砖基础(外墙下)		m³	7.62			
8	010401003001	实心砖墙(外墙)		m³	54.87			
9	010401003002	实心砖墙(内墙)		m³	26.23			
		混凝土及钢筋混凝土工程						
10	010501002001	带形基础		m³	6.11			
11	010503004001	圈梁		m³	6.90			
12	010515001001	现浇混凝土钢筋(ϕ16)		t	0.16			
13	010515001002	现浇混凝土钢筋(ϕ12)		t	0.12			
		楼地面工程						
14	011102003001	块料楼地面(玻化砖)		m²	18.54			
15	011103003001	塑料板楼地面		m²	11.74			
16	011104001001	楼地面地毯		m²	18.65			
17	011104002001	木地板		m²	18.65			
18	011105003001	玻化砖踢脚线		m²	2.64			
		本页小计						
		合计						

招标人在招标文件中列出了表 6-32、表 6-33 中措施项目的名称,供投标人计算措施费。招标人还给出了表 6-37 中规费、税金项目清单表要求投标人计算其金额。招标文件中招标人要求投标人在报价中暂列金额项目及额度(表 6-24)和计日工表(表 6-25)。

表 6-24 暂列金额明细表

工程名称:小白屋

序号	工程名称	计量单位	暂定金额(元)	备注
1	工程量清单中工程量偏差和设计变更	项	2000.00	
2	政策性调整和材料价格风险	项	2000.00	
3	其他	项	2000.00	
	暂列金额合计		6000.00	

表 6-25 计日工表

工程名称:小白屋

序号	项目名称	单位	暂定数量	综合单价(元)	合价(元)
一	人工				
1	普工	工日	20.00		
2					
二	材料				
1	水泥 32.5 级	t	0.20		
2					
三	施工机械				
1	灰浆搅拌机(200L)	台班	1.00		
2					
	合计				

投标人根据施工图和施工方案,按清单工程量计算规则、工程量清单,投标报价计算如下:

1. 确定施工方案,计算施工工程量

投标人根据分部分项工程量清单及现场情况、施工方案等,计算工程量。如

场地平整面积 $S = (9.6 + 0.24 + 4) \times (6.3 + 0.24 + 4) = 145.87 (m^2)$

(场地平整工程量按建筑物底面积的外边线扩大 2m 所围的面积计算)

另外,根据施工方案,场地平整工程需外运土方 $1m^3$。

2. 确定分部分项工程综合单价

计算综合单价时,应按施工方案的总工程量进行计算,按招标人提供的工程量清单折算综合单价。

(1)审核工程量清单、施工工程量的计算是否无误。

(2)认真阅读和分析招标文件的填表须知及总说明。

(3)充分了解招标文件,明确报价范围:投标报价应采用综合单价形式,是指招标文件所确定的招标范围内的除规费、税金以外全部工作内容,包括人工、材料、设备、施工机械、管理费、利润及一定的风险费用。在投标报价时,依据招标人提供的招标文件、施工图纸、补充答疑纪要、工程技术规范、质量标准、工期要求、承包范围、工程量清单、工器具及设备清单等。按企业定额或参照省市有关消耗量定额、价格指数确定综合单价。

对于投标报价中数字保留小数点的位数依据招标文件要求,招标文件没有规定应按常规执行。一般除合价及总价有可能取整外,其他保留两位小数。

（4）测算工程所需人工工日、材料及机械台班的数量。规范规定企业可以按反映企业水平的企业定额或参照政府消耗量定额确定人工、材料、机械台班的耗用量。为了能够反映企业的个别成本，企业得有自己的企业定额。按清单项内的工程内容对应企业定额项目划分确定定额子目，再对应清单项进行分析、汇总。

（5）市场调查和询价。该工程为三层砖混住宅，对人员要求不高，市场劳务来源比较充沛且价格平稳，采用市场劳务价作为参考，按前三个月投标人使用人员的平均工资标准确定。因工程所在地为城市，工程所用材料供应充足，价格平稳，考虑到工期又较短，一般材料都可在当地采购，因此以工程所在地建材市场前三个月的平均价格水平为依据，不考虑涨价系数。

此工程使用的施工机械为常用机械，投标人都可自行配备，机械台班按全国统一机械台班定额计算出台班单价，不再额外考虑调整施工机械费。

综上所述市场调查和询价得到对应此工程的综合工日单价、材料单价及机械台班单价。

（6）计算清单项目内的定额基价。按确定的定额含量及询价到的人工、材料、机械台班的单价，对应计算出定额子目单位数量的人工费、材料费和机械费。

（7）计算综合单价。《建设工程工程量清单计价规范》规定，综合单价必须包括清单项内的全部费用，但又不能变动招标人提供的工程量。施工中的增量、对应于清单工程特征内的工作内容费用都要包括在报价内，因此应把完成此清单项目全部内容的价格计算出来后折算到招标人提供工程量的综合单价中。具体计算如表 6-26 所示。

表 6-26 　　　　　　　　　　分部分项工程量清单综合单价计算表

清单项目序号	1		10	
清单项目编码	010101001001		010501002001	
清单项目名称及项目特征	平整场地		混凝土带形基础	
计量单位	m²		m³	
工程量清单	64.35		6.11	
定额编号	1-1-10	1-1-11	4-7-1	4-9-2
定额子目名称	平整场地	手推车运土运距 50m 以内	现浇现拌混凝土基础垫层	现浇非泵送混凝土带基、基坑支撑
定额计量单位	m²	m³	m³	m³
施工工程量	145.87	1.00	2.54	6.11
定额基价	5.33	20.15	391.12	335.49
管理费（5%）	5.33×5%=0.27	1.01	19.56	16.77
利润（7%）	5.33×7%=0.37	1.41	27.38	23.48
定额综合单价	5.33+0.27+0.37=5.97	22.57	438.06	375.74
清单综合合价	5.97×145.87+22.57×1=893.41		3408.44	
清单综合单价	893.41/64.35=13.88		557.85	

说明：定额综合单价＝定额基价＋管理费＋利润。

管理费和利润的取费基础是定额基价，定额基价来源见定额基价计算表。

表 6-27 定额基价计算表

定额编号	项目名称	组成	工料机名称	单位	现行价（元）	消耗量	合价＝现行价×消耗量（元）
			平整场地(1-1-10)				
1-1-10	平整场地	人工	其他工	工日	76	0.0701	5.33
		材料	—	—	—	—	—
		机械	—	—	—	—	—
		定额基价	∑（人工合价＋材料合价＋机械合价）				5.33
			手推车运土 运距 50m 以内(1-1-11)				
1-1-11	手推车运土 运距 50m 以内	人工其他工	工日	76	0.2651	20.15	
		材料	—	—	—	—	—
		机械	—	—	—	—	—
		定额基价	∑（人工合价＋材料合价＋机械合价）				20.15
			现浇现拌混凝土基础垫层(4-7-1)				
4-7-1	现浇现拌混凝土基础垫层	人工	混凝土工	工日	76	0.649	49.32
			其他工	工日	76	0.5729	43.54
		材料	现浇现拌混凝土	m³	288.43	1.01	291.31
			水	m³	1.03	0.3209	0.33
		机械	电动滚筒式混凝土搅拌机	台班	147.09	0.0385	5.66
			混凝土振捣器（平板式）	台班	12.46	0.0769	0.96
		定额基价	∑（人工合价＋材料合价＋机械合价）				391.12
			现浇非泵送混凝土带基、基坑支撑(4-9-2)				
4-9-2	现浇非泵送混凝土带基、基坑支撑	人工	混凝土工	工日	76	0.238	19.09
			其他工	工日	76	0.1419	10.78
		材料	现浇非泵送混凝土	m³	300	1.015	304.5
			水	m³	1.03	0.82	0.84
			草袋	m²	2	0.118	0.24
		机械	混凝土振捣器（插入式）	台班	1.04	0.0769	1.04
		定额基价	∑（人工合价＋材料合价＋机械合价）				335.49

3. 计算分部分项工程费用

分部分项工程量费用计算，必须按《计价规范》工程量清单计价表规定的格式填写，填报《分部分项工程量清单计价表》、《分部分项工程量清单综合单价分析表》。在这两张表内，工程量清单的名称、单位、数量及主要材料规格、数量必须按工程量清单填写，不能做任何变动。

分部分项工程量清单综合单价分析表，是投标人投标报价的基础表格，是投标文件的组成部分，应按招标文件的要求进行报备，清单项目分析的数量也要按招标人在工程量清单中的具体要求执行。

必须注意以下几点：第一，格式必须按规范中规定的格式填写；第二，清单的具体项目按工程量清单的要求执行;第三,工程内容为组价时按规范要求的内容对应定额的子目名称。综合单价组成栏内的数值一律为单价。

4. 计算措施项目费

计算措施项目费首先应详细分析确定组成该措施项目的全部工程环节,然后计算每个环节实施需发生的费用,将各环节的费用汇总即是该措施项目费。依次逐项计算各措施项目的费用。措施项目不同,其发生的费用内容就有差异。措施项目的价格由人工费、材料费、机械费、管理费、利润及一定的风险费组成。

措施项目计价应根据建设工程的施工组织设计,可以计算工程量的措施项目,应按分部分项工程量计算的方式采用综合单价计价;其余的措施项目可以以"项"为单位的方式计价,应包括除规费、税金外的全部费用。

5. 计算其他项目费

暂列金额和暂估价由招标人按估算金额确定,记日工和总承包服务费由承包人根据招标人提出的要求,按估算的费用确定。

6. 计算规费和税金

规费和税金的计算,一般按国家及有关部门规定的计算公式及费率标准计算。

7. 工程总造价计算

工程的总造价计算应按要求的格式填报"单位工程费汇总表"。

以下为投标人就小白屋工程所做的投标报价文件(见表6-28—表6-37)。

表 6-28   **单位工程投标报价汇总表**

工程名称:小白屋   第1页   共1页

序号	汇总内容	金额(元)	其中:暂估价(元)
1	分部分项工程量清单计价合计	115 172.79	
2	措施项目清单计价合计	25 844.47	
2.1	安全文明施工费	6 795.19	
3	其他项目清单计价合计	7 671.35	
3.1	暂列金额	6 000.00	
3.2	专业工程暂估价		
3.3	总承包服务费		
3.4	计日工	1 671.35	
4	规费	7 332.90	
5	税金	5 424.86	
	合计	161 446.37	

表 6-29

分部分项工程量清单与计价表

序号	项目编号	项目名称	项目特征描述	计量单位	工程量	金额（元）		
						综合单价	合价	其中：暂估价
		房屋建筑与装饰工程工程量清单						
		土（石）方工程					13647.13	
1	010101001001	平整场地		m²	64.35	13.88	893.18	
	1-1-10	平整场地		m²	145.87	5.97	870.84	
	1-1-11	手推车运土运距 50m 以内		m³	1.00	22.57	22.57	
2	010101003001	挖沟槽土方（外墙）		m³	25.44	141.53	3600.47	
	1-2-12 换	反铲液压挖掘机挖土自卸汽车运土 1km 以内埋深 2m 以内		m³	125.93	25.58	3221.29	
	1-2-16 换	反铲液压挖掘机挖土自卸汽车运土运距每增 1km		m³	125.93	3.01	379.05	
3	010101003002	挖沟槽土方（内墙）		m³	8.76	171.54	1502.65	
	1-2-16 换	反铲液压挖掘机挖土自卸汽车运土运距每增 1km		m³	52.56	3.01	158.21	
	1-2-12 换	反铲液压挖掘机挖土自卸汽车运土 1km 以内埋深 2m 以内		m³	52.56	25.58	1344.48	
4	010103001001	土方回填（室内）		m³	23.79	41.30	982.53	
	1-1-11	手推车运土运距 50m 以内		m³	23.79	22.57	536.94	
	1-1-8	人工回填土夯填		m³	23.79	18.73	445.59	
5	010103001002	土方回填（基础）		m³	16.99	392.48	6668.30	
	1-1-11	手推车运土运距 50m 以内		m³	161.46	22.57	3644.15	
	1-1-8	人工回填土夯填		m³	161.46	18.73	3024.15	
		砌筑工程					79627.64	
6	010401001001	砖基础（内墙下）		m³	5.93	437.84	2596.38	
	3-1-1	砖基础统一砖		m³	5.93	358.03	2123.11	
	4-7-1	现浇现拌混凝土基础垫层		m³	0.89	438.06	389.87	
	8-3-9	防水砂浆平面		m²	3.86	21.60	83.38	
7	010401001002	砖基础（外墙下）		m³	7.62	401.57	3059.95	
	3-1-1	砖基础统一砖		m³	7.62	379.94	2895.14	
	8-3-9	防水砂浆平面		m²	7.63	21.60	164.81	
8	010401003001	实心砖墙（外墙）		m³	54.87	912.10	50046.93	
	3-1-2	砖墙八五砖		m³	54.87	912.10	50046.93	
9	010401003002	实心砖墙（内墙）		m³	26.23	912.10	23924.38	

续表

序号	项目编号	项目名称	项目特征描述	计量单位	工程量	综合单价	合价	其中:暂估价
	3-1-2	砖墙八五砖		m³	26.23	912.10	23 924.38	
		混凝土及钢筋混凝土工程					8721.93	
10	010501002001	带形基础		m³	6.11	557.85	3408.46	
	4-7-1	现浇现拌混凝土基础垫层		m³	2.54	438.06	1112.67	
	4-9-2	现浇非泵送混凝土带基、基坑支撑		m³	6.11	375.74	2 295.77	
11	010503004001	圈梁		m³	6.90	541.34	3 735.25	
	4-7-10	现浇现拌混凝土圈梁		m³	6.90	518.24	3 575.86	
	4-14-6	输送泵		m³	6.90	23.10	159.39	
12	010515001001	现浇混凝土钢筋(? 16)		t	0.16	5 636.50	901.84	
	4-4-1	钢筋带基基坑支撑		t	0.16	5 636.53	901.84	
13	010515001002	现浇混凝土钢筋(? 12)		t	0.12	5 636.50	676.38	
	4-4-1	钢筋带基基坑支撑		t	0.12	5 636.53	676.38	
		楼地面工程					13176.09	
14	011102003001	块料楼地面(玻化砖)		m²	18.54	237.89	4 410.48	
	7-1-1	砂垫层		m³	18.54	217.56	4 033.56	
	7-2-7	现浇现拌混凝土找平层 30mm 厚		m²	18.54	20.33	376.92	
15	011103003001	塑料板楼地面		m²	11.74	29.78	349.62	
	7-4-72	PVC 地板块料		m²	11.74	29.78	349.62	
16	011104001001	楼地面地毯		m²	18.65	425.58	7 937.07	
	7-4-76	楼地面铺设地毯有胶垫		m²	18.65	425.58	7 937.07	
17	011104002001	木地板		m²	18.65	40.07	747.31	
	7-4-64	毛地板		m²	18.65	40.07	747.31	
18	011105003001	玻化砖踢脚线		m²	2.64	11.14	29.41	
	7-4-37 换	玻化砖踢脚线		m	2.64	11.14	29.41	

表 6-30　　　　　　　　　　　**工程量清单综合单价分析表**

工程名称:小白屋　　　　　　　　　　　　　　　　　　　　　　　　　　　　　　第 页 共 页

项目编码	010101001001	项目名称	平整场地	计量单位	m²

清单综合单价组成明细

定额编码	定额名称	定额单位	数量	单价					合价				
				人工费	材料费	机械费	管理费	利润	人工费	材料费	机械费	管理费	利润
1-1-10	平整场地	m²	2.27	5.33			0.27	0.37	12.08			0.61	0.84
1-1-11	手推车运土运距 50m 以内	m³	0.02	20.15			1.01	1.41	0.31			0.02	0.02
人工单价			小计						12.4			0.63	0.86
76 元/工日			未计价材料费										
清单项目综合单价									13.88				
主要材料名称、规格、型号			单位	数量	单价		合价		暂估单价(元)		暂估合价(元)		
其他材料费							−						
材料费小计							−						

表 6-31

工程量清单综合单价分析表

工程名称:小白屋　　　　　　　　　　　　　　　　　　　　　　　　　　　　　　　　第 页 共 页

项目编码	010501002001		项目名称		混凝土带形基础		计量单位		m³

清单综合单价组成明细

定额编码	定额名称	定额单位	数量	单价					合价				
				人工费	材料费	机械费	管理费	利润	人工费	材料费	机械费	管理费	利润
4-7-1	现浇现拌混凝土基础垫层	m³	0.42	92.86	291.64	6.62	19.56	27.38	38.60	121.24	2.75	8.13	11.38
4-9-2	现浇非泵送混凝土带基、基坑支撑	m³	1.00	28.87	305.58	1.04	16.77	23.48	28.87	305.58	1.04	16.77	23.48
人工单价			小计						67.47	426.82	3.79	24.9	34.86
76 元/工日			未计价材料费										
清单项目综合单价									557.85				

主要材料名称、规格、型号	单位	数量	单价	合价	暂估单价(元)	暂估合价(元)
现浇非泵送混凝土	m³	1.015	300	304.52		
现浇现拌混凝土	m³	0.42	288.43	121.08		
其他材料费				1.22	-	
材料费小计				426.82	-	

注:此处本工程其他 16 个项目的工程量清单综合单价分析表省略。

表 6-32

总价措施项目清单与计价表

工程名称:小白屋　　　　　　　　　　　　　　　　　　　　　　　　　　　　　　　　第 1 页　共 1 页

序号	项目编码	项目名称	计算基础	费率(%)	金额(元)
1	011707001001	安全文明施工费	人工费	30	6795.19
2	011707002001	夜间施工增加费	人工费	7.5	1727.59
3	011707004001	二次搬运费	人工费	2.5	575.86
4	011707005001	冬雨季施工增加费	人工费	1	230.35
5	011707006001	地上、地下设施,建筑物的临时保护设施			2000.00
6	011707007001	已完工程及设备保护			3000.00
7		工程定位复测费			1500.00
		...			
合　计					15828.99

表 6-33　　**单价措施项目清单与计价表**

工程名称：小白屋　　　　　　　　　　　　　　　　　　　　　　　　　　第 1 页　共 1 页

序号	项目编码	项目名称	项目特征描述	计量单位	工程量	金额（元）	
						综合单价	合价
1	011701001001	综合脚手架	略	m²	1100	5	5500
2	011702001001	现浇钢筋混凝土基础模板	略	m²	19.08	69.37	1323.58
3	011702008001	现浇混凝土圈梁模板	略	m²	57.46	55.55	3191.90
		...					
合　计							10015.48

表 6-34　　**其他项目清单与计价汇总表**

工程名称：小白屋　　　　　　　　　　　　　　　　　　　　　　　　　　第 1 页　共 1 页

序号	项目名称	计量单位	金额（元）	备注
1	暂列金额	项	6000.00	明细详见暂列金额表
2	暂估价	项	-	
2.1	材料暂估价	项	-	明细详见材料暂估价表（此处不汇总）
2.2	专业工程暂估价	项	-	明细详见专业工程暂估价表
3	计日工	项	1671.35	明细详见计日工表
4	总承包服务费	项	-	明细详见总承包服务费表
	合计		7671.35	

表 6-35　　**暂列金额明细表**

工程名称：小白屋　　　　　　　　　　　　　　　　　　　　　　　　　　第 1 页　共 1 页

序号	工程名称	计量单位	暂定金额（元）	备注
1	工程量清单中工程量偏差和设计变更	项	2000.00	
2	政策性调整和材料价格风险	项	2000.00	
3	其他	项	2000.00	
	暂列金额合计		6000.00	

表 6-36　　**计日工表**

工程名称：小白屋　　　　　　　　　　　　　　　　　　　　　　　　　　第 1 页　共 1 页

序号	项目名称	单位	暂定数量	综合单价（元）	合价（元）	
一	人工				1520.00	
1	普工	工日	20.00	76	1520.00	
2						
二	材料				59.00	
1	水泥 32.5 级	t	0.20	295	59.00	
2						
三	施工机械				92.35	
1	灰浆搅拌机（200L）	台班	1.00	92.35	92.35	
2						
	合计				1671.35	

表 6-37

规费、税金项目清单与计价表

工程名称：小白屋   第1页　共1页

序号	项目名称	计算基础	费率(%)	金额(元)
1	规费			7 332.90
1.1	工程排污费	按工程所在地环保部门定		
1.2	社会保险费(包括养老保险费、失业保险费、医疗保险费、生育保险、工伤保险)	人工费	25	5 922.72
1.3	住房公积金	人工费	6	1 410.18.
2	税金	分部分项工程费＋措施项目费＋其他项目费＋规费	3.477	5 424.86
	合计			12 757.76

复习思考题

1. 什么是综合单价？

2. 工程量清单投标报价的依据有哪些？

3. 试述工程量清单计价投标报价的编制步骤。

4. 招标控制价和投标价的区别有哪些？

5. 如何进行工程询价？

6. 其他项目清单费用的组成有哪些？

7. 工程项目总价是如何构成的？

8. 分部分项工程量清单综合单价中的人工费、材料费和机械费是如何确定的？

9. 工程量清单综合单价中为何要考虑风险因素？实际工作中又是如何考虑的？

10. 施工投标报价的程序是什么？

11. 常见的投标策略有哪几种？

第 **7** 章　工程造价文件

内容提要
与
学习要求

　　本章介绍了工程项目建设期间的全过程造价控制的内容。工程项目的建设全过程包括决策、设计、交易、施工、竣工等阶段,对应于各阶段均应进行工程造价文件的编制,本章介绍了投资估算、设计概算、施工图预算、工程招标控制价与投标价、工程结算与决算的概念,编制依据、要求、内容、方法以及文件的组成。熟悉投资估算的概念、作用、阶段划分及精度要求,熟悉投资估算编制的依据、要求、内容、方法,了解投资估算文件的编制;熟悉设计概算的概念、作用,熟悉设计概算编制的依据,熟悉三级概算的编制形式、内容、方法,了解设计概算文件的编制;熟悉施工图预算的概念、作用,了解施工图预算编制的原则、依据,熟悉施工图预算的编制步骤、内容、方法,了解施工图预算文件的编制;熟悉工程招标控制价与投标价的概念、编制依据、编制方法;了解工程结算与决算的概念、作用、内容及编制方法。

　　工程项目需要按一定的建设程序进行决策和实施,工程项目建设全过程包括决策、设计、工程发承包、施工、竣工等阶段,工程计价也需要在不同阶段多次进行,以保证工程造价计算的准确性和控制的有效性。多次计价是个逐步深化、逐步细化和逐步接近实际造价的过程。不同阶段需要进行相应的工程造价文件的编制工作。

　　在项目建议书和可行性研究阶段通过编制估算文件预先测算和确定的工程造价。在初步设计阶段,根据设计意图,编制工程概算文件。在施工图设计阶段,根据施工图纸,编制施工图预算文件。

　　在工程发承包阶段,工程造价文件则包括招标控制价、投标报价。在工程实施过程中,承包商依据承包合同中关于付款条款的规定和实际完成的工程量,按照规定的程序向建设单位(业主)收取工程价款,称为工程结算。

　　在工程竣工验收阶段,按合同调价范围和调价方法,对实际发生的工程量增减、设备和材料价差等进行调整后计算和确定的价格,编制竣工结算,反映工程项目实际造价。

　　在工程竣工决算阶段,以实物数量和货币指标为计量单位,编制竣工决算以反映竣工项目从筹建开始到项目竣工交付使用为止的全部建设费用。

7.1　投资估算

　　投资估算是指在整个投资决策过程中,依据现有的资料和一定的方法,对建设项目的投资数额进行的估计。工程建设投资估算的准确性直接影响到项目的投资决策、基建规模、工程设计方案和投资经济效果,并直接影响到工程建设能否顺利进行。当可行性研究报告被批准之后,其投资估算额就作为设计任务中下达的投资限额,即作为建设项目投资的最高限额,不得随意突破。项目投资估算对工程设计概算起控制作用。设计概算不得突破批准的投资估算额,并应控制在投资估算额以内。

7.1.1 投资估算概述

1. 投资估算的含义

投资估算是在投资决策阶段,以方案设计或可行性研究文件为依据,按照规定的程序、方法和依据,对拟建项目所需总投资及其构成进行的预测和估计;是在研究并确定项目的建设规模、产品方案、技术方案、工艺技术、设备方案、厂址方案、工程建设方案以及项目进度计划等的基础上,依据特定的方法,估算项目从筹建、施工直至建成投产所需全部建设资金总额并测算建设期各年资金使用计划的过程。投资估算的成果文件称作投资估算书,也简称投资估算。投资估算书是项目建议书或可行性研究报告的重要组成部分,是项目决策的重要依据之一。

2. 投资估算的作用

投资估算作为论证拟建项目的重要经济文件,既是建设项目技术经济评价和投资决策的重要依据,又是该项目实施阶段投资控制的目标值。投资估算在建设工程的投资决策、造价控制、筹集资金等方面都有重要作用。

(1) 项目建议书阶段的投资估算,是项目主管部门审批项目建议书的依据之一,也是编制项目规划、确定建设规模的参考依据。

(2) 项目可行性研究阶段的投资估算,是项目投资决策的重要依据,也是研究、分析、计算项目投资经济效果的重要条件。当可行性研究报告被批准后,其投资估算额将作为设计任务书中下达的投资限额,即建设项目投资的最高限额不得随意突破。

(3) 项目投资估算是设计阶段造价控制的依据,投资估算一经确定,即成为限额设计的依据,用以对各设计专业实行投资切块分配,作为控制和指导设计的尺度。

(4) 项目投资估算可作为项目资金筹措及制订建设贷款计划的依据,建设单位可根据批准的项目投资估算额,进行资金筹措和向银行申请贷款。

(5) 项目投资估算是核算建设项目固定资产投资需要额和编制固定资产投资计划的重要依据。

(6) 投资估算是建设工程设计招标、优选设计单位和设计方案的重要依据。

3. 投资估算的阶段划分及精度要求

在项目决策与评价过程中,某些阶段需要进行投资估算。投资估算涉及项目规划、项目建议书、初步可行性研究、可行性研究等阶段,是项目决策的重要依据之一。投资估算的准确性不仅影响可行性研究工作的质量和经济评价结果,还直接关系到下一阶段设计概算和施工图预算的编制。因此,应全面准确地对建设项目建设总投资进行投资估算。我国建设项目的投资估算可分为以下几个阶段(表 7-1)。

表 7-1   投资估算的阶段划分及精度要求表

决策阶段名称	决策阶段定义	估算作用	精度要求
项目规划阶段(投资机会研究阶段)	有关部门根据国民经济发展规划、地区发展规划和行业发展规划的要求,编制建设项目的建设规划	按项目规划的要求和内容,粗略估算建设项目所需投资额	允许大于 ±30%

决策阶段名称	决策阶段定义	估算作用	精度要求
项目建议书阶段	是项目单位就新建、扩建事项向有关部门申报阶段。是项目建设筹建单位或项目法人,根据国民经济的发展、国家和地方中长期规划、产业政策、生产力布局、国内外市场、所在地的内外部条件,提出的某一具体项目的建议文件,是对拟建项目提出的框架性的总体设想	主要论证项目建设的必要性,建设方案和投资估算都比较粗	±30% 以内
初步可行性研究阶段	也称预可行性研究,在投资机会研究的基础上,对项目方案进行初步的技术、经济分析和社会、环境评价,对项目是否可行做出初步判断	初步明确项目方案,为项目进行技术经济论证提供依据,同时是判断是否进行详细可行性研究的依据	±20% 以内
可行性研究阶段	在初步可行性研究的基础上进行详细研究。通过主要建设方案和建设条件的分析比选论证,得出该项目是否值得投资、建设方案是否合理、可行的研究结论,为项目最终决策提供依据	研究内容较详实,可进行较详细的技术经济分析,此阶段的投资估算经审查批准后,即是工程设计任务书中规定的项目投资限额,对工程设计概算起控制作用	±10% 以内

7.1.2 投资估算的编制

1. 投资估算的编制依据

依据建设项目特征、设计文件和相应的工程计价依据,对项目总投资及其构成进行估算,并对主要技术经济指标进行分析。建设项目投资估算编制依据是指在编制投资估算时进行工程计量以及价格确定,与工程计价有关参数、率值确定的基础资料,主要有以下几个方面:

(1)国家、行业和地方政府的有关规定。

(2)拟建项目建设方案确定的各项工程建设内容。

(3)工程勘察与设计文件,图示计量或有关专业提供的主要工程量和主要设备清单。

(4)行业部门、项目所在地工程造价管理机构或行业协会等编制的投资估算办法、投资估算指标、概算指标(定额)、工程建设其他费用定额(规定)、综合单价、价格指数和有关造价文件等。

(5)类似工程的各种技术经济指标和参数。

(6)工程所在地的同期的人工、材料、设备的市场价格,建筑、工艺及附属设备的市场价格和有关费用。

(7)政府有关部门、金融机构等部门发布的价格指数、利率、汇率、税率等有关参数。

(8)与项目建设相关的工程地质资料、设计文件、图纸等。

(9)其他技术经济资料。

2. 投资估算的编制要求

建设项目投资估算编制时,应满足以下要求:

(1)应委托有相应工程造价咨询资质的单位编制。

(2)应根据主体专业设计的阶段和深度,结合各自行业的特点,所采用生产工艺流程的成熟性以及编制单位所掌握的国家及地区、行业或部门相关投资估算基础资料和数据的合理、可靠、完整程度,采用合适的方法,对建设项目投资估算进行编制。

（3）应做到工程内容和费用构成齐全,不漏项,不提高或降低估算标准,计算合理,不少算,不重复计算。

（4）应充分考虑拟建项目设计的技术参数和投资估算所采用的估算系数、估算指标在质和量方面所综合的内容,应遵循口径一致的原则。

（5）应根据项目的具体内容及国家有关规定等,将所采用的估算系数和估算指标价格、费用水平调整到项目建设所在地及投资估算编制年的实际水平。对于建设项目的边界条件,如建设用地费和外部交通、水、电、通信条件,或市政基础设施配套条件等差异所产生的与主要生产内容投资无必然关联的费用,应结合建设项目的实际情况进行修正。

（6）应对影响造价变动的因素进行敏感性分析,分析市场的变动因素,充分估计物价上涨因素和市场供求情况对项目造价的影响,确保投资估算的编制质量。

（7）投资估算精度应能满足控制初步设计概算要求,并尽量减少投资估算的误差。

3. 投资估算的编制步骤

根据投资估算的不同阶段,主要包括项目建议书阶段及可行性研究阶段的投资估算。可行性研究阶段的投资估算编制一般包含静态投资部分、动态投资部分与流动资金估算三部分,主要包括以下步骤:

（1）分别估算各单项工程所需建筑工程费、设备及工器具购置费、安装工程费,在汇总各单项工程费用的基础上,估算工程建设其他费用和基本预备费,完成工程项目静态投资部分的估算。

（2）在静态投资部分的基础上,估算价差预备费和建设期利息,完成工程项目动态投资部分的估算。

（3）估算流动资金。

（4）估算建设项目总投资。

投资估算编制的具体流程如图 7-1 所示。

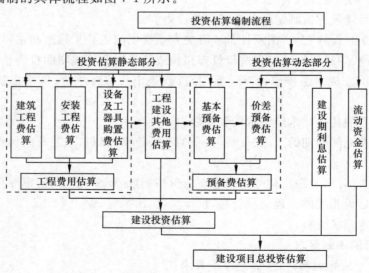

图 7-1 建设项目可行性研究阶段投资估算编制流程

4. 投资估算的编制内容

投资估算按照编制估算的工程对象划分,包括建设项目投资估算、单项工程投资估算和单位工程投资估算等。投资估算文件一般由封面、签署页、编制说明、投资估算分析、总投资估算表、单项工程估算表、主要技术经济指标等内容组成。

1)投资估算编制说明

投资估算编制说明一般包括以下内容:工程概况,编制范围,编制方法,编制依据,主要技术经济指标,有关参数、率值选定的说明,特殊问题的说明,采用限额设计的工程还应对投资限额和投资分解作进一步说明,采用方案比选的工程还应对方案比选的估算和经济指标作进一步说明。

2)投资估算分析

投资估算分析应包括以下内容:

(1)工程投资比例分析。

(2)分析设备及工器具购置费、建筑工程费、安装工程费、工程建设其他费用、预备费、建设期利息占建设总投资的比例;分析引进设备费用占全部设备费用的比例等。

(3)分析影响投资的主要因素。

(4)与国内类似工程项目的比较,分析说明投资高低的原因。

3)总投资估算

总投资估算包括汇总单项工程估算、工程建设其他费、基本预备费、价差预备费、计算建设期利息等。

4)单项工程投资估算

单项工程投资估算中,应按建设项目划分的各个单项工程分别计算组成工程费用的建筑工程费、设备及工器具购置费和安装工程费。

5)工程建设其他费用估算

工程建设其他费用估算应按预期将要发生的工程建设其他费用种类,逐项详细估算其费用金额。

6)主要技术经济指标

估算人员应根据项目特点,计算并分析整个建设项目、各单项工程和主要单位工程的主要技术经济指标。

5. 投资估算的编制方法

静态投资部分估算的方法很多,各有其适用的条件和范围,而且误差程度也不相同。一般情况下,应根据项目的性质、占有的技术经济资料和数据的具体情况,选用适宜的估算方法。在项目规划和建议书阶段,投资估算的精度较低,可采取简单的匡算法,如单位生产能力估算法、生产能力指数法、系数估算法、比例估算法或混合法等,在条件允许时,也可采用指标估算法;在可行性研究阶段,投资估算精度要求高,需采用相对详细的投资估算方法,即指标估算法。

1)静态投资部分的估算方法

(1)项目规划和建议书阶段投资估算方法。

① 单位生产能力估算法。根据已建成的、性质类似的建设项目的单位生产能力投资乘以建设规模,即得到拟建项目的静态投资额的方法。

$$C_2 = \left(\frac{C_1}{Q_1}\right)Q_2 f \tag{7-1}$$

式中　C_1——已建类似项目的静态投资额；

　　　C_2——拟建项目的静态投资额；

　　　Q_1——已建类似项目的生产能力；

　　　Q_2——拟建项目的生产能力；

　　　f——不同时期、不同地点的定额、单价、费用变更等的综合调整系数。

这种方法将项目的建设投资与其生产能力的关系视为简单的线性关系，估算简便迅速。而事实上单位生产能力的投资会随生产规模的增加而减少，因此，这种方法一般只适用于与已建项目在规模和时间上相近的拟建项目，一般两者间的生产能力比值为 0.5～2。

另外，由于在实际工作中不易找到与拟建项目完全类似的项目，通常是把项目按其构成的车间、设施和装置进行分解，分别套用类似车间、设施和装置的单位生产能力投资指标计算，然后加总求得项目总投资，或根据拟建项目的规模和建设条件，将投资进行适当调整后估算项目的投资额。

② 生产能力指数法。又称指数估算法，它是根据已建成的类似项目生产能力和投资额来粗略估算同类但生产能力不同的拟建项目静态投资额的方法，是对单位生产能力估算法的改进。

$$C_2 = C_1 \left(\frac{Q_2}{Q_1}\right)^n f \tag{7-2}$$

式中，n 为生产能力指数。其余符号含义同公式(7-1)。

若已建类似项目或装置的规模和拟建项目或装置的规模相差不大，生产规模比值以 0.5～2 之间，则指数 n 的取值近似为 1。

若已建类似项目或装置与拟建项目或装置的规模相差不大于 50 倍，且拟建项目的扩大仅靠增大设备规格来达到时，则 n 取值在 0.6～0.7 之间；若是靠增加相同规格设备的数量达到时，n 的取值在 0.8～0.9 之间。

采用这种方法，计算简单，速度快，但要求类似工程的资料可靠，条件基本相同，否则误差就会增大。

③ 系数估计法。也称为因子估算法，它是以拟建项目的主体工程费或主要设备购置费为基数，以其他工程费与主体工程费或设备购置费的百分比为系数，依此估算拟建项目静态投资的方法。在我国国内常用的方法有设备系数法和主体专业系数法，世行项目投资估算常用的方法是朗格系数法。

设备系数法，以拟建项目的设备购置费为基数，根据已建成的同类项目的建筑安装费和其他工程费等与设备价值的百分比，求出拟建项目建筑安装工程费和其他工程费，进而求出项目的静态投资。

$$C = E(1 + f_1 P_1 + f_2 P_2 + f_3 P_3) + I \tag{7-3a}$$

式中　C——拟建项目或装置的投资额；

　　　E——根据拟建项目或装置的设备清单按当时当地价格计算的设备费（包括运杂费）的总和；

　　　P_1, P_2, P_3——分别为已建项目中建筑、安装及其他工程费用占设备费百分比；

f_1, f_2, f_3——分别为由于时间因素引起的定额、价格、费用标准等变化的综合调整系数；

I——拟建项目的其他费用。

主体专业系数法，以拟建项目中投资比重较大，并与生产能力直接相关的工艺设备投资为基数，根据已建同类项目的有关统计资料，计算出拟建项目各专业工程（总图、土建、采暖、给排水、管道、电气、自控等）与工艺设备投资的百分比，据以求出拟建项目各专业投资，然后加总即为拟建项目的静态投资。

$$C=E(1+f_1 P_1' + f_2 P_2' + f_3 P_3' + \cdots)+I \tag{7-3b}$$

式中，P_1', P_2', P_3' 为已建项目中各专业工程费用与工艺设备投资的比例。其余符号含义同公式(7-3a)。

朗格系数法，以设备费购置费为基数，乘以适当系数来推算项目的静态投资。这种方法在国内不常见，是世行项目投资估算常采用的方法。该方法的基本原理是将项目建设中的总成本费用中的直接成本和间接成本分别计算，再合为项目的静态投资。

$$C=E(1+\sum K_i)K_c \tag{7-4}$$

式中　K_i——管线、仪表、建筑物等项费用的估算系数；

　　　K_c——管理费、合同费、应急费等间接费项目费用的总估算系数。

其他符号同公式(7-3a)。

静态投资与设备购置费之比为朗格系数 K_L，即 $K_L=(1+\sum K_i)K_c$。

朗格系数法是国际上估算一个工程项目或一套装置的费用时，采用较为广泛的方法。一般项目应用朗格系数法进行工程项目或装置估价的精度不高，但在石油、石化、化工工程中，设备费用在一项工程中所占的比重占 45%～55%，同时一项工程中每台设备所含有的管道、电气、自控仪表、绝热、油漆、建筑等，都有一定的规律。所以，在这些项目中只要对各种不同类型工程的朗格系数掌握得准确，估算精度仍可较高，误差可控制在 10%～15%。

④ 比例估算法。根据已知的同类建设项目主要生产工艺设备占整个建设项目的投资比例，先逐项估算出拟建项目主要生产工艺设备投资，再按比例估算拟建项目的静态投资的方法。

$$I=\frac{1}{K}\sum_{i=1}^{n} Q_i P_i \tag{7-5}$$

式中　I——拟建项目的静态投资；

　　　K——已建项目主要设备投资占拟建项目投资的比例；

　　　n——设备种类数；

　　　Q_i——第 i 种设备的数量；

　　　P_i——第 i 种设备的单价（到厂价格）。

比例估算法主要应用于设计深度不足，拟建建设项目与类似建设项目的主要生产工艺设备投资比重较大，行业内相关系数等基础资料完备的情况。

⑤ 混合法。根据主体专业设计的阶段和深度，投资估算编制者所掌握的国家及地区、行业或部门相关投资估算基础资料和数据，以及其他统计和积累的、可靠的相关造价基础资料，对一个拟建建设项目采用生产能力指数法与比例估算法或系数估算法与比例估算法混合估算

其相关投资额的方法。

（2）可行性研究阶段投资估算方法。

为了保证编制精度，可行性研究阶段建设项目投资估算原则上应采用指标估算法。指标估算法是指依据投资估算指标，对各单位工程或单项工程费用进行估算，进而估算建设项目总投资的方法。首先把拟建建设项目以单项工程或单位工程，按建设内容纵向划分为各个主要生产设施、辅助及公用设施、行政及福利设施以及各项其他基本建设费用，按费用性质横向划分为建筑工程、设备及工器具购置、安装工程等费用；然后，根据各种具体的投资估算指标，进行各单位工程或单项工程投资的估算；在此基础上汇集编制成拟建建设项目的各个单项工程费用和拟建项目的工程费用投资估算；再按相关规定估算工程建设其他费、基本预备费等，形成拟建建设项目静态投资。

在条件具备时，对于投资有重大影响的主体工程应估算出分部分项工程量，套用相关综合定额（概算指标）或概算定额进行编制。对于子项单一的大型民用公共建筑，主要单项工程估算应细化到单位工程估算书。

① 建筑工程费用估算。估算建筑工程费用是指为建造永久性建筑物和构筑物所需要的费用。建筑工程费的估算方法有单位建筑工程投资估算法、单位实物工程量投资估算法和概算指标投资估算法。前两种方法比较简单，适合有适当估算指标或类似工程造价资料时使用，当不具备上述条件时，可采用计算主体实物工程量套用相关综合定额或概算定额进行估算，这种方法需要较为详细的工程资料，工作量较大。

单位建筑工程投资估算法，是以单位建筑工程费用乘以建筑工程总量来估算建筑工程费的方法。根据所选建筑单位的不同，这种方法可以进一步分为单位长度价格法、单位面积价格法、单位容积价格法和单位功能价格法等。

单位实物工程量投资估算法，是以单位实物工程量的建筑工程费乘以实物工程总量来估算建筑工程费的方法。大型土方、总平面竖向布置、道路及场地铺砌、厂区综合管网和线路、围墙大门等，分别以 m^3、m^2、延长米或座为单位，套用技术标准、结构形式相适应的投资估算指标或类似工程造价资料进行建筑工程费估算。桥梁、隧道、涵洞设施等，分别以 $100m^2$ 桥面（桥梁）、$100m^2$ 断面（隧道）、道（涵）为单位，套用技术标准、结构形式、施工方法相适应的投资估算指标或类似工程造价资料进行估算。

概算指标投资估算法，对于没有上述估算指标，或者建筑工程费占总投资比例较大的项目，可采用概算指标估算法。采用此种方法，应拥有较为详细的工程资料、建筑材料价格和工程费用指标信息，投入的时间和工作量较大。

② 设备及工器具购置费估算。设备购置费根据项目主要设备表及价格、费用资料编制，工器具购置费按设备费的一定比例计取。对于价值高的设备应按单台（套）估算购置费，价值较小的设备可按类估算，国内设备和进口设备应分别估算。

③ 安装工程费估算。安装工程费一般以设备费为基数区分不同类型进行估算。工艺设备安装费估算，以单项工程为单元，根据单项工程的专业特点和各种具体的投资估算指标，采用按设备费百分比估算指标进行估算；或根据单项工程设备总重采用吨/元估算指标进行估算。

$$安装工程费 = 设备原价 \times 设备安装费率（\%） \tag{7-6}$$
$$安装工程费 = 设备吨重 \times 单位重量（吨）安装费指标 \tag{7-7}$$

工艺金属结构、工艺管道估算，以单项工程为单元，根据设计选用的材质、规格，以吨为单位;工业炉窑砌筑和工艺保温或绝热估算,以单项工程为单元,以吨、立方米或平方米为单位,套用技术标准、材质和规格、施工方法相适应的投资估算指标或类似工程造价资料进行估算。

$$安装工程费=重量(体积、面积)总量×单位重量(立方米、平方米)安装费指标 \quad (7\text{-}8)$$

变配电、自控仪表安装工程估算,以单项工程为单元,根据该专业设计的具体内容,一般先按材料费占设备费百分比投资估算指标计算出安装材料费。再分别根据相适应的占设备百分比(或按自控仪表设备台数,用台件/元指标估算)或占材料百分比的投资估算指标或类似工程造价资料计算设备安装费和材料安装费。

$$材料费=设备原价×材料费占设备百分比 \quad (7\text{-}9)$$

$$材料安装费=材料费×材料安装费(\%) \quad (7\text{-}10)$$

④ 工程建设其他费用估算。工程建设其他费用的计算应结合拟建项目的具体情况,有合同或协议明确的费用按合同或协议列入;无合同或协议明确的费用,根据国家和各行业部门、工程所在地方政府的有关工程建设其他费用定额(规定)和计算办法估算。

⑤ 基本预备费估算。基本预备费的估算一般是以建设项目的工程费用和工程建设其他费用之和为基础,乘以基本预备费率进行计算。基本预备费率的大小,应根据建设项目的设计阶段和具体的设计深度,以及在估算中所采用的各项估算指标与设计内容的贴近度、项目所属行业主管部门的具体规定确定。

$$基本预备费=(工程费用+工程建设其他费用)×基本预备费率(\%) \quad (7\text{-}11)$$

2) 动态投资部分的估算方法

动态投资部分包括价差预备费和建设期贷款利息两部分。动态部分的估算应以基准年静态投资的资金使用计划为基础来计算,而不是以编制的年静态投资为基础计算。

价差预备费计算详见第 3 章相关内容,另外,如果是涉外项目,还应该计算汇率的影响。估计汇率变化对建设项目投资的影响,是通过预测汇率在项目建设期内的变动程度,以估算年份的投资额为基数,相乘计算求得。

建设期贷款利息包括银行借款和其他债务资金的利息以及其他融资费用。其他融资费用是指某些债务融资中发生的手续费、承诺费、管理费、信贷保险费等融资费用,一般情况下应将其单独计算并计入建设期贷款利息;在项目前期研究的初期阶段,也可作粗略估算并计入建设投资;对于不涉及国外贷款的项目,在可行性研究阶段,也可作粗略估算并计入建设投资。建设期利息的计算详见第 3 章相关内容。

3) 流动资金的估算方法

流动资金是指项目运营需要的流动资产投资,指生产经营性项目投产后,为进行正常生产运营,用于购买原材料、燃料,支付工资及其他经营费用等所需的周转资金。对经营性项目在项目总投资的确定中需计算铺底流动资金,是能正常生产经营所需要的最基本的周转资金,为流动资金的 30%。

流动资金估算一般采用分项详细估算法,个别情况或者小型项目可采用扩大指标法。

(1) 分项详细估算法。分项详细估算法,也称分项定额估算法。它是国际上通行的流动资金估算方法,是按照下列公式分项详细估算:

$$流动资金=流动资产-流动负债 \quad (7\text{-}12)$$

$$流动资产=现金+应收及预付账款+存货 \quad (7\text{-}13)$$

$$流动负债=应付账款+预收账款 \quad (7\text{-}14)$$

$$流动资金本年增加额=本年流动资金-上年流动资金 \quad (7\text{-}15)$$

流动资产和流动负债各项构成估算公式如下：

现金的估算。

$$现金 = \frac{年工资及福利费 + 年其他费用}{周转次数} \qquad (7\text{-}16)$$

年其他费用 = 制造费用 + 管理费用 + 财务费用 + 销售费用 - 以上四项费用中所包含的

工资及福利费、折旧费、维修费、摊销费、修理费和利息支出 (7-17)

$$周转次数 = \frac{360\ 天}{最低需要周转天数} \qquad (7\text{-}18)$$

应收（预付）账款的估算。

$$应收账款 = \frac{年经营成本}{周转次数} \qquad (7\text{-}19)$$

存货的估算。存货包括各种外购原材料、燃料、包装物、低值易耗品、在产品、外购商品、协作件、自制半成品和产成品等。在估算中的存货一般仅考虑外购原材料、燃料、在产品、产成品，也可考虑备品备件。

$$外购原材料燃料 = \frac{年外购原材料燃料费用}{周转次数} \qquad (7\text{-}20)$$

$$在产品 = \frac{年外购原材料燃料及动力费 + 年工资及福利费 + 年修理费 + 年其他制造费用}{周转次数}$$

$$\qquad (7\text{-}21)$$

$$产成品 = \frac{年经营成本}{周转次数} \qquad (7\text{-}22)$$

应付（预收）账款的估算。

$$应收账款 = \frac{年外购原材料燃料动力和商品备件费用}{周转次数} \qquad (7\text{-}23)$$

（2）扩大指标估算法。扩大指标估算法是根据现有同类企业的实际资料，求得各种流动资金率指标，亦可依据行业或部门给定的参考值或经验确定比率。将各类流动资金率乘以相对应的费用基数来估算流动资金。一般常用的基数有营业收入、经营成本、总成本费用和建设投资等，究竟采用何种基数依行业习惯而定。其计算公式为

$$年流动资金额 = 年费用基数 \times 各类流动资金率 \qquad (7\text{-}24)$$

扩大指标估算法简便易行，但准确度不高，适用于项目建议书阶段的估算。

6. 投资估算文件的编制

单独成册的投资估算文件应包括封面、签署页、目录、编制说明、有关附表等，与可行性研究报告（或项目建议书）统一装订的应包括签署页、编制说明、有关附表等。在编制投资估算文件的过程中，一般需要编制建设投资估算表、建设期利息估算表、流动资金估算表、单项工程投资估算汇总表、总投资估算汇总表和分年度总投资估算表等。对于投资有重大影响的单位工程或分部分项工程的投资估算应另附主要单位工程或分部分项工程投资估算表，列出主要分部分项工程量和综合单价进行详细估算。

按照费用归集形式，建设投资估算表可按概算法或按形成资产法分为两种。

按照概算法分类，建设投资由工程费用、工程建设其他费用和预备费三部分构成。其中工程费用又由建筑工程费、设备及工器具购置费（含工器具及生产家具购置费）和安装工程费构成；工程建设其他费用内容较多，随行业和项目的不同而有所区别；预备费包括基本预备费和价差预备费。按照概算法编制的建设投资估算表如表 7-2 所示。

表 7-2 　　　　　　　　　　　　建设投资估算表（概算表）

序号	工程或费用名称	建筑工程费	设备及工器具购置费	安装工程费	工程建设其他费用	合计	其中:外币	比例(%)
1	工程费用							
1.1	主体工程							
1.1.1	×××							
	…							
1.2	辅助工程							
1.2.1	×××							
	…							
1.4	服务性工程							
1.4.1	×××							
	…							
1.5	厂外工程							
1.5.1	×××							
	…							
1.6	×××							
2	工程建设其他费用							
2.1	×××							
	…							
3	预备费							
3.1	基本预备费							
3.2	价差预备费							
4	建设投资合计							
	比例(%)							

　　按照形成资产法分类,建设投资由形成固定资产的费用、形成无形资产的费用、形成其他资产的费用和预备费四部分组成。固定资产费用是指项目投产时将直接形成固定资产的建设投资,包括工程费用和工程建设其他费用中按规定将形成固定资产的费用,后者被称为固定资产其他费用,主要包括建设管理费、可行性研究费、研究试验费、勘察设计费、环境影响评价费、场地准备及临时设施费、引进技术和引进设备其他费、工程保险费、联合试运转费、特殊设备安全监督检验费和市政公用设施建设及绿化费等;无形资产费用是指将直接形成无形资产的建设投资,主要是专利权、非专利技术、商标权、土地使用权和商誉等;其他资产费用是指建设投资中除形成固定资产和无形资产以外的部分,如生产准备及开办费等。按形成资产法编制的建设投资估算表如表 7-3 所示。

表 7-3　　　　　　　　　　　**建设投资估算表(形成资产法)**

人民币单位:万元　外币单位:

序号	工程或费用名称	建筑工程费	设备及工器具购置费	安装工程费	工程建设其他费用	合计	其中:外币	比例(%)
1	固定资产费用							
1.1	工程费用							
1.1.1	×××							
1.1.2	×××							
1.1.3	×××							
	…							
1.2	固定资产其他费用							
	×××							
	…							
2	无形资产费用							
2.1	×××							
	…							
3	其他资产费用							
3.1	×××							
	…							
4	预备费							
4.1	基本预备费							
4.2	价差预备费							
5	建设投资合计							
	比例(%)							

7.2　设计概算

　　根据国家有关文件的规定,一般工业项目设计可按初步设计和施工图设计两个阶段进行,称为"两阶段设计";对于技术上复杂、在设计时有一定难度的工程,根据项目相关管理部门的意见和要求,可以按初步设计、技术设计和施工图设计三个阶段进行,称为"三阶段设计"。小型工程建设项目,技术上较简单的,经项目相关管理部门同意可以简化为施工图设计一阶段进行。

　　在初步设计阶段,根据设计意图,通过编制工程概算文件预先测算和确定工程造价。与投资估算造价相比,概算造价的准确性有所提高,但受估算造价的控制。概算造价一般又可分为建设项目概算总造价、各个单项工程概算综合造价、各单位工程概算造价。

　　在"三阶段设计"的技术设计阶段,根据技术设计的要求,通过编制修正概算文件,预先测算和确定的工程造价。修正概算是对初步设计阶段的概算造价的修正和调整,比概算造价准确,但受概算造价控制。

7.2.1 设计概算概述

1. 设计概算的含义

设计概算是以初步设计文件为依据,按照规定的程序、方法和依据,对建设项目总投资及其构成进行的概略计算。具体而言,设计概算是在投资估算的控制下由设计单位根据初步设计或扩大初步设计的图纸及说明,利用国家或地区颁发的概算指标、概算定额、综合指标预算定额、各项费用定额或取费标准(指标)、建设地区自然、技术经济条件和设备、设备材料预算价格等资料,按照设计要求,对建设项目从筹建至竣工交付使用所需全部费用进行的预计。设计概算的成果文件称作设计概算书,也简称设计概算。设计概算书是初步设计文件的重要组成部分,其特点是编制工作相对简略,无须达到施工图预算的准确程度。采用两阶段设计的建设项目,初步设计阶段必须编制设计概算;采用三阶段设计的,扩大初步设计阶段必须编制修正概算。

设计概算的编制内容包括静态投资和动态投资两个层次。静态投资作为考核工程设计和施工图预算的依据;动态投资作为项目筹措、供应和控制资金使用的限额。

设计概算经批准后,一般不得调整。如果由于下列原因需要调整概算时,应由建设单位调查分析变更原因,报主管部门审批同意后,由原设计单位核实编制调整概算,并按有关审批程序报批。当影响工程概算的主要因素查明且工程量完成了一定量后,方可对其进行调整。一个工程只允许调整一次概算。允许调整概算的原因包括以下几点:

(1) 超出原设计范围的重大变更。

(2) 超出基本预备费规定范围不可抗拒的重大自然灾害引起的工程变动和费用增加。

(3) 超出工程造价调整预备费的国家重大政策性的调整。

2. 设计概算的作用

设计概算是工程造价在设计阶段的表现形式,因为设计概算不是在市场竞争中形成的,是设计单位根据有关依据计算出来的工程建设的预期费用,用于衡量建设投资是否超过估算并控制下一阶段费用支出。设计概算的主要作用是控制以后各阶段的投资,具体表现为:

(1) 设计概算是编制建设项目投资计划、确定和控制建设项目投资的依据。国家规定,编制年度固定资产投资计划,确定计划投资总额及其构成数额,要以批准的初步设计概算为依据,没有批准的初步设计及其概算的建设工程不能列入年度固定资产投资计划。

经批准的建设项目设计总概算的投资额,是该工程建设投资的最高限额。在工程建设过程中,年度固定资产投资计划安排,银行拨款或贷款、施工图设计及其预算、竣工决算等,未经按规定的程序批准,都不能突破这一限额,以确保国家固定资产投资计划的严格执行和有效控制。

设计概算是签订建设工程合同和贷款合同的依据。《中华人民共和国合同法》明确规定,建设工程合同是承包人进行工程建设,发包人支付价款的合同。合同价款的多少是以设计概预算为依据的,而且总承包合同不得超过设计总概算的投资额。

设计概算是银行拨款或签订贷款合同的最高限额,建设项目的全部拨款或贷款以及各单项工程的拨款或贷款的累计总额,不能超过设计概算。如果项目的投资计划所列投资额或拨款与贷款突破设计概算时,必须查明原因后由建设单位报请上级主管部门调整或追加设计概算总投资额,未批准之前,银行对其超支部分拒不拨付。

（2）设计概算是控制施工图设计和施工图预算的依据。经批准的设计概算是建设项目投资的最高限额，设计单位必须按照批准的初步设计及其总概算进行施工图设计，施工图预算不得突破设计概算。如确需突破总概算时，应按规定程序报经审批。

（3）设计概算是衡量设计方案经济合理性和选择最佳设计方案的依据。设计概算是设计方案技术经济合理性的综合反映，据此可以用来对不同的设计方案进行技术与经济合理性的比较，以便选择最佳的设计方案。

（4）设计概算是工程造价管理及编制招标标底和投标报价的依据。设计总概算一经批准，就作为工程造价管理的最高限额，并据此对工程造价进行严格的控制。以设计概算进行招投标的工程，招标单位编制标底是以设计概算造价为依据的，并以此作为评标定标的依据。承包单位为了在投标竞争中取胜，也必须以设计概算为依据，编制出合适的投标报价。

（5）设计概算是考核建设项目投资效果的依据。通过设计概算与竣工决算对比，可以分析和考核投资效果的好坏，同时还可以验证设计概算的准确性，有利于加强设计概算管理和建设项目的造价管理工作。

7.2.2 设计概算的编制

1. 设计概算的编制原则

（1）严格执行国家的建设方针和经济政策的原则。设计概算是一项重要的技术经济工作，要严格按照党和国家的方针、政策办事，坚决执行勤俭节约的方针，严格执行规定的设计标准。

（2）完整、准确地反映设计内容的原则。编制设计概算时，要认真了解设计意图，根据设计文件、图纸准确计算工程量，避免重算和漏算。设计修改后，要及时修正概算。

（3）坚持结合拟建工程的实际，反映工程所在地当时价格水平的原则。为提高设计概算的准确性，要实事求是地对工程所在地的建设条件，可能影响造价的各种因素进行认真的调查研究。在此基础上正确使用定额、指标、费率和价格等各项编制依据，按照现行工程造价的构成，根据有关部门发布的价格信息及价格调整指数，考虑建设期的价格变化因素，使概算尽可能地反映设计内容、施工条件和实际价格。

2. 设计概算的编制依据

（1）国家、行业和地方政府有关建设和造价管理的法律、法规、规章、规程、标准等。

（2）相关文件和费用资料，包括：

① 初步设计或扩大初步设计图纸、设计说明书、设备清单和材料表等；

② 批准的建设项目设计任务书（或批准的可行性研究报告）和主管部门的有关规定；

③ 国家或省、市、自治区现行的建筑设计概算定额（综合预算定额或概算指标），现行的安装设计概算定额（或概算指标），类似工程概预算及技术经济指标；

④ 建设工程所在地区的人工工资标准、材料预算价格、施工机械台班预算价格，标准设备和非标准设备价格资料，现行的设备原价及运杂费率，各类造价信息和指数；

⑤ 国家或省、市、自治区现行的建筑安装工程间接费定额和有关费用标准，工程所在地区的土地征购、房屋拆迁、青苗补偿等费用和价格资料；

⑥ 资金筹措方式或资金来源；

⑦ 正常的施工组织设计及常规施工方案；

⑧ 项目涉及的有关文件、合同、协议等。

（3）施工现场资料。

3．设计概算的编制内容

设计概算文件的编制应采用单位工程概算、单项工程综合概算、建设项目总概算三级概算编制形式。当建设项目为一个单项工程时，可采用单位工程概算、总概算两级概算编制形式。三级概算之间的相互关系和费用构成，如图7-2所示。

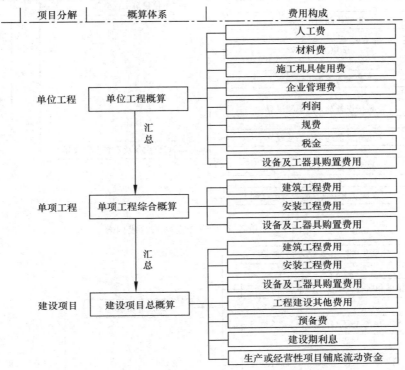

图 7-2　三级概算之间的相互关系和费用组成

1）单位工程概算

单位工程概算是确定各单位工程建设费用的文件，是编制单项工程综合概算的依据，是单项工程综合概算的组成部分。单位工程概算按其工程性质分为建筑工程概算和设备及安装工程概算两大类。建筑工程概算包括土建工程概算，给排水、采暖工程概算，通风、空调工程概算，电气、照明工程概算，弱电工程概算，特殊构筑物工程概算等；设备及安装工程概算包括机械设备及安装工程概算，电气设备及安装工程概算，热力设备及安装工程概算，工具、器具及生产家具购置费概算等。

2）单项工程综合概算

单项工程综合概算是确定一个单项工程所需建设费用的文件，它是由单项工程中的各单位工程概算汇总编制而成的，是建设项目总概算的组成部分。单项工程综合概算的组成内容如图7-3所示。

若建设项目仅有一个单项工程，则需再编制图7-4中虚线所示的内容。

3）建设项目总概算

建设项目总概算是确定整个建设项目从筹建到竣工验收所需全部费用的文件，它是由各单项工程综合概算、工程建设其他费用概算、预备费、建设期贷款利息和固定资产投资方向调节税概算汇总编制而成的,如图 7-4 所示。

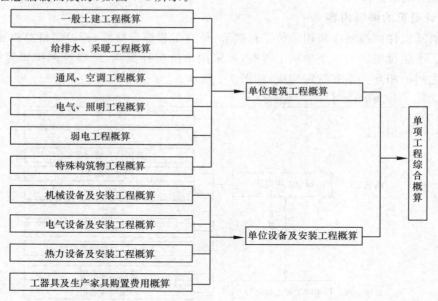

图 7-3　单项工程综合概算的组成内容

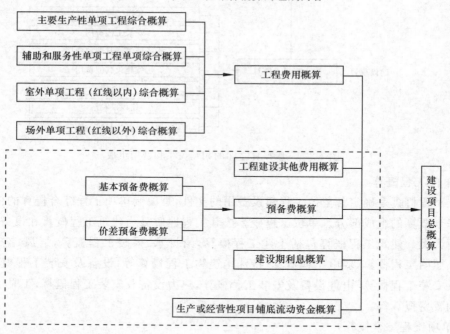

图 7-4　建设项目总概算的组成内容

4. 单位工程概算的编制

设计概算是由单位工程概算、单项工程综合概算和建设项目总概算三级组成,设计概算的编制,是从单位工程概算这一级开始编制,经过逐级汇总而成。

单位工程是单项工程的组成部分,是指具有单独设计可以独立组织施工,但不能独立发挥生产能力或使用效益的工程。单位工程概算是确定单位工程建设费用的文件,是单项工程综合概算的组成部分。它由人工费、材料费、施工机械使用费、企业管理费、利润、规费和税金组成。

单位工程概算分建筑工程概算和设备及安装工程概算两大类。建筑工程概算的编制方法有概算定额法、概算指标法、类似工程预算法等；设备及安装工程概算的编制方法有预算单价法、扩大单价法、设备价值百分比法和综合吨位指标法等。

1) 建筑单位工程概算的主要编制方法

（1）概算定额法。概算定额法又叫扩大单价法或扩大结构定额法。它是采用概算定额编制建筑工程概算的方法，类似用预算定额编制建筑工程预算。它是根据初步设计图纸资料和概算定额的项目划分计算出工程量，然后套用概算定额单价（基价），计算汇总后，再计取有关费用，便可得出单位工程概算造价。

当初步设计达到一定深度，建筑结构比较明确，能按照初步设计的平面、立面、剖面图纸计算出楼地面、墙身、门窗和屋面等扩大分项工程（或扩大结构构件）项目的工程量时，可采用概算定额法编制工程概算。

采用概算定额法编制概算，首先根据概算定额编制成扩大单位估价表（概算定额单价）。概算定额是按一定计量单位规定的、扩大分部分项工程或扩大结构构件的劳动，材料和机械台班的消耗量标准。扩大单位估价表是确定单位工程中各扩大分部分项工程或扩大的结构件所需全部材料费、人工费、施工机械使用费之和的文件，计算公式如下：

$$
\begin{aligned}
概算定额单价 =& \begin{matrix} 概算定额 \\ 单位材料费 \end{matrix} + \begin{matrix} 概算定额 \\ 单位人工费 \end{matrix} + \begin{matrix} 概算定额 \\ 单位施工机械使用费 \end{matrix} \\
=& \sum \left(\begin{matrix} 概算定额中 \\ 材料消耗量 \end{matrix} \times \begin{matrix} 材料预 \\ 算价格 \end{matrix} \right) + \sum \left(\begin{matrix} 概算定额中 \\ 人工消耗量 \end{matrix} \times \begin{matrix} 人工工 \\ 资单价 \end{matrix} \right) \\
&+ \sum \left(\begin{matrix} 概算定额中 \\ 施工机械台班消耗量 \end{matrix} \times \begin{matrix} 机械台班 \\ 费用单价 \end{matrix} \right)
\end{aligned} \tag{7-25}
$$

然后用算出的扩大分部分项工程的工程量，乘以概算定额单价，进行具体计算。其中工程量的计算，必须根据定额中规定的各个扩大分部分项工程内容，遵守定额中规定的计量单位、工程量计算规则及方法来进行。完整的编制步骤如下：

① 根据初步设计图纸和说明书，按概算定额中划分的项目计算工程量。

② 根据计算的工程量套用相应的概算定额单价，计算出材料费、人工费、施工机械使用费三者费用之和。有些无法直接计算工程量的零星工程，如散水、台阶、厕所蹲台等，可根据概算定额的规定，按主要工程费用的百分比（一般为 5%～8%）计算。

③ 按有关规定计算措施费。

④ 根据有关取费标准计算企业管理费、利润、规费和税金。

⑤ 将上述各项费用加在一起，其和为建筑工程概算造价。

⑥ 将概算造价除以建筑面积可求出有关技术经济指标。

采用概算定额法编制建筑工程概算比较准确，但计算比较繁琐。只有具备一定的设计基本知识，熟悉概算定额，才能弄清分部分项的扩大综合内容，才能正确地计算扩大分部分项的工程量。同时，在套用概算定额单价时，如果所在地区的工资标准及材料预算价格与概算定额不一致，则需要重新编制概算定额单价或测定系数加以调整。

（2）概算指标法。概算指标，是按一定计量单位规定的，比概算定额更综合扩大的分部工程或单位工程等人工、材料和机械台班的消耗量标准和造价指标。在建筑工程中，它往往按完整的建筑物、构筑物以 m^2，m^3 或座等为计量单位。

概算指标法是采用直接费指标，用拟建的厂房、住宅的建筑面积（或体积）乘以技术条件相同或基本相同的概算指标得出直接费,然后按规定计算出企业管理费、利润、规费和税金等,编制出单位工程概算的方法。

当初步设计深度不够,不能准确地计算出工程量,但工程设计是采用技术比较成熟而又有类似工程概算指标可以利用时,可采用概算指标法编制概算。

① 当设计对象与概算指标在结构特征、地质及自然条件上完全相同,如基础埋深及形式、层高、墙体、楼板等主要承重构件相同,就可直接套用概算指标编制概算。计算公式如下:

$$1000\text{m}^3\text{建筑物体积的人工费}=\text{指标规定的人工工日数}\times\text{本地区日工资单价} \qquad (7\text{-}26)$$

$$1000\text{m}^3\text{建筑物体积的主要材料费}=\sum\left(\begin{array}{l}\text{指标规定的主要}\\\text{材料数量}\end{array}\times\begin{array}{l}\text{相应的地区材料}\\\text{预算价格}\end{array}\right) \qquad (7\text{-}27)$$

$$1000\text{m}^3\text{建筑物体积的其他材料费}=\sum\left(\text{主要材料费}\times\begin{array}{l}\text{其他材料费占主要}\\\text{材料费的百分比}\end{array}\right) \qquad (7\text{-}28)$$

$$1000\text{m}^3\text{建筑物体积的机械使用费}=\sum(\text{人工费}+\text{主要材料费}+\text{其他材料费})\\\times\text{机械使用费所占百分比} \qquad (7\text{-}29)$$

$$\text{每 m}^3\text{建筑物体积的工程费}=(\text{人工费}+\text{主要材料费}+\text{其他材料费}+\text{机械使用费})/1000\\\times(1+\text{综合费率}) \qquad (7\text{-}30)$$

$$\text{单位工程概算造价}=\text{设计对象的建筑体积}\times\text{概算单价} \qquad (7\text{-}31)$$

② 由于设计对象往往与类似工程概算指标的技术条件不尽相同,当设计对象的结构特征与概算指标有局部差异时,则需要对概算指标进行修正,然后用修正过的概算指标进行计算。修正方法如下:

$$\begin{array}{l}\text{结构变化修}\\\text{正概算指标}\end{array}=\begin{array}{l}\text{原概算}\\\text{指标}\end{array}+\begin{array}{l}\text{换入新结构}\\\text{的含量}\end{array}\times\begin{array}{l}\text{换入新结}\\\text{构的单价}\end{array}-\begin{array}{l}\text{换出旧结}\\\text{构的含量}\end{array}\times\begin{array}{l}\text{换出旧结}\\\text{构的单价}\end{array} \qquad (7\text{-}32\text{a})$$

或

$$\begin{array}{l}\text{结构变化修正概算指标}\\\text{的人工、材料、机械数量}\end{array}=\begin{array}{l}\text{原概算指标的人工、}\\\text{材料、机械数量}\end{array}+\begin{array}{l}\text{换入结构}\\\text{构件工程量}\end{array}\times\begin{array}{l}\text{相应定额人工、}\\\text{材料、机械消耗量}\end{array}\\-\begin{array}{l}\text{换出结构}\\\text{构件工程量}\end{array}\times\begin{array}{l}\text{相应定额人工、}\\\text{材料、机械消耗量}\end{array} \qquad (7\text{-}32\text{b})$$

以上两种方法,前者是直接修正结构构件指标单价,后者是修正结构构件指标人工、材料、机械数量。

③ 由于概算指标编制年份的设备、材料、人工等价格与设计对象当时当地的价格也可能会不一样,因此,必须对其进行调整。其调整方法如下:

$$\begin{array}{l}\text{设备、人工、材料、}\\\text{机械修正概算费用}\end{array}=\begin{array}{l}\text{原概算指标的设备}\\\text{人工、材料、机械费}\end{array}+\sum\left(\begin{array}{l}\text{换入设备、人工、}\\\text{材料、机械数量}\end{array}\times\begin{array}{l}\text{拟建地区}\\\text{相应单价}\end{array}\right)\\-\sum\left(\begin{array}{l}\text{换出设备、人工、}\\\text{材料、机械数量}\end{array}\times\begin{array}{l}\text{原概算指标设备、}\\\text{人工、材料、机械单价}\end{array}\right) \qquad (7\text{-}33)$$

(3) 类似工程预算法。类似工程预算法是利用技术条件与设计对象相类似的已完工程或在建工程的工程造价资料来编制拟建工程设计概算的方法。当拟建工程初步设计与已完工程或在建工程的设计相类似又没有可用的概算指标时可采用类似工程预算法编制概算,但必须对建筑结构差异和价差进行调整。

2) 设备及安装单位工程概算的编制方法

设备及安装工程概算包括设备购置费用概算和设备安装工程费用概算两大部分。

(1) 设备购置费概算。设备购置费是根据初步设计的设备清单计算出设备原价,并汇总求出设备总原价,然后按有关规定的设备运杂费率乘以设备总原价,两项相加即为设备购置费概算,其公式为

$$设备购置费概算 = \sum(设备清单中的设备数量 \times 设备原价) \times (1 + 运杂费率) \qquad (7\text{-}34)$$

或

$$设备购置费概算 = \sum(设备清单中的设备数量 \times 设备预算价格) \qquad (7\text{-}35)$$

国产标准设备原价可根据设备型号、规格、性能、材质、数量及附带的配件,向制造厂家询价或向设备、材料信息部门查询或按主管部门规定的现行价格逐项计算。非主要标准设备和工器具、生产家具的原价可按主要标准设备原价的百分比计算,百分比指标按主管部门或地区有关规定执行。国产非标准设备原价在设计概算时可按下列两种方法确定:

① 非标设备台(件)估价指标法。根据非标设备的类别、重量、性能、材质等情况,以每台设备规定的估价指标计算,即

$$非标准设备原价 = 设备台数 \times 每台设备估价指标(元/台) \qquad (7\text{-}36)$$

② 非标设备吨重估价指标法。根据非标设备的类别、性能、质量、材质等情况,以某类设备所规定吨重估价指标计算,即

$$非标准设备原价 = 设备吨重 \times 每吨重设备估价指标(元/t) \qquad (7\text{-}37)$$

(2) 设备安装工程费概算的编制方法。设备安装工程费概算的编制方法是根据初步设计深度和要求明确的程度来确定的,其主要编制方法如下:

① 预算单价法。当初步设计较深,有详细的设备清单时,可直接按安装工程预算定额单价编制安装工程概算,概算编制程序基本同于安装工程施工图预算。该法具有计算比较具体、精确性较高的优点。

② 扩大单价法。当初步设计深度不够,设备清单不完备,只有主体设备或仅有成套设备重量时,可采用主体设备、成套设备的综合扩大安装单价来编制概算。

上述两种方法的具体操作与建筑工程概算相类似。

③ 设备价值百分比法,又称安装设备百分比法。当初步设计深度不够,只有设备出厂价而无详细规格、重量时,安装费可按占设备费的百分比计算。其百分比值(即安装费率)由主管部门制定或由设计单位根据已完类似工程确定。该法常用于价格波动不大的定型产品和通用设备产品。公式如下:

$$设备安装费 = 设备原价 \times 安装费率(\%) \qquad (7\text{-}38)$$

④ 综合吨位指标法。当初步设计提供的设备清单有规格和设备重量时,可采用综合吨位指标编制概算,其综合吨位指标由主管部门或由设计院根据已完类似工程资料确定,该法常用于设备价格波动较大的非标准设备和引进设备的安装工程概算。公式为

$$设备安装费 = 设备吨重 \times 每吨设备安装费指标(元/t) \qquad (7\text{-}39)$$

单位工程概算表示如表 7-4 所示。

表 7-4 　　　　　　　　　　　　　一般土建工程概算表

工程名称_____

概算价值_____　技术经济指标_____元/m²

序号	编制依据或定额编号	工程或费用名称	单位	数量	概算价值		备注
					单价	合价	
		建筑面积	m²	*	*	*	
		一、土石方工程					
*	*_* *	1. …		*	*	*	
*	*_* *	…		*	*	*	
		二、砖石工程					
*	* _ * *	1. …		*	*	*	
*	* _ * *	2. …		*	*	*	
*	* _ * *	…		*			
		三、钢筋混凝土工程					
*	*_* *	…		*	*	*	
		.					
		.					
		.					
		.					
		人工费、材料费、施工机械使用费	元	*			
		企业管理费	元				
		利润	元		*		
		规费	元		*		
		税金	元				
		概算价值	元		*		

编制_____　校对_____　审核_____　　　　　编制日期_____

5. 单项工程综合概算的编制

单项工程综合概算是确定单项工程建设费用的综合性文件,它是由该单项工程各专业的单位工程概算汇总而成的,是建设项目总概算的组成部分。

单项工程综合概算文件一般包括编制说明(不编制总概算时列入)和综合概算表(含其所附的单位工程概算表和建筑材料表)两大部分。当建设项目只有一个单项工程时,此时,综合概算文件(实为总概算)除包括上述两大部分外,还应包括工程建设其他费用、建设期贷款利息、预备费和固定资产投资方向调节税的概算。

1) 编制说明

编制说明应列在综合概算表的前面,其内容如下:

(1) 编制依据。包括国家和有关部门的规定、设计文件。现行概算定额或概算指标、设备材料的预算价格和费用指标的等。

(2) 编制方法。说明设计概算是采用概算定额法,还是采用概算指标法。

(3) 主要设备、材料(钢材、木材、水泥)的数量。

(4) 其他需要说明的有关问题。

2) 综合概算表

综合概算表是根据单项工程所辖范围内的各单位工程概算等基础资料,按照国家或部委所规定统一表格进行编制。

(1) 综合概算表的项目组成。工业建设项目综合概算表由建筑工程和设备及安装工程两大部分组成;民用工程项目综合概算表就是建筑工程一项。

(2) 综合概算的费用组成。一般应包括建筑工程费用、安装工程费用、设备购置及工器具和生产家具购置费所组成。当不编制总概算时,还应包括工程建设其他费用、建设期贷款利息、预备费和固定资产方向调节税等费用项目。表示如表 7-5 所示。

表 7-5 综合概算表

建设项目_____

单项工程_____

序号	工程或费用名称	概算价值					技术经济指标			占投资额（%）	备注
		建筑工程费	安装工程费	设备及工器具购置费	工程建设其他费	合计	单位	数量	指标		
①	②	③	④	⑤	⑥	⑦	⑧	⑨	⑩		
一	建筑工程										
1	一般土建工程										
2	给水排水工程										
3	电气照明工程										
…	……										
二	设备及安装工程										
1	机械设备及安装										
2	电力设备及安装										
…	……										
三	工器具和生产家具购置										
	合计										
	占综合概算造价比例										

编制_____ 校对_____ 审核_____ 编制日期_____

6. 建设项目总概算

建设项目总概算是设计文件的重要组成部分,是确定整个建设项目从筹建到竣工交付使用所预计花费的全部费用的文件。它是由各单项工程综合概算、工程建设其他费用、建设期贷款利息、预备费、固定资产投资方向调节税和经营性项目的铺底资金概算所组成,按照主管部门规定的统一表格进行编制而成的。

设计总概算文件一般应包括:封面及目录、编制说明、总概算表、工程建设其他费用概算表、单项工程综合概算表、单位工程概算表、工程量计算表、分年度投资汇总表与分年度资金流量汇总表以及主要材料汇总表与工日数量表等。现将有关主要情况说明如下:

1) 封面、签署页及目录

2) 编制说明

编制说明应包括下列内容:

(1) 工程概况。简述建设项目性质、特点、生产规模、建设周期、建设地点等主要情况。引进项目要说明引进内容以及与国内配套工程等主要情况。

(2) 资金来源及投资方式。

(3) 编制依据及编制原则。

(4) 编制方法。说明设计概算是采用概算定额法,还是采用概算指标法等。

(5) 投资分析。主要分析各项投资的比重、各专业投资的比重等经济指标。

(6) 其他需要说明的问题。

3) 总概算表

总概算表应反映静态投资和动态投资两个部分。静态投资是按设计概算编制期价格、费率、利率、汇率等确定的投资;动态投资是指概算编制时期到竣工验收前因价格变化等多种因素所需的投资,如表 7-6 所示。

表 7-6

某建设项目总概算

序号	主项号	工程项目或费用名称	概算价值（万元）										技术经济指标		占总投资（%）	
			静态部分							动态部分		静态、动态合计	静态指标	动态指标	静态部分	动态部分
			建筑工程费	设备购置费		安装工程费	其他	合计	其中外币（币种）	合计	其中外币（币种）					
				需安装设备	不需安装设备											
一		工程费用														
1		主要生产工程	916.90	1 543.20	71.16	77.16		2 608.42				2 608.42				
2		辅助生产工程	290.56	1 024.80	32.40	51.24		1 399.00				1 399.00				
3		公用设施工程	147.18	103.20	67.20	5.16		322.74				322.74				
		小计	1 354.63	2 671.20	170.76	133.56		4 330.15				4 330.15				
二		工程建设其他费用														
1		土地征用费					90.24	90.24				90.24				
2		勘察设计费					135.60	135.60				135.60				
3		其他					79.20	79.20				79.20				
		小计					305.04	305.04				305.04				
三		预备费														
1		基本预备费					369.60	369.60				369.60				
2		价差预备费								425.52		425.52				
		小计					369.60	369.60		425.52		795.12				
四		投资方向调节税								80.40		80.40				
五		建设期贷款利息								388.80		388.80				
		固定资产投资合计	1 354.63	2 671.20	170.76	133.56	674.64	5 004.79		894.72		5 899.51				
六		铺底流动资金										600.00				
		建设项目概算总投资										6 499.51				

编制：　　　　　　　校对：　　　　　　　审核：

7.3 施工图预算

施工图预算是在施工图设计完成后,工程开工前,根据已批准的施工图纸,在施工组织设计或施工方案已确定的前提下,按照国家或地区现行的统一预算定额、单位估价表和合同双方约定的费用标准等有关文件的规定,进行编制和确定的单位工程造价的技术经济文件。

施工图预算是建筑产品计划价格,它是在按照预算定额的计算规则分别计算分部分项工程量的基础上,逐项套用预算定额基价或单位估价表,然后累计其定额工料机费,并计算企业管理费、利润、规费和税金,汇总出单位工程造价,同时做出工料分析。

7.3.1 施工图预算概述

1. 施工图预算的含义

施工图预算是以施工图设计文件为依据,按照规定的程序、方法和依据,在工程施工前对工程项目的工程费用进行的预测与计算。施工图预算的成果文件称作施工图预算书,也简称施工图预算,它是在施工图设计阶段对工程建设所需资金作出较精确计算的设计文件。

施工图预算价格既可以是按照政府统一规定的预算单价、取费标准、计价程序计算得到的属于计划或预期性质的施工图预算价格,也可以是通过招标投标法定程序后施工企业根据自身的实力即企业定额、资源市场单价以及市场供求及竞争状况计算得到的反映市场性质的施工图预算价格。

2. 施工图预算的作用

施工图预算作为建设工程建设程序中一个重要的技术经济文件,在工程建设实施过程中具有十分重要的作用,可以归纳为以下几个方面:

1)施工图预算对投资方的作用

(1)施工图预算是设计阶段控制工程造价的重要环节,是控制施工图设计不突破设计概算的重要措施;

(2)施工图预算是控制造价及资金合理使用的依据;

(3)施工图预算是确定工程招标控制价的依据;

(4)施工图预算可以作为确定合同价款、拨付工程进度款及办理工程结算的基础。

2)施工图预算对施工企业的作用

(1)施工图预算是建筑施工企业投标报价的基础;

(2)施工图预算是建筑工程预算包干的依据和签订施工合同的主要内容;

(3)施工图预算是施工企业安排调配施工力量、组织材料供应的依据;

(4)施工图预算是施工企业控制工程成本的依据;

(5)施工图预算是进行"两算"(施工图预算和施工预算)对比的依据。

3)施工图预算对其他方面的作用

(1)对于工程咨询单位而言,尽可能客观、准确地为委托方做出施工图预算,不仅体现出其水平、素质和信誉,而且强化了投资方对工程造价的控制,有利于节省投资,提高建设项目的投资效益。

(2)对于工程项目管理、监督等中介服务企业而言,客观准确的施工图预算是为业主方提供投资控制的依据。

（3）对于工程造价管理部门而言,施工图预算是其监督、检查执行定额标准、合理确定工程造价、测算造价指数以及审定工程招标控制价的重要依据。

7.3.2 施工图预算的编制

1. 施工图预算的编制原则

（1）严格执行国家的建设方针和经济政策的原则。施工图预算要严格按照党和国家的方针、政策办事,坚决执行勤俭节约的方针,严格执行规定的设计和建设标准。

（2）完整、准确地反映设计内容的原则。编制施工图预算时,要认真了解设计意图,根据设计文件、图纸准确计算工程量,避免重复和漏算。

（3）坚持结合拟建工程的实际,反映工程所在地当时价格水平的原则。编制施工图预算时,要求实事求是地对工程所在地的建设条件、可能影响造价的各种因素进行认真的调查研究。在此基础上,正确使用定额、费率和价格等各项编制依据,按照现行工程造价的构成,根据有关部门发布的价格信息及价格调整指数,考虑建设期的价格变化因素,使施工图概算尽可能地反映设计内容、施工条件和实际价格。

2. 施工图预算的编制依据

施工图预算的编制必须遵循以下依据:

（1）国家、行业和地方政府有关工程建设和造价管理的法律、法规和规定。

（2）经过批准和会审的施工图设计文件,包括设计说明书、标准图、图纸会审纪要、设计变更通知单及经建设主管部门批准的设计概算文件。

（3）施工现场勘察地质、水文、地貌、交通、环境及标高测量资料等。

（4）预算定额(或单位估价表)、地区材料市场与预算价格等相关信息以及颁布的材料预算价格、工程造价信息、材料调价通知、取费调整通知等;工程量清单计价规范。

（5）当采用新结构、新材料、新工艺、新设备而定额缺项时,按规定编制的补充预算定额。

（6）合理的施工组织设计和施工方案等文件。

（7）工程量清单、招标文件、工程合同或协议书。它明确了施工单位承包的工程范围,应承担的责任、权利和义务。

（8）项目有关的设备、材料供应合同、价格及相关说明书。

（9）项目的技术复杂程度,以及新技术、专利使用情况等。

（10）项目所在地区有关的气候、水文、地质地貌等的自然条件。

（11）项目所在地区有关的经济、人文等社会条件。

（12）预算工作手册、常用的各种数据、计算公式、材料换算表、常用标准图集及各种必备的工具书。

3. 施工图预算的编制步骤

施工图预算编制的程序主要包括三大内容:单位工程施工图预算编制、单项工程综合预算编制、建设项目总预算编制。单位工程施工图预算是施工图预算的关键。施工图预算的编制应在设计交底及会审图纸的基础上,按照图7-5所示的步骤进行。

4. 施工图预算的编制内容

1）施工图预算文件的组成

施工图预算由建设项目总预算、单项工程综合预算和单位工程预算组成。建设项目总预

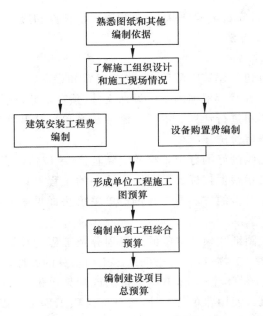

图 7-5　施工图预算编制程序

算由单项工程综合预算汇总而成,单项工程综合预算由组成本单项工程的各单位工程预算汇总而成,单位工程预算包括建筑工程预算和设备及安装工程预算。

　　施工图预算根据建设项目实际情况可采用三级预算编制或二级预算编制形式。当建设项目有多个单项工程时,应采用三级预算编制形式,三级预算编制形式由建设项目总预算、单项工程综合预算、单位工程预算组成。当建设项目只有一个单项工程时,应采用二级预算编制形式,二级预算编制形式由建设项目总预算和单位工程预算组成。

　　采用三级预算编制形式的工程预算文件包括封面、签署页及目录、编制说明、总预算表、综合预算表、单位工程预算表、附件等内容。采用二级预算编制形式的工程预算文件包括封面、签署页及目录、编制说明、总预算表、单位工程预算表、附件等内容。

　　2)施工图预算的内容

　　按照预算文件的不同,施工图预算的内容有所不同。建设项目总预算是反映施工图设计阶段建设项目投资总额的造价文件,是施工图预算文件的主要组成部分。由组成该建设项目的各个单项工程综合预算和相关费用组成。具体包括:建筑安装工程费、设备及工器具购置费、工程建设其他费用、预备费、建设期利息及铺底流动资金。施工图总预算应控制在已批准的设计总概算投资范围以内。

　　单项工程综合预算是反映施工图设计阶段一个单项工程(设计单元)造价的文件,是总预算的组成部分,由构成该单项工程的各个单位工程施工图预算组成。其编制的费用项目是各单项工程的建筑安装工程费、设备及工器具购置费总和。

　　单位工程预算是依据单位工程施工图设计文件、现行预算定额以及人工、材料和施工机械台班价格等,按照规定的计价方法编制的工程造价文件。包括单位建筑工程预算和单位设备及安装工程预算。单位建筑工程预算是建筑工程各专业单位工程施工图预算的总称,按其工程性质分为一般土建工程预算,给排水工程预算,采暖通风工程预算,煤气工程预算,电气照明工程预算,弱电工程预算,特殊构筑物如烟囱、水塔等工程预算以及工业管道工程预算等。安装工程预算是安装工程各专业单位工程预算的总称,安装工程预算按其工程性质分为机械设备安装工程预算、电气设备安装工程预算、工业管道工程预算和热力设备安装工程预算等。

5．施工图预算的编制方法

1）建筑安装工程费计算

单位工程施工图预算包括建筑工程费、安装工程费和设备及工器具购置费。单位工程施工图预算中的建筑安装工程费应根据施工图设计文件、预算定额（或综合单价）以及人工、材料及施工机械台班等价格资料进行计算。主要编制方法有单价法和实物量法，其中单价法分为定额单价法和工程量清单单价法。

定额单价法是用事先编制好的分项工程的定额基价（单位估价表）来编制施工图预算的方法。工程量清单单价法是指根据招标人按照国家统一的工程量计算规则提供工程数量，采用综合单价的形式计算工程造价的方法。工程量清单单价法详见第 6 章相关内容，本章单价法仅介绍定额单价法。

实物量法是依据施工图纸和预算定额的项目划分及工程量计算规则，先计算出分部分项工程量，然后套用预算定额（实物量定额）来编制施工图预算的方法。

（1）定额单价法。定额单价法又称工料单价法或预算单价法，是指分部分项工程的单价为人工费、材料费、施工机具使用费单价合计，将分部分项工程量乘以对应分部分项工程单价后的合计作为分部分项工料机费用合计，汇总成单位工程工料机费用合计后，再根据规定的计算方法计取企业管理费、利润、规费和税金，将上述费用汇总后得到该单位工程的施工图预算造价。定额单价法中的单价一般采用地区统一单位估价表中的各分项工程工料单价（定额基价）。定额单价法计算公式如下：

$$建筑安装工程预算造价 = \sum（分项工程量 \times 分项工程工料单价）$$
$$+ 企业管理费 + 利润 + 规费 + 税金 \tag{7-40}$$

定额单价法编制施工图预算的基本步骤如图 7-6 所示。

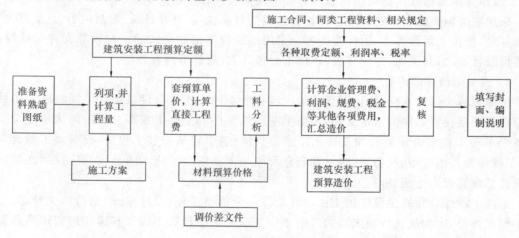

图 7-6　定额单价法的编制步骤

定额单价法是编制施工图预算的常用方法，具有计算简单、工作量较小和编制速度较快、便于工程造价管理部门集中统一管理的优点。但由于是采用事先编制好的统一的单位估价表，其价格水平只能反映定额编制年份的价格水平，在市场价格波动较大的情况下，单价法的计算结果会偏离实际价格水平，虽然可采用调价，但调价系数和指数从测定到颁布又滞后且计算也较繁琐；另外由于单价法采用的地区统一的单位估价表进行计价，承包商之间竞争的并不是自身的施工、管理水平,所以单价法并不完全适应市场经济环境。

（2）实物法。用实物法编制单位工程施工图预算,就是根据施工图计算的各分项工程量分别乘以地区定额中人工、材料、施工机械台班的定额消耗量,分类汇总得出该单位工程所需的全部人工、材料、施工机械台班消耗数量,然后再乘以当时当地人工工日单价、各种材料单价、施工机械台班单价,求出相应的人工费、材料费、机械使用费,再加上企业管理费、利润、规费和税金,汇总后得到该单位工程的施工图预算造价。实物法编制施工图预算的公式如下:

建筑安装工程预算造价＝单位工程工料机费合计＋企业管理费＋利润＋规费＋税金

(7-41)

单位工程工料机费合计＝人工费＋材料费＋机械费
＝综合工日消耗量×综合工日单价＋∑（各种材料消耗量×相应材料
单价）＋∑（各种机械消耗量×相应机械台班单价） (7-42)

应注意的是:式中综合工日消耗量＝∑（各分项工程量乘以地区分项工程人工定额消耗量）,各类材料消耗量、机械消耗量类似综合人工消耗量的计算。

实物法的优点是能较及时地将反映各种材料、人工、机械当时当地市场单价计入预算价格,不需调价,反映当时当地的工程价格水平。实物法编制施工图预算的基本步骤如图 7-7 所示:

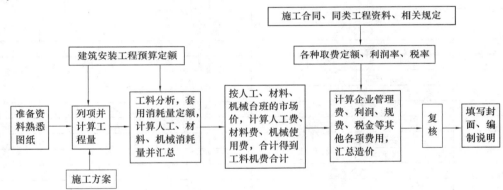

图 7-7　实物法的编制步骤

实物法与定额单价法首尾部分的步骤基本相同,所不同的主要是中间两个步骤,即:

① 采用预算单价法计算工程量后,套用相应人工、材料、施工机械台班预算定额消耗量,求出各分项工程人工、材料、施工机械台班消耗数量并汇总成单位工程所需各类人工工日、材料和施工机械台班的消耗量。

② 采用实物法,采用的是当时当地的各类人工工日、材料和施工机械台班的实际单价分别乘以相应的人工工日、材料和施工机械台班总的消耗量,汇总后得出单位工程的人工费、材料费和机械费。

在市场经济条件下,人工、材料和机械台班单价是随市场而变化的,它们是影响工程造价最活跃、最主要的因素。用实物法编制施工图预算,采用的是工程所在地当时人工、材料、机械台班价格,较好地反映实际价格水平,工程造价的准确性高。虽然计算过程较单价法繁琐,但利用计算机便可解决此问题。因此,实物法是与市场经济体制相适应的预算编制方法。

2）设备及工器具购置费计算

设备购置费由设备原价和设备运杂费构成；未到达固定资产标准的工器具购置费一般以设备购置费为计算基数，按照规定的费率计算。设备及工器具购置费计算方法及内容可参照设计概算编制的相关内容。

6. 施工图预算文件的编制

施工图预算文件包括单位工程预算书、单项工程综合预算书和建设项目总预算书。

1）单位工程施工图预算书

单位工程施工图预算由建筑安装工程费和设备及工器具购置费组成，将计算好的建筑安装工程费和设备及工器具购置费相加，即得到单位工程施工图预算，即：

$$单位工程施工图预算＝建筑安装工程＋设备及工器具购置费 \qquad (7-43)$$

单位工程施工图预算由单位建筑工程预算书和单位设备及安装工程预算书组成。单位建筑工程预算书则主要由建筑工程预算表和建筑工程取费表构成，单位设备及安装工程预算书则主要由设备及安装工程预算表和设备及安装工程取费表构成，具体表格形式如表 7-7—表 7-10 所示。

表 7-7　　　　　　　　　　　　建筑工程预算表

单项工程预算编号：　　　　　　　工程名称(单位工程)：　　　　　　　　　共　页　第　页

序号	定额号	工程项目或定额名称	单位	数量	单价(元)	其中人工费(元)	合价(元)	其中人工费(元)
一		土石方工程						
1	××	×××××						
2	××	×××××						
二		砌筑工程						
1	××	×××××						
2	××	×××××						
三		楼地面工程						
1	××	×××××						
2	××	×××××						
		定额工、料、机费合计						

编制人：　　　　　　　　　　　　审核人：

表 7-8　　　　　　　　　　　　建筑工程取费表

单项工程预算编号：　　　　　　　工程名称(单位工程)：　　　　　　　　　共　页　第　页

序号	工程项目或费用名称	表达式	费率(%)	合价(元)
1	人工费			
2	材料费			
3	机械机具使用费			
4	企业管理费			
5	利润			
6	规费			
7	税金			
8	单位建筑工程费用			

编制人：　　　　　　　　　　　　审核人：

表 7-9   **设备及安装工程预算表**

单项工程预算编号：   工程名称(单位工程)：   共 页 第 页

序号	定额号	工程项目或定额名称	单位	数量	单价(元)	其中人工费(元)	合价(元)	其中人工费(元)	其中设备费(元)	其中主材费(元)
一		设备安装								
1	××	×××××								
2	××	×××××								
二		管道安装								
1	××	×××××								
2	××	×××××								
三		防腐保温								
1	××	×××××								
2	××	×××××								
		定额工料机设备合计								

编制人：   审核人：

表 7-10   **设备及安装工程取费表**

单项工程预算编号：   工程名称(单位工程)：   共 页 第 页

序号	工程项目或费用名称	表达式	费率(%)	合价(元)
1	人工费			
2	材料费			
3	机械机具使用费			
4	设备费			
5	企业管理费			
6	利润			
7	规费			
8	税金			
9	单位设备及安装工程费用			

编制人：   审核人：

2) 单项工程综合预算书

单项工程综合预算造价由组成该单项工程的各个单位工程预算造价汇总而成。

    单项工程施工图预算＝∑单位建筑工程费用＋∑单位设备及安装工程费用   (7- 44)

单项工程综合预算书主要由综合预算表构成,综合预算表格式如表 7-11 所示。

表 7-11　　　　　　　　　　　　　　　　**综合预算表**

综合预算编号：　　　　　　　　　　工程名称(单项工程)：　　　　　　　　　　单位：万元　共　页　第　页

序号	预算编号	工程项目或费用名称	设计规模或主要工程量	建筑工程费	设备及工器具购置费	安装工程费	合计	其中：引进部分	
								单位	指标
一		主要工程							
1		×××××							
2		×××××							
二		辅助工程							
1		×××××							
2		×××××							
三		配套工程							
1		×××××							
2		×××××							
		单项工程预算费用合计							

编制人：　　　　　　　　　　审核人：　　　　　　　　　　项目负责人：

3）建设项目总预算书

建设项目总预算由组成该建设项目的各个单项工程综合预算，以及经计算的工程建设其他费、预备费和建设期利息和铺底流动资金汇总而成。三级预算编制中总预算由综合预算和工程建设其他费、预备费、建设期利息及铺底流动资金汇总而成，计算公式如下：

总预算＝∑单项工程施工图预算＋工程建设其他费＋预备费＋建设期利息＋铺底流动资金

　　　　　　　　　　　　　　　　　　　　　　　　　　　　　　　　　　　(7-45)

二级预算编制中总预算由单位工程施工图预算和工程建设其他费、预备费、建设期贷款利息及铺底流动资金汇总而成，计算公式如下：

总预算＝∑单位建筑工程费用＋∑单位设备及安装工程费用＋工程建设其他费

　　　　　＋预备费＋建设期利息＋铺底流动资金　　　　　　　　　　　　(7-46)

工程建设其他费、预备费、建设期利息及铺底流动资金具体编制方法可参照第 3 章相关内容。以建设项目施工图预算编制时为界线，若上述费用已经发生，按合理发生金额列计，如果还未发生，按照原概算内容和本阶段的计费原则计算列入。

采用三级预算编制形式的工程预算文件包括封面、签署页及目录、编制说明、总预算表、综合预算表、单位工程预算表、附件等内容。其中，总预算表的格式如表 7-12 所示。

表 7-12   总预算表

总预算编号：   工程名称：   单位：万元 共 页 第 页

序号	预算编号	工程项目或费用名称	建筑工程费	设备及工器具购置费	安装工程费	其他费用	合计	其中:引进部分		占总投资比例(%)
								单位	指标	
一		工程费用								
1		主要工程								
		×××××								
		×××××								
2		辅助工程								
		×××××								
3		配套工程								
		×××××								
二		其他费用								
1		×××××								
2		×××××								
三		预备费								
四		专项费用								
1		×××××								
2		×××××								
		建设项目预算总投资								

编制人：   审核人：   项目负责人：

7.4 工程招标控制价与投标价

在工程招标投标阶段,采用招标发包形式进行工程发包和承接施工任务的,需要编制工程招标控制价与投标价。招标控制价是指根据国家或省级建设行政主管部门颁发的有关计价依据和办法,依据拟订的招标文件和招标工程量清单,结合工程具体情况发布的招标工程的最高投标限价。投标报价是在工程招标发包过程中,由投标人按照招标文件的要求,根据工程特点,并结合自身的施工技术、装备和管理水平,依据有关计价规定自主确定的工程造价,是投标人希望达成工程承包交易的期望价格,它不能高于招标人设定的招标控制价。

7.4.1 发承包方式与招标文件的主要内容

1. 合同价款与发承包方式

建设工程发承包最核心的问题是合同价款的确定,而建设工程项目签约合同价(合同价款)的确定取决于发承包方式。目前,发承包方式有直接发包和招标发包两种,其中招标发包是主要发承包方式。同时,签约合同价还因采用不同的计价方法,会产生较大的价款差额。对于招标发包的项目,即以招标投标方式签订的合同中,应以中标时确定的金额为准;对于直接发包的项目,如按初步设计总概算投资包干时,应以经审批的概算投资中与承包内容相应部分的投资(包括相应的不可预见费)为签约合同价;如按施工图预算包干,则应以审查后的施工图总预算或综合预算为准。在建筑安装合同中,能准确确定合同价款的,需要明确相应的价款调整规定,如在合同签订当时尚不能准确计算出合同价款的,尤其是按施工图预算加现场签证和按实结算的工程,在合同中需要明确规定合同价款的计算原则,具体约定执行的计价依据与计算标准,以及合同价款的审定方式等。

在市场经济条件下,招标投标是一种优化资源配置、实现有序竞争的交易行为,也是工程发承包的主要方式。在工程项目招投标中,投标人应当按招标文件的要求编制投标文件。招标文件是投标人编制投标文件的主要依据,也是中标后签订施工合同的主要依据。合同价款的约定与招标投标文件具有相辅相成和密不可分的关系。招标人在招标时,把合同条款的主要内容纳入招标文件中,对投标报价的编制办法和要求及合同价款的方式已做了详细说明,如采用"单价合同"方式、"总价合同"方式或"成本加酬金合同"的方式发包,在招标文件内均已明确,投标人按招标文件中的规定和要求、根据自己的实力和市场因素等确定投标报价。经评标被认可的投标价即为中标价,中标价只有通过合同的形式才能加以确认,即投标人中标后,所签订的合同价就是中标价。

2. 施工招标文件的组成内容

招标文件是指导整个招标投标工作全过程的纲领性文件。按照《招标投标法》的规定,招标文件应当包括招标项目的技术要求,对投标人资格审查的标准、投标报价要求和评标标准等所有实质性要求和条件以及拟签合同的主要条款。建设项目施工招标文件是由招标人(或其委托的咨询机构)编制,由招标人发布的,它既是投标单位编制投标文件的依据,也是招标人与将来中标人签订工程承包合同的基础。招标文件中提出的各项要求,对整个招标工作乃至发承包双方都具有约束力,因此招标文件的编制及其内容必须符合有关法律法规的规定。

根据《标准施工招标文件》的规定,施工招标文件包括以下内容:

(1)招标公告(或投标邀请书)。

(2)投标人须知。

(3)评标办法。

(4)合同条款及格式。

(5)工程量清单。

(6)图纸。

(7)技术标准和要求。

(8)投标文件格式。

(9)规定的其他材料。

7.4.2 招标工程量清单与招标控制价

为使建设工程发包与承包计价活动规范有序地进行,不论是招标发包还是直接发包,都必须注重前期工作。尤其是对于招标发包,关键的是应从施工招标开始,在拟订招标文件的同时,科学合理地编制工程量清单、招标控制价以及评标标准和办法,只有这样,才能对投标报价、合同价的约定以至后期的工程结算这一工程发承包计价全过程起到良好的控制作用。

1. 招标工程量清单

招标工程量清单是招标人依据国家标准、招标文件、设计文件以及施工现场实际情况编制的，随招标文件发布供投标报价的工程量清单，包括对其的说明和表格。编制招标工程量清单，应充分体现"量价分离"的"风险分担"原则。招标阶段，由招标人或其委托的工程造价咨询人根据工程项目设计文件，编制出招标工程项目的工程量清单，并将其作为招标文件的组成部分。招标工程量清单的准确性和完整性由招标人负责；投标人应结合企业自身实际、参考市场有关价格信息完成清单项目工程的组合报价，并对其承担风险。

2. 招标控制价

招标人根据国家或省级、行业建设主管部门颁发的有关计价依据和办法，按设计施工图纸计算的、对招标工程限定的最高工程造价，即招标控制价。国有资金投资的工程建设项目应实行工程量清单招标并应编制招标控制价。

《招标投标法实施条例》规定，招标人可以自行决定是否编制标底，一个招标项目只能有一个标底，标底必须保密。同时规定，招标人设有最高投标限价的，应当在招标文件中明确最高投标限价或者最高投标限价的计算方法，招标人不得规定最低投标限价。

1）招标控制价与标底的关系

招标控制价是推行工程量清单计价过程中对传统标底概念的性质进行界定后所设置的专业术语，它使招标时评标定价的管理方式发生了很大的变化。设标底招标、无标底招标以及招标控制价招标的利弊分析见表 7-13。

表 7-13 招标控制价与标底的利弊分析表

形式		利弊分析
设标底招标		(1) 易发生泄漏标底及暗箱操作的现象，失去招标的公平公正性； (2) 编制的标底价是预期价格，容易与市场造价水平脱节，不利于引导投标人理性竞争； (3) 评标过程中成为左右工程造价的杠杆，有可能成为地方或行业保护的手段； (4) 投标人会尽力地去迎合标底，是投标人编制预算文件能力的竞争，或者各种合法或非法的"投标策略"的竞争
无标底招标		(1) 容易出现围标串标现象，各投标人哄抬价格，给招标人带来投资失控的风险； (2) 容易出现低价中标后偷工减料，以牺牲工程质量来降低工程成本，或产生先低价中标，后高额索赔等不良后果； (3) 评标时，招标人对投标人的报价没有参考依据和评判基准
招标控制价招标	优点	(1) 可有效控制投资，防止恶性哄抬报价带来的投资风险； (2) 提高了透明度，避免了暗箱操作、寻租等违法活动的产生； (3) 可使各投标人自主报价、公平竞争，符合市场规律。投标人自主报价，不受标底的左右； (4) 既设置了控制上限又尽量地减少了业主依赖评标基准价的影响
	问题	(1) 若"最高限价"大大高于市场平均价时，就预示中标后利润很丰厚，只要投标不超过公布的限额都是有效投标，从而可能诱导投标人串标围标； (2) 若公布的最高限价远远低于市场平均价，就会影响招标效率。即可能出现只有 1～2 人投标或出现无人投标情况，因为按此限额投标将无利可图，超出此限额投标又成为无效投标，结果使招标人不得不修改招标控制价进行二次招标

2）招标控制价的编制依据

招标控制价的编制依据是指在编制招标控制价时需要进行工程量计量、价格确认、工程计

价的有关参数、率值的确定等工作时所需的基础性资料,主要包括:

(1) 现行国家标准《建设工程工程量清单计价规范》(GB 50500—2013)与专业工程计量规范。

(2) 国家或省级、行业建设主管部门颁发的计价定额和计价办法。

(3) 建设工程设计文件及相关资料。

(4) 拟定的招标文件及招标工程量清单。

(5) 与建设项目相关的标准、规范、技术资料。

(6) 施工现场情况、工程特点及常规施工方案。

(7) 工程造价管理机构发布的工程造价信息,工程造价信息没有发布的,参照市场价。

(8) 其他的相关资料。

3) 招标控制价的编制内容

招标控制价的编制内容包括分部分项工程费、措施项目费、其他项目费、规费和税金,各个部分有不同的计价要求。

7.4.3 投标报价

投标是一种要约,需要严格遵守关于招投标的法律规定及程序,还需对招标文件作出实质性响应并符合招标文件的各项要求,科学规范地编制投标文件与合理策略地提出报价,直接关系到承揽工程项目的中标率。

1. 投标报价流程

任何一个施工项目的投标报价都是一项复杂的系统工程,需要周密思考,统筹安排。在取得招标信息后,投标人首先要决定是否参加投标,如果参加投标,即进行前期工作,准备资料,申请并参加资格预审;获取招标文件;组建投标报价班子;然后进入询价与编制阶段,整个投标过程需遵循一定的程序(图 7-8)进行。

2. 投标报价的编制依据

《建设工程工程量清单计价规范》(GB 50500—2013)规定,投标报价应根据下列依据编制和复核:

(1)《建设工程工程量清单计价规范》。

(2) 国家或省级、行业建设主管部门颁发的计价办法。

(3) 企业定额,国家或省级、行业建设主管部门颁发的计价定额和计价办法。

(4) 招标文件、招标工程量清单及其补充通知、答疑纪要。

(5) 建设工程设计文件及相关资料。

(6) 施工现场情况、工程特点及投标时拟定的施工组织设计或施工方案。

(7) 与建设项目相关的标准、规范等技术资料。

(8) 市场价格信息或工程造价管理机构发布的工程造价信息。

(9) 其他的相关资料。

3. 投标报价的编制内容

投标报价的编制过程,应首先根据招标人提供的工程量清单编制分部分项工程量清单计价表、措施项目清单计价表、其他项目清单计价表、规费、税金项目清单计价表,计算完毕之后,汇总得到单位工程投标报价汇总表,再层层汇总,分别得出单项工程投标报价汇总表和工程项目投标总价汇总表,投标总价的组成如图 7-9 所示。在编制过程中,投标人应按招标人提供的

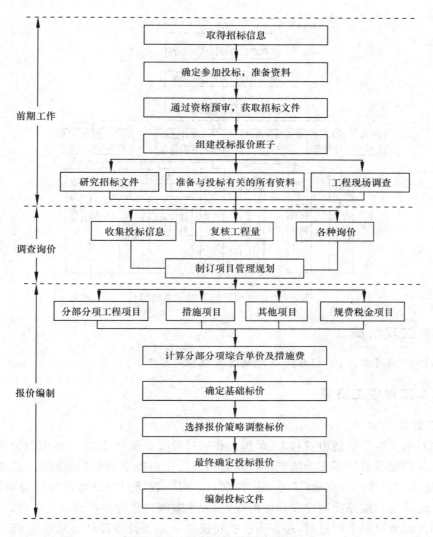

图 7-8　施工投标报价流程图

工程量清单填报价格。填写的项目编码、项目名称、项目特征、计量单位、工程量必须与招标人提供的一致。

7.5　工程结算与决算

　　建设项目施工合同订立后,发包人应按合同约定,在正式开工前预先支付给承包人部分工程款,使得承包人可进行施工准备和订购材料、结构构配件等工作。在施工阶段,发包人对承包人已经完成的合格工程进行计量并确认,支付工程价款。在工程竣工验收阶段,按合同调价范围和调价方法,对实际发生的工程量增减、设备和材料价差等进行调整后计算和确定的结算价格,反映了工程项目实际造价。在工程竣工决算阶段,建设单位以实物数量和货币指标为计量单位编制竣工决算,综合反映竣工项目从筹建开始到项目竣工交付使用为止的全部建设费用。

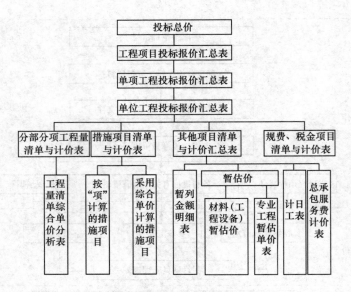

图 7-9 建设项目施工投标总价组成

7.5.1 工程结算

工程结算相关概念、内容和方法等详见第 8 章相应章节。

7.5.2 工程竣工决算

1. 竣工验收

建设项目竣工验收是指由发包人、承包人和项目验收委员会,以项目批准的设计任务书和设计文件以及国家或部门颁发的施工验收规范和质量检验标准为依据,按照一定的程序和手续,在项目建成并试生产合格后(工业生产性项目),对工程项目的总体进行检验和认证、综合评价和鉴定的活动。按照我国建设程序的规定,竣工验收是建设工程的最后阶段,是建设项目施工阶段和保修阶段的中间过程,是全面检验建设项目是否符合设计要求和工程质量检验标准的重要环节,审查投资使用是否合理的重要环节,是投资成果转入生产或使用的标志。只有经过竣工验收,建设项目才能实现由承包人管理向发包人管理的过渡,它标志着建设投资成果投入生产或使用,对促进建设项目及时投产或交付使用、发挥投资效果、总结建设经验有着重要的作用。

1)竣工验收的条件

《建设工程质量管理条例》规定,建设工程竣工验收应当具备以下条件:

(1)完成建设工程设计和合同约定的各项内容。

(2)有完整的技术档案和施工管理资料。

(3)有工程使用的主要建筑材料、建筑构配件和设备的进场试验报告。

(4)有勘察、设计、施工、工程监理等单位分别签署的质量合格文件。

(5)有施工单位签署的工程保修书。

2)竣工验收的方式

为了保证建设项目竣工验收的顺利进行。验收必须遵循一定的程序,并按照建设项目总体计划的要求以及施工进展的实际情况分阶段进行。建设项目竣工验收,按被验收的对象划分,可分为:单位工程验收、单项工程验收及工程整体验收(称为"动用验收"),见表 7-14。

表 7-14 不同阶段的工程验收

类 型	验收条件	验收组织
单项工程验收 (中间验收)	(1) 按照施工承包合同的约定、施工完成到某一阶段后要进行中间验收; (2) 主要的工程部位施工已完成了隐蔽前的准备工作,该工程部位将置于无法查看的状态	由监理单位组织,业主和承包商派人参加,该部位的验收资料将作为最终验收的依据
单位工程验收 (交工验收)	(1) 建设项目中的某个合同工程已全部完成; (2) 合同内约定有分部分项移交的工程已达到竣工标准,可移交给业主投入试运行	由业主组织,会同施工单位、监理单位、设计单位及使用单位等有关部门共同进行
工程整体验收 (动用验收)	(1) 建设项目按设计规定全部建成,达到竣工验收; (2) 初验结果全部合格; (3) 竣工验收所需资料已准备齐全	大中型和限额以上项目由国家发改委或由其委托项目主管部门或地方政府部门组织验收;小型和限额以下项目由项目主管部门组织验收;业主、监理单位、施工单位、设计单位和使用单位参加验收工作

3) 竣工验收的程序

通常所说的建设项目竣工验收,指的是"动用验收"。建设项目全部建成,经过各单项工程的验收符合设计的要求,并具备竣工图表、竣工决算、工程总结等必要的文件资料,由建设项目主管部门或发包人向负责验收的单位提出竣工验收申请报告,按程序验收,如图 7-10 所示。

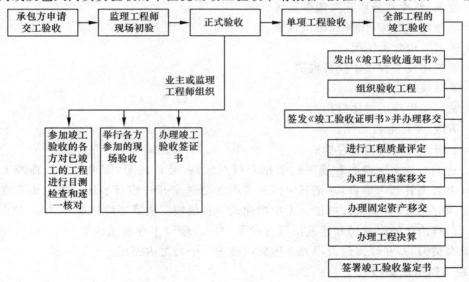

图 7-10 竣工验收程序

2. 竣工决算

1) 竣工决算的概念

项目竣工决算是指所有项目竣工后,项目单位按照国家有关规定在项目竣工验收阶段编制的竣工决算报告。竣工决算是以实物数量和货币指标为计量单位,综合反映竣工项目从筹建开始到项目竣工交付使用为止的全部建设费用、建设成果和财务情况的总结性文件,是竣工验收报告的重要组成部分。

项目竣工时,应编制建设项目竣工财务决算。建设周期长、建设内容多的项目,单项工程竣工,具备交付使用条件的,可编制单项工程竣工财务决算。建设项目全部竣工后应编制竣工财务总决算。

2)竣工决算的作用

(1)建设项目竣工决算是综合全面地反映竣工项目建设成果及财务情况的总结性文件,它采用货币指标、实物数量、建设工期和各种技术经济指标综合、全面地反映建设项目自开始建设到竣工为止全部建设成果和财务状况。

(2)建设项目竣工决算是办理交付使用资产的依据,也是竣工验收报告的重要组成部分。

(3)为确定建设单位新增固定资产价值提供依据。

(4)建设项目竣工决算是分析和检查设计概算的执行情况,考核建设项目管理水平和投资效果的依据。

3)竣工决算的内容

建设项目竣工决算应包括从筹集到竣工投产全过程的全部实际费用,即包括建筑工程费、安装工程费、设备工器具购置费用及工程建设其他费用、预备费等费用。根据财政部、国家发改委和住房和城乡建设部的有关文件规定,竣工决算是由竣工财务决算说明书、竣工财务决算报表、工程竣工图和工程竣工造价对比分析四部分组成。其中竣工财务决算说明书和竣工财务决算报表两部分又称建设项目竣工财务决算,是竣工决算的核心内容。

4)竣工决算的编制步骤

(1)收集、整理和分析有关依据资料。

(2)清理各项财务、债务和结余物资。

(3)核实工程变动情况。

(4)编制建设工程竣工决算说明。

(5)填写竣工决算报表。

(6)做好工程造价对比分析。

(7)清理、装订好竣工图。

(8)上报主管部门审查存档。

将上述编写的文字说明和填写的表格经核对无误,装订成册,即为建设工程竣工决算文件。将其上报主管部门审查,并把其中财务成本部分送交开户银行签证。竣工决算在上报主管部门的同时,抄送有关设计单位。大中型建设项目的竣工决算还应抄送财政部、建设银行总行和省、市、自治区的财政局和建设银行分行各一份。建设工程竣工决算的文件,由建设单位负责组织人员编写,在竣工建设项目办理验收使用一个月之内完成。

3. 竣工财务决算报表

按财政部印发的财基字[1998]4号关于《基本建设财务管理若干规定》的通知、财基字[1998]498号《基本建设项目竣工财务决算报表》和《基本建设项目竣工财务决算报表填表说明》的通知,建设项目竣工财务决算报表按大、中型建设项目和小型建设项目分别制定,有关报表格式见表7-15—表7-20。大、中型建设项目竣工财务决算报表包括:建设项目竣工财务决算审批表(表7-15)、大、中型建设项目概况表(表7-18)、大、中型建设项目竣工财务决算表(表7-19)、大、中型建设项目交付使用资产总表(表7-16)和建设项目交付使用资产明细表(表7-17)。小型建设项目竣工财务决算报表包括:建设项目竣工财务决算审批表(表7-15)、小型建设项目竣工财务决算总表(表7-20,它是由表7-18和表7-19合并而成的)和建设项目交付使用资产明细表(表7-17)。

表 7-15　　　　　　　　　　　　　　　建设项目竣工财务决算审批表

| 建设项目法人(建设单位) | | 建设性质 | |
| 建设项目名称 | | 主管部门 | |

开户银行意见：

盖　章
年　月　日

专员办审批意见：

盖　章
年　月　日

主管部门或地方财政部门审批意见：

盖　章
年　月　日

表 7-16　　　　　　　　　　　大、中型建设项目交付使用资产总表　　　　　　　　　　　　　单位:元

序号	单项工程项目名称	总计	固定资产					流动资产	无形资产	其他资产
			建筑工程	安装工程	设备	其他	合计			
1										
2										
3										
⋮										

交付单位盖章　　年　月　日　　　　　　　　　　　　　　接收单位盖章　　年　　月　　日

表 7-17　　　　　　　　　　　　　　建设项目交付使用资产明细表

单项工程项目名称	建筑工程			设备、工具、器具、家具						流动资产		无形资产		递延资产	
	结构	面积(m²)	价值(元)	名称	规格型号	单位	数量	价值(元)	设备安装费(元)	名称	价值(元)	名称	价值(元)	名称	价值(元)
合计															

交付单位盖章　　年　月　日　　　　　　　　　　　　　　接收单位盖章　　年　月　日

表 7-18　　　　　　　　　　　　　　大、中型建设项目概况表

建设项目(单项工程)名称			建设地址						项　目	概算(元)	实际(元)	主要指标
主要设计单位			主要施工企业						建筑安装工程			
占地面积	计划	实际	总投资(万元)	设计		实际		基建支出	设备工具器具			
				固定资产	流动资金	固定资产	流动资金		待摊投资			
									其中:建设单位管理费			
新增生产能力	能力(效益)名称	设计		实　际					其他投资			
									待核销基建支出			
建设起止时间	设计	从　年　月　开工至　年　月竣工							非经营项目转出投资			
	实际	从　年　月　开工至　年　月竣工							合　计			
设计概算批准文号								主要材料消耗	名称	单位	概算	实际
完成主要工程量	建设面积(m²)			设备(台、套、"t")					钢材	t		
	设计		实际	设计		实际			木材	m³		
									水泥	t		
收尾工程	工程项目、内容		已完成投资额	尚需投资额		完成时间		主要技术经济指标				

资金来源	金额	资金占用	金额	补充资料
一、基建拨款		一、基本建设支出		1. 基建投资借款期末余额
1.预算拨款		1. 交付使用资产		
2. 基建基金拨款		2. 在建工程		
其中:国债专项资金拨款				2. 应收生产单位投资借款期末数
3. 专项建设基金拨款		3. 待核销基建支出		
4. 进口设备转账拨款				
5. 器材转账拨款		4. 非经营项目转出投资		3. 基建结余资金
6. 煤代油专用基金拨款		二、应收生产单位投资借款		
7. 自筹资金拨款		三、拨付所属投资借款		
8. 其他拨款		四、器材		
二、项目资本		其中:待处理器材损失		
1. 国家资本		五、货币资金		
2. 法人资本		六、预付及应收款		
3. 个人资本		七、有价证券		
三、项目资本公积金		八、固定资产		
四、基建借款		固定资产原值		
其中:国债转贷				
五、上级拨入投资借款		减:累计折旧		
六、企业债券资金		固定资产净值		
七、待冲基建支出		固定资产清理		
八、应付款		待处理固定资产损失		
九、未交款				
1. 未交税金				
2. 未交基建收入				
3. 未交基建包干节余				
4. 其他未交款				
十、上级拨入资金				
十一、留成收入				
合　计		合　计		

表 7-20　　　　　　　　　　小型建设项目竣工财务决算总表

建设项目名称				建设地址					资金来源		资 金 运 用	
初步设计概算 批准文号									项目	金额 （元）	项 目	金额 （元）
占地面积	计划	实际		总投资 （万元）	计划		实际		一、基建拨款 其中：预算拨款		一、交付使用 资产	
					固定 资产	流动 资金	固定 资产	流动 资金	二、项目资本		二、待核销基建 支出	
									三、项目资本公 积金		三、非经营项目 转出投资	
新增生产能力	能力（效 益）名称		设计		实 际				四、基建借款		四、应收生产单 位投资借款	
									五、上级拨入 借款			
建设起止时间	计划		从　　年　　月开工至　　年　　月竣工						六、企业债券 资金		五、拨付所属投 资借款	
	实际		从　　年　　月开工至　　年　　月竣工						七、待冲基建 支出		六、器材	
基建支出	项　　　　目				概算 （元）		实际 （元）		八、应付款		七、货币资金	
	建筑安装工程										八、预付及应 收款	
	设备　工具　器具								九、未交款 其中： 未交基建收入 未交包干收入		九、有价证券	
	待摊投资 其中：建设单位管理费										十、原有固定 资产	
	其他投资								十、上级拨入 资金			
	待核销基建支出								十一、留成收入			
	非经营性项目转出投资											
	合　　　计								合　　计		合　　计	

复习思考题

1. 工程项目的建设全过程包括哪些阶段？各阶段对应的工程造价文件有哪些？

2. 在项目决策与评价过程中，哪些阶段需要进行投资的估算？不同阶段的投资计算精度要求是否相同？为什么？

3. 试叙述投资估算的编制步骤。

4. 静态投资包括哪些内容？不同阶段的静态投资的估算方法分别有哪些？

5. 对于经营性项目如何进行铺底流动资金的估算？

6. 简述各级概算的内容并说明其相互关系。

7. 单位工程概算的编制方法有哪些？比较各编制方法的编制原理和适用条件。

8. 简述投资估算、设计概算、施工图预算的作用。

9. 什么是单价法与实物法？单价法包括哪两种？主要的区别在哪里？

10. 试叙述施工图预算的编制步骤。

11. 何谓招标控制价？与标底的关系如何？招标项目是否必须设置招标控制价？

12. 简述工程竣工决算的概念、作用、编制步骤。

第 **8** 章 施工阶段工程价款的结算

内容提要
与
学习要求

本章主要叙述了建筑工程价款在整个建设过程中的支付过程和要求,包括:在工程开工前建设单位应向施工单位支付工程预付款;在施工过程中对工程价款实行中间结算;完成施工后进行工程竣工结算,标志着双方经济关系的结束;建设过程结束后,施工企业和建设单位均应根据要求各自对项目进行竣工决算,作为对建设工作的总结和分析。

了解工程价款的结算方法,掌握工程预付款的概念、计算方法和抵扣方法,熟悉工程进度款的概念、支付方法,掌握工程变更的概念,掌握索赔的判别方法,熟悉工程价款动态结算的方法,了解工程竣工结算的概念、作用。

施工阶段的工程价款是指在施工阶段,按照合同的约定,在各结算周期内对已完合格工程所支付的工程费用。在项目实施过程中,由于项目的实际情况变化,发承包双方在施工合同中约定的合同价款可能会发生变动。为了合理地分配发承包双方的风险,有效地控制工程造价,发承包双方应当在施工合同中明确约定工程价款的结算方式、调整的原因、方法及程序。

8.1 工程价款结算方法

我国现行工程结算根据不同情况,可采取不同方式,如按月结算、竣工后一次结算、分段结算、按目标结算等方式。

8.1.1 按月结算

实行旬末或月中预支,月终结算,竣工后清算的方法。跨年度竣工的工程,在年终进行工程盘点,办理年度结算。我国现行建筑安装工程价款结算中,相当一部分是实行这种按月结算。

8.1.2 竣工后一次结算

建设项目或单项工程全部建筑安装工程建设期在 12 个月以内,或者工程承包合同价值在 100 万元以下的,可以实行工程价款每月月中预支,竣工后一次结算。

8.1.3 分段结算

即当年开工,当年不能竣工的单项工程或单位工程按照工程形象进度,划分不同阶段进行结算。分段结算可以按月预支工程款。分段的划分标准,由各省、自治区、直辖市、计划单列市规定。

对于以上三种主要结算方式的收支确认,财政部在 1999 年 1 月 1 日起实行的《企业会计准则——建造合同》讲解中作了如下规定:

(1) 实行旬末或月中预支,月终结算,竣工后清算办法的工程合同,应分期确认合同价款收入的实现,即:各月份终了,与发包单位进行已完工程价款结算时,确认为承包合同已完工程部分的工程收入实现,本期收入额为月终结算的已完工程价款金额。

(2) 实行合同完成后一次结算工程价款办法的工程合同,应于合同完成、施工企业与发包单位进行工程合同价款结算时,确认为收入实现,实现的收入额为承发包双方结算的合同价款总额。

(3) 实行按工程形象进度划分不同阶段、分段结算工程价款办法的工程合同,应按合同规定的形象进度分次确认已完阶段工程收益实现。即:应于完成合同规定的工程形象进度或工程阶段,与发包单位进行工程价款结算时,确认为工程收入的实现。

8.1.4　按目标结算

即在工程合同中,将承包工程的内容分解成不同的控制界面,以业主验收控制界面作为支付工程价款的前提条件。也就是说,将合同中的工程内容分解成不同的验收单元,当承包商完成单元工程内容并经业主(或其委托人)验收后,业主支付构成单元工程内容的工程价款。

按目标结算,应对控制界面的设定有明确描述,便于量化和质量控制,同时要适应项目资金的供应周期和支付频率。

按目标结算,实质上是运用合同手段、财务手段对工程的完成进行主动控制。承包商要想获得工程价款,必须充分发挥自己的组织实施能力,在保证质量的前提下,加快施工进度,完成界面内的工程内容。若拖延工期,业主可推迟付款,增加承包商的财务费用、运营成本、降低收益;若承包商积极组织施工,提前完成控制界面内的工程内容,则承包商可提前获得工程价款,增加承包收益,客观上承包商因提前工期而增加了有效利润;同时,若质量无法达到合同约定的标准,业主不予验收,承包商也会因此受到损失。

8.1.5　其他

结算方式也可按承包商和业主事先合同中约定的其他结算方式。

8.2　工程预付款

8.2.1　工程预付款的概念

预付款又称备料款,它是建设单位按规定拨付给承包单位的备料周转金,以便承包单位提前储备材料和订购构配件。包工不包料的工程原则上建设单位不需预付备料款。实行预付备料款的工程项目,建设单位与承包单位应在签订的施工合同或协议中写明工程备料款预支数额、扣还的起扣点、办理的手续和方法。

8.2.2　工程预付款的支付

一般工程预付款仅用于承包单位支付施工开始时与本工程有关的动员费用,如滥用此款,建设单位有权立即收回。在承包单位向建设单位提交金额等于预付款数额的银行保函后(发包方认可的银行),建设单位按规定的金额和规定的时间向承包方支付预付款,在建设单位全部扣回预付款之前,该银行保函将一直有效。当预付款被建设单位扣回时,银行保函金额相应递减。建设单位向承包单位预付的备料款,应在双方签订施工承包合同后一个月内或不迟于约定的开工日期7天之前付清。

承包单位向建设单位预收备料款的数额应以保证当年施工正常储备需要为原则,一般取决于主要材料(包括构配件)占建筑安装工作量的比重,材料储备期和施工期以及承包方式等因素。预收备料款的数额,可按下列公式计算:

$$预收备料款的数额 = \frac{年度建安工作量 \times 主要材料占建安工作量的比重}{年度施工日历天数} \times 材料储备天数 \qquad (8\text{-}1)$$

备料款额度一般建筑工程不应超过当年建筑工作量(包括水、电、暖)的30%;安装工程按年安装工作量的10%支付;材料占比重较多的安装工程按年计划产值的15%左右拨付。

财政部、建设部于2004年10月颁布的《建设工程价款结算暂行办法》(财建[2004]369号)中规定:建设工程施工专业分包或劳务分包,总(承)包人与分包人必须依法订立专业分包或劳务分包合同,按照本办法的规定在合同中约定工程价款及其结算办法。其中关于预付备料款的规定如下:

(1)包工包料工程的预付款按合同约定拨付,原则上预付比例不低于合同金额的10%,不高于合同金额的30%,对重大工程项目,按年度工程计划逐年预付。

(2)在具备施工条件的前提下,发包人应在双方签订合同后的一个月内或不迟于约定的开工日期前的7天内预付工程款,发包人不按约定预付,承包人应在预付时间到期后10天内向发包人发出要求预付的通知,发包人收到通知后仍不按要求预付,承包人可在发出通知14天后停止施工,发包人应从约定应付之日起向承包人支付应付款的利息(利率按同期银行贷款利率计),并承担违约责任。

(3)预付的工程款必须在合同中约定抵扣方式,并在工程进度款中进行抵扣。

(4)凡是没有签订合同或不具备施工条件的工程,发包人不得预付工程款,不得以预付款为名转移资金。

在实际工作中,工程备料款的额度应根据工作性质、承包方式和工期长短,在保证建筑安装企业能有计划地生产、供应、储备并促进工程顺利进行的前提下,有关主管部门、地方政府财政部门和地方政府建设行政主管部门可参照本办法,结合本部门、本地区实际情况,另行制订具体办法,并报财政部、建设部备案。

8.2.3 工程预付款的扣回

由于备料款是按施工图预算或当年建筑安装投资额所需要的储备材料计算的,因而当工程施工达到一定进度、材料储备随之减少时,预收备料款应当陆续扣还给建设单位,在工程竣工前扣完。扣款的方法主要有以下两种:①按合同约定扣款;②起扣点计算法。确定预收备料款开始抵扣时间,应该以未施工工程所需主要材料及构配件的耗用额刚好同预收备料款相等为原则。工程备料款的起扣点可按下式计算:

$$备料款起扣时的完成工程价值 = 当年施工合同总值 - \frac{预收备料款数额}{主要材料比重(\%)} \qquad (8\text{-}2)$$

$$备料款起扣时的工程进度 = \left(1 - \frac{预收备料款的额度(\%)}{主要材料比重(\%)}\right) \times 100\% \qquad (8\text{-}3)$$

【例 8-1】 某工程主要材料占建筑安装工程量的比重为 60％,预收备料款额度为 20％,试求预收备料款起扣点。

【解】 预收备料款起扣时的工程进度(即起扣点)应为

$$\left(1 - \frac{20\%}{60\%}\right) \times 100\% = 66.67\%$$

即当工程进度达到 66.67％时,开始起扣。因未完工程 33.33％所需的主要材料接近 20％($33.33\% \times 60\% = 20\%$)。

应扣还的预收备料款可按下面两个公式计算:

第一次抵扣额 = (累计已完工程价值 - 起扣点已完工程价值) × 主要材料比重 (8-4)

以后每次抵扣额 = 每次完成工程价值 × 主要材料比重 (8-5)

【例 8-2】 某施工企业承建某建设单位的建筑安装工程,双方签订合同中规定当年计划工作量为 800 万元,预收备料款额度为 25％,若主要材料比重为 55％,各月完成的工程量见表8-1,试计算 6 月份和 7 月份月终结算时应抵扣的工程备料款数额及结算额。

表 8-1　　　　　　　　　　　　**各月工程量完成表**　　　　　　　　　　　　单位:万元

三月	四月	五月	六月	七月	八月	九月
100	110	130	140	102	110	108(竣工)

【解】 预收工程备料款数额为

$$800 \times 25\% = 200 \text{ 万元}$$

起扣点已完工程价值为

$$800 - \frac{200}{55\%} = 436.36 \text{ 万元}$$

(1)5 月份累计完成工程量为 340 万元,6 月份累计完成工程量为 480 万元,6 月份月终结算时应抵扣的备料款为第一次抵扣,其数额为

$$(480 - 436.36) \times 55\% = 24 \text{ 万元}$$

结算额为 140 - 24 = 116 万元。

(2)7 月份应抵扣的备料款数额为

$$102 \times 55\% = 56.1 \text{ 万元}$$

结算额为 102 - 56.1 = 45.9 万元。

另外,若求【例8-2】中各月份的抵扣额、结算额,计算结果可见表8-2,读者可尝试演算一下。

工程款累计结算额为

$$100 + 110 + 130 + 116 + 45.9 + 49.5 + 48.6 = 600 \text{ 万元}$$

加上预付备料款 200 万元,正好等于 800 万元。

表 8-2　　　　　　　　　　各月工程款结算表　　　　　　　　　　单位:万元

	三月	四月	五月	六月	七月	八月	九月
每月完成工程量	100	110	130	140	102	110	108
累计完成工程量	100	210	340	480	582	692	800
抵扣备料款	—	—	—	24	56.1	60.5	59.4
每月工程款结算额	100	110	130	116	45.9	49.5	48.6

8.2.4　安全文明施工费

发包人应在工程开工后的 28 天内预付不低于当年施工进度计划的安全文明施工费总额的 60%,其余部分按照提前安排的原则进行分解,与进度款同期支付。发包人没有按时支付安全文明施工费的,承包人可催告发包人支付;发包人在付款期满后 7 天内仍未支付的,若发生安全事故,发包人承担连带责任。

8.3　工程进度款的支付

8.3.1　工程进度款的概念

工程进度款是指为了使建筑安装企业在施工过程中耗用的资金及时得到补偿,及时反映工程进度和施工企业的经营成果,对工程价款实行中间结算的办法。即按合同约定的付款周期完成工程量乘以工料单价法或综合单价法计算工程价款,向建设单位办理价款结算手续,也称为期中支付。进度款支付周期应与合同约定的工程计量周期一致。

8.3.2　工程进度款的支付

工程进度款结算支付的原则是工程进度款和预付的备料款之和应等于工程实际完成价值和应付未完工备料款之和。即工程进度要与付款相对应。

1. 工程计量

工程计量是指发承包双方根据合同约定,对承包人完成合同工程的数量进行的计算和确认。具体地说,就是双方根据设计图纸、技术规范以及施工合同约定的计量方式和计算方法,对承包人已经完成的质量合格的工程实体数量进行测量与计算,并以物理计量单位或自然计量单位进行表示、确认的过程。

工程计量的范围包括:工程量清单及工程变更所修订的工程量清单的内容;合同文件中规定的各种费用支付项目,如费用索赔、各种预付款、价格调整、违约金等。工程计量的依据包括:工程量清单及说明;合同图纸;工程变更令及其修订的工程量清单;合同条件;技术规范;有关计量的补充协议;质量合格证书等。工程计量的原则包括下列三个方面:

(1) 不符合合同文件要求的工程不予计量。

(2) 按合同文件所规定的方法、范围、内容和单位计量。

(3) 因承包人原因造成的超出合同工程范围施工或返工的工程量,发包人不予计量。

2. 工程进度款的计算

1）已完工程的结算价款

已标价工程量清单中的单价项目，承包人应按工程计量确认的工程量与综合单价计算。如综合单价发生调整的，以发承包双方确认调整的综合单价计算进度款。

已标价工程量清单中的总价项目，承包人应按合同中约定的进度款支付分解，分别列入进度款支付申请中的安全文明施工费和本周期应支付的总价项目的金额中。

2）结算价款的调整

承包人现场签证和得到发包人确认的索赔金额列入本周期应增加的金额中。由发包人提供的材料、工程设备金额，应按照发包人签约提供的单价和数量从进度款支付中扣除，列入本周期应扣减的金额中。

3. 工程进度款支付

（1）根据确定的工程计量结果，承包人向发包人提出支付工程进度款申请，14 天内，发包人应按不低于工程价款的 60%、不高于工程价款的 90%向承包人支付工程进度款。按约定时间发包人应扣回的预付款，与工程进度款同期结算抵扣。

（2）发包人超过约定的支付时间不支付工程进度款，承包人应及时向发包人发出要求付款的通知，发包人收到承包人通知后仍不能按要求付款，可与承包人协商签订延期付款协议，经承包人同意后可延期支付，协议应明确延期支付的时间和从工程计量结果确认后第 15 天起计算应付款的利息（利率按同期银行贷款利率计）。

（3）发包人不按合同约定支付工程进度款，双方又未达成延期付款协议，导致施工无法进行，承包人可停止施工，由发包人承担违约责任。

8.4　工程变更与索赔

一般来说，合同价款调整事件主要包括：①法律法规政策变化；②工程变更及现场签证；③物价波动；④工程索赔；⑤其他。发承包双方在订立施工合同时，可以根据工程计价方式和项目特征，选择适当的合同价款调整事件进行约定。

施工合同履行期间，国家颁布的法律、法规、规章和有关政策在合同工程基准日之后发生变化，且因执行相应的法律、法规、规章和政策引起工程造价发生增减变化的，合同双方当事人应当依据法律、法规、规章和有关政策的规定调整合同价款。在施工合同履行期间，因人工、材料、工程设备和施工机械台班等价格波动影响合同价款时，发承包双方可以根据合同约定的调整方法对合同价款进行调整。因物价波动引起的合同价款调整方法有两种：一种是采用价格指数调整价格差额，另一种是采用造价信息调整价格差额。这两种价款调整方法详见 8.5。

在实际工程中，工程变更和工程索赔是引起合同价款调整的主要形式。物价波动若在合同中已单独考虑则不再另外进行索赔。

8.4.1　工程变更

工程变更是指合同工程实施过程中由发包人提出或由承包人提出经发包人批准的合同工程的任何改变。工程变更指令发出后，应当迅速落实指令，全面修改相关的各种文件。承包人也应当抓紧落实，如果承包人不能全面落实变更指令，则扩大的损失应当由承包人承担。

1. 工程变更的范围和内容

根据《标准施工招标文件》中的通用合同条款,工程变更的范围和内容包括:

(1) 取消合同中任何一项工作,但被取消的工作不能转由发包人或其他人实施。

(2) 改变合同中任何一项工作的质量或其他特性。

(3) 改变合同工程的基线、标高、位置或尺寸。

(4) 改变合同中任何一项工作的施工时间或改变已批准的施工工艺或顺序。

(5) 为完成工程需要追加的额外工作。

2. 工程变更的价款调整方法

1) 分部分项工程费的调整

工程变更引起分部分项工程项目发生变化的,应按照下列规定调整:

(1) 已标价工程量清单中有适用于变更工程项目的,且工程变更导致的该清单项目的工程数量变化不足 15% 时,采用该项目的单价。

(2) 已标价工程量清单中没有适用但有类似于变更工程项目的,可在合理范围内参照类似项目的单价或总价调整。

(3) 已标价工程量清单中没有适用也没有类似于变更工程项目的,由承包人根据变更工程资料、计量规则和计价办法、工程造价管理机构发布的信息(参考)价格和承包人报价浮动率,提出变更工程项目的单价或总价,报发包人确认后调整。承包人报价浮动率可按下列公式计算:

实行招标的工程:

$$承包人报价浮动率 L = (1 - 中标价/招标控制价) \times 100\% \qquad (8\text{-}6)$$

不实行招标的工程:

$$承包人报价浮动率 L = (1 - 报价值/施工图预算) \times 100\% \qquad (8\text{-}7)$$

注:上述公式中的中标价、招标控制价或报价值、施工图预算,均不含安全文明施工费。

(4) 已标价工程量清单中没有适用也没有类似于变更工程项目,且工程造价管理机构发布的信息(参考)价格缺价的,由承包人根据变更工程资料、计量规则、计价办法和通过市场调查等的有合法依据的市场价格提出变更工程项目的单价或总价,报发包人确认后调整。

2) 措施项目费的调整

工程变更引起措施项目发生变化的,承包人提出调整措施项目费的应事先将拟实施的方案提交发包人确认,详细说明与原方案措施项目相比的变化情况。拟实施的方案经发、承包双方确认后执行并应按照下列规定调整措施项目费:

(1) 安全文明施工费,按照实际发生变化的措施项目调整,不得浮动。

(2) 采用单价计算的措施项目费,按照实际发生变化的措施项目按前述分部分项工程费的调整方法确定单价。

(3) 按总价(或系数)计算的措施项目费,除安全文明施工费外,按照实际发生变化的措施项目调整,但应考虑承包人报价浮动因素,即调整金额按照实际调整金额乘以按照公式(8-6)或公式(8-7)得出的承包人报价浮动率 L 计算。

如果承包人未事先将拟实施的方案提交给发包人确认,则视为工程变更不引起措施项目费的调整或承包人放弃调整措施项目费的权利。

3) 承包人报价偏差的调整

如果工程变更项目出现承包人在工程量清单中填报的综合单价与发包人招标控制价或施

工图预算相应清单项目的综合单价偏差超过15%的,工程变更项目的综合单价可由发承包双方协商调整。具体的调整方法,由双方当事人在合同专用条款中约定。

4) 删减工程或工作的补偿

如果发包人提出的工程变更,非因承包人原因删减了合同中的某项原定工作或工程,致使承包人发生的费用或(和)得到的收益不能被包括在其他已支付或应支付的项目中,也未被包含在任何替代的工作或工程中,则承包人有权提出并得到合理的费用及利润补偿。

3. 现场签证

现场签证是指发包人或其授权现场代表(包括工程监理人、工程造价咨询人)与承包人或其授权现场代表就施工过程中涉及的责任事件所做的签认证明。施工合同履行期间出现现场签证事件的,发承包双方应调整合同价款。

8.4.2 工程索赔

工程索赔是指在工程合同履行过程中,合同一方当事人因对方不履行或未能正确履行合同义务或者由于其他非自身原因而遭受经济损失或权利损害,通过合同约定的程序向对方提出工程费用和工程进度(时间)补偿要求的行为。需要注意的是,索赔是发生在合同双方当事人之间的一种补偿行为。

(1) 索赔必须发生在合同双方当事人之间。例如:由于发包人的原因导致分包工程费用增加时,分包人只能向总承包人提出索赔,而不能直接向发包人提出索赔。分包人的索赔款项应列入总承包人对发包人的索赔款项中,由发包人支付给总承包人。

(2) 索赔是一种补偿行为。例如:由于发包人的原因而导致某工作延误3天,但是是否能补偿3天的工期,要分析是否对承包方的总工期造成了实际的影响。如果该工作在关键线路上,这3天的工期就可以索赔,如果该工作有总时差,那么这3天的工期就不能得到全部的补偿。

1. 索赔的分类

根据索赔的合同当事人不同,可以将工程索赔分为承包人与发包人之间的索赔、总承包人和分包人之间的索赔。

根据索赔的目的和要求不同,可以将工程索赔分为工期索赔和费用索赔。

根据索赔事件的性质不同,可以将工程索赔分为工程延误索赔、加速施工索赔、工程变更索赔、合同终止的索赔、不可预见的不利条件索赔、不可抗力事件的索赔、其他索赔(如因货币贬值、汇率变化、物价上涨、政策法令变化等原因引起的索赔)。

《标准施工招标文件》(2007版)的通用合同条款中,按照引起索赔事件的原因不同,对一方当事人提出的索赔可能给予合理补偿工期、费用和(或)利润的情况,分别作出了相应的规定。其中,引起承包人索赔的事件以及可能得到的合理补偿内容如表8-3所示。

2. 索赔的依据

索赔的依据包括工程施工合同文件,国家法律、法规,国家、部门和地方有关的标准、规范和定额,工程施工合同履行过程中与索赔事件有关的各种凭证等。

3. 索赔成立的条件

承包人工程索赔成立的基本条件包括:

(1)索赔事件已造成了承包人直接经济损失或工期延误。

(2)造成费用增加或工期延误的索赔事件是非承包人的原因发生的。

（3）承包人已经安装工程施工合同规定的期限和程序提交了索赔意向通知、索赔报告及相关证明材料。

表 8-3　　　　　　《标准施工招标文件》中承包人的索赔事件及可补偿内容

序号	条款号	索赔事件	可补偿内容		
			工期	费用	利润
1	1.6.1	迟延提供图纸	√	√	√
2	1.10.1	施工中发现文物、古迹	√	√	
3	2.3	迟延提供施工场地	√	√	√
4	3.4.5	监理人指令迟延或错误	√	√	
5	4.11	施工中遇到不利物质条件	√	√	
6	5.2.4	提前向承包人提供材料、工程设备		√	
7	5.2.6	发包人提供材料、工程设备不合格或迟延提供或变更交货地点	√	√	√
8	5.4.3	发与人更换其提供的不合格材料、工程设备	√	√	
9	8.3	承包人依据发包人提供的错误资料导致测量放线错误	√	√	√
10	9.2.6	因发包人原因造成承包人人员工伤事故		√	
11	11.3	因发包人原因造成工期延误	√	√	√
12	11.4	异常恶劣的气候条件导致工期延误	√		
13	11.6	承包人提前竣工		√	
14	12.2	发包人暂停施工造成工期延误	√	√	√
15	12.4.2	工程暂停后因发包人原因无法按时复工	√	√	√
16	13.1.3	因发包人原因导致承包人工程返工	√	√	√
17	13.5.3	监理人对已经覆盖的隐蔽工程要求重新检查且检查结果合格	√	√	√
18	13.6.2	因发包人提供的材料、工程设备造成工程不合格	√	√	
19	14.1.3	承包人应监理人要求对材料、工程设备和工程重新检验且检验结果合格	√	√	
20	16.2	基准日后法律的变化		√	
21	18.4.2	发包人在工程竣工前提前占用工程	√	√	√
22	18.6.2	因发包人的原因导致工程试运行失败		√	√
23	19.2.3	工程移交后因发包人原因出现新的缺陷或损坏的修复		√	√
24	19.4	工程移交后因发包人原因出现的缺陷修复后的试验和试运行		√	
25	21.3.1(4)	因不可抗力停工期间应监理人要求照管、清理、修复工程		√	
26	21.3.1(4)	因不可抗力成工期延误	√		
27	22.2.2	因发包人违约导致承包人暂停施工	√	√	√

4. 费用索赔的计算

1）索赔费用的组成

对于不同原因引起的索赔，承包人可索赔的具体费用内容是不完全一样的。但归纳起来，索赔费用的要素与工程造价的构成基本类似，一般可归结为人工费、材料费、施工机械使用费、分包费、施工管理费、利息、利润、保险费等。

（1）人工费。人工费的索赔包括：由于完成合同之外的额外工作所花费的人工费用；超过法定工作时间加班劳动;法定人工费增长;非因承包商原因导致工效降低所增加的人工费用;非因承包商原因导致工程停工的人员窝工费和工资上涨费等。在计算停工损失中人工费时,通常采取人工单价乘以折算系数计算。

(2)材料费。材料费的索赔包括:由于索赔事件的发生造成材料实际用量超过计划用量而增加的材料费;由于发包人原因导致工程延期期间的材料价格上涨和超期储存费用。材料费中应包括运输费、仓储费以及合理的损耗费用。如果由于承包商管理不善,造成材料损坏失效则不能列入索赔款项内。

(3)施工机械使用费。施工机械使用费的索赔包括:由于完成合同之外的额外工作所增加的机械使用费;非因承包人原因导致工效低所增加的机械使用费;由于发包人或工程师指令错误或迟延导致机械停工的台班停滞费。在计算机械设备台班停滞费时,不能按机械设备台班费计算,因为台班费中包括设备使用费。如果机械设备是承包人自有设备,一般按台班折旧费计算;如果是承包人租赁的设备,一般按台班租金加上每台班分摊的施工机械进退场费计算。

(4)现场管理费。现场管理费的索赔包括承包人完成合同之外的额外工作以及由于发包人原因导致工期延期期间的现场管理费,包括管理人员工资、办公费、通信费、交通费等。总部(企业)管理费主要指的是由于发包人原因导致工程延期期间所增加的承包人向公司总部提交的管理费,包括总部职工工资、办公大楼折旧、办公用品、财务管理、通信设施以及总部领导人员赴工地检查指导工作等开支。另外,由于因发包人原因导致工程延期时,承包人可以索赔保险费和履约保函手续费。当发包人拖延支付工程款、迟延退还工程保留金、承包人垫资施工、发包人错误扣款等情况发生,承包人还可索赔利息费用。

(5)利润。一般来说,由于工程范围的变更、发包人提供的文件有缺陷或错误、发包人未能提供施工场地以及因发包人违约导致的合同终止等事件引起的索赔,承包人都可以列入利润。比较特殊的是,根据《标准施工招标文件》(2007年版)通用合同条款11.3款的规定,对于因发包人原因暂停施工导致的工期延误,承包人有权要求发包人支付合理的利润参见表8-3。索赔利润的计算通常是与原报价单中的利润百分率保持一致。

但是应当注意的是:由于工程量清单中的单价是综合单价,单价中已经包含了人工费、材料费、施工机械使用费、企业管理费、利润以及一定范围内的风险费用,在索赔计算中不应重复计算。同时,由于某些引起索赔的事件同时也可能是合同中约定的合同价款调整因素(如工程变更、法律法规的变化以及物价波动等),因此,对于已经进行了合同价款调整的索赔事件,承包人在费用索赔的计算时不能重复计算。

2)费用索赔的计算方法

索赔费用的计算应以赔偿实际损失为原则.包括直接损失和间接损失。索赔费用的计算方法通常有三种,即实际费用法、总费用法和修正的总费用法。

(1)实际费用法又称分项法,即根据索赔事件所造成的损失或成本增加,按费用项目逐项进行分析、计算索赔金额的方法。这种方法比较复杂,但能客观地反映施工单位的实际损失,比较合理,易于被当事人接受,在国际工程中被广泛采用。

(2)总费用法,也称为总成本法,就是当发生多次索赔事件后,重新计算工程的实际总费用,再从该实际总费用中减去投标报价时的估算总费用,即为索赔金额。

(3)修正的总费用法。修正的总费用法是对总费用法的改进,即在总费用计算的原则上,去掉一些不合理的因素,使其更为合理。修正的内容如下:

① 将计算索赔款的时段局限于受到索赔事件影响的时间,而不是整个施工期。

② 只计算受到索赔事件影响时段内的某项工作所受影响的损失,而不是计算该时段内所有施工工作所受的损失。

③ 与该项工作无关的费用不列入总费用中。

④ 对投标报价费用重新进行核算,即按受影响时段内该项工作的实际单价进行核算,乘以实际完成的该项工作的工程量,得出调整后的报价费用。

5. 工期索赔的计算

工期索赔,一般是指承包人依据合同对由于非承包人责任的原因导致的工期延误向发包人提出的工期顺延要求。

1)工期索赔的具体依据

承包人向发包人提出工期索赔的具体依据主要包括合同约定或双方认可的施工总进度规划、合同双方认可的详细进度计划、合同双方认可的对工期的修改文件、施工日志、气象资料、业主或工程师的变更指令、影响工期的干扰事件、受干扰后的实际工程进度等。

2)工期索赔的计算方法

工期索赔的计算方有直接法、比例计算法、网络图分析法等。实际工作中,常用网络图分析来处理工期索赔。

网络图分析法是利用进度计划中的网络图,分析其关键线路。如果延误的工作为关键工作,则延误的时间可索赔工期;如果延误的工作为非关键工作,当该工作由于延误超过时限制而成为关键时,可以索赔延误时间与时差的差值;若该工作延误后仍为非关键工作,则不存在工期索赔问题。该方法通过分析干扰事件发生前和发生后网络计划的计算工期之差来计算工期索赔值,可以用于各种干扰事件和多种干扰事件共同作用所引起的工期索赔。

3)共同延误的处理

在实际施工过程中,工期拖期往往由两三种原因同时发生(或相互作用)而形成的,故称为"共同延误"。在这种情况下,要具体分析初始延误的原因:

(1)首先判断造成拖期的哪一种原因是最先发生的,即确定"初始延误"者,它应对工程拖期负责。在初始延误发生作用期间,其他并发的延误者不承担拖期责任。

(2)如果初始延误者是发包人原因,则在发包人原因造成的延误期内,承包人既可得到工期延长,又可得到经济补偿。

(3)如果初始延误者是客观原因,则在客观因素发生影响的延误期内,承包人可以得到工期延长,但很难得到费用补偿。

(4)如果初始延误者是承包人原因,则在承包人原因造成的延误期内,承包人既不能得到工期补偿,也不能得到费用补偿。

【例 8-3】 某工程的施工土方工程中,发生了以下事件:

事件 1:工程开工后,某分项工程因发包方原因图纸延误交付,导致该分项工程停工 3 天(该分项工程有 2 天的总时差)。每停工 1 天人员窝工 12 工日,机械闲置 5 台班。

事件 2:工程施工期间,出现异常恶劣天气导致工程停工 2 天,人员窝工共 20 个工日,机械台班闲置共 20 台班。

事件 3:承包商在合同未标明有坚硬岩石的地方遇到大量的坚硬岩石,开挖工作艰难,因此造成实际生产效率比原计划低得多,经测算,导致工期延长 45 天,共增加人工 200 个工日,施工机械 50 台班。

事件 4:由于降水方案错误,致使工程停工 2 天(关键线路),承包商增加 5 个工日,窝工 6 工日。

施工现场主导施工机械为自有机械,台班费单价为 300 元/台班,折旧台班为 100 元/台班,人工工资为 40 元/工日,窝工补贴为 10 元/工日。按合同规定,因增加用过所需的综合税费以人工费和机械费为基数,取 35%,其他费用不计。

试分析各个事件工期和费用索赔是否能成立,计算可索赔的工期和费用。

【解】 事件 1:索赔的原因是"延迟提供图纸",因此可索赔工期和费用。工期索赔 1 天,费用索赔 3 天×12 工日×10 元/工日+3 天×5 台班×100 元/台班=1860 元。

事件 2:索赔的原因是"异常恶劣的气候条件导致的工期延误",因此仅可索赔工期。工期索赔 2 天。

事件 3:索赔的原因是"施工中遇到不利的物质条件",因此可索赔工期及费用。工期索赔 45 天,费用索赔(200 工日×40 元/工日+50 台班×300 元/台班)×(1+35%)=23 000×(1+35%)=31 050 元。

事件 4:降水方案错误是承包单位的原因,因此不能索赔。

事件 1—4:工期=1+2+45=48 天,费用=1860+31 050=32 910 元。

根据分析,承包单位共可索赔工期 48 天,费用 32 910 元。

8.5 动态结算

工程建设项目中合同周期较长的项目,随着时间的推移,常会受到物价浮动等多种因素的影响,其中,主要是人工费、材料费、施工机械费、运费等的动态影响。由于我国现行的工程价款结算基本上是按照设计预算价值以预算定额单价和各地造价管理部门公布的调价文件为依据进行的,而对价格波动等动态因素考虑不足,为避免承包商或业主遭受不必要的损失,有必要在工程价款结算中把多种动态因素纳入结算中加以考虑,使工程价款结算基本上能够反映工程项目的实际消耗费用,从而维护合同双方的正当权益。

工程价款价差调整的方法有工程造价指数法、实际价格调整法、调价文件计算法、调值公式法等。

8.5.1 工程造价指数调整法

甲乙双方采取当时的预算(或概算)定额单价计算出承包合同价,待竣工时根据合理的工期和当地工程造价管理部门公布的该月度(或季度)的工程造价指数,对原承包合同价予以调整,重点调整那些由于实际人工费、材料费、施工机械费等费用上涨及工程变更因素造成的价差。

8.5.2 实际价格调整法

我国建筑材料市场采购的范围很大,有些地区规定对钢材、木材、水泥等的价格按实际价格结算,工程承包商可凭发票实报实销。在小型工程计算中,这种方法简便易行,但也带来副作用,它使承包商对降低成本不感兴趣。为此,地方基建主管部门须定期公布最高结算限价,同时,合同文件中也应规定建设单位或工程师有权要求承包商选择更廉价的供应来源。实际价格调整法仅适用于工期短、造价低的小型工程结算。

8.5.3　调价文件计算法

在合同工期内,甲乙双方按照造价管理部门调价文件的规定,在承包价的基础上进行抽料补差(同一价格期内按所完成的材料用量乘以价差)。也有的地区定期发布主要材料供应价格和管理价格,对这一时期的工程进行抽料补差。

8.5.4　调值公式法

在绝大多数国际工程项目中,一般都采用此法对工程价款进行动态结算。建筑安装工程费用价格调值公式一般包括固定部分、材料部分和人工部分,表达式如下:

$$P = P_0 \left(a_0 + a_1 \frac{A}{A_0} + a_2 \frac{B}{B_0} + a_3 \frac{C}{C_0} + a_4 \frac{D}{D_0} + \cdots \right) \tag{8-8}$$

式中　P, P_0——分别为实际结算款和预算进度款;

　　　a_0——合同支付中不能调整的部分,即固定部分,其取值范围通常在 $0.15 \sim 0.35$;

　　　$a_1, a_2, a_3, a_4, \cdots$——代表有关各项费用(如人工费用、钢材费用、水泥费用、运输费用等)在合同总价中的比重,且 $a_0 + a_1 + a_2 + a_3 + a_4 + \cdots = 1$;

　　　$A_0, B_0, C_0, D_0, \cdots$——基准日期与 $a_1, a_2, a_3, a_4, \cdots$ 对应的各项费用的基期价格指数或价格;

　　　$A, B, C, D, \cdots$——在结算月份与 $a_1, a_2, a_3, a_4, \cdots$ 对应的各项费用的现行价格指数或价格。

【例8-4】　工程背景:某承包商于某年承包某外资项目施工。与业主签订的承包合同的部分内容有:

(1) 工程合同价 2 000 万元,工程价款采用调值公式动态结算。该工程的人工费占工程价款的 35%,材料费占 50%(其中水泥占 23%,钢材占 12%,红砖占 8%,其他占 7%),不调值费用占 15%,具体的调值公式为

$$P = P_0 \times \left(0.15 + 0.35 \frac{A}{A_0} + 0.23 \frac{B}{B_0} + 0.12 \frac{C}{C_0} + 0.08 \frac{D}{D_0} + 0.07 \frac{E}{E_0} \right)$$

式中　A_0, B_0, C_0, D_0, E_0——基期价格指数;

　　　A, B, C, D, E——工程结算日期的价格指数。

(2) 开工前业主向承包商支付合同价 20% 的工程预付款,当工程进度款达到合同价的 60% 时,开始从超过部分的工程结算款中按 60% 抵扣工程预付款,竣工前全部扣清。

(3) 工程进度款逐月结算,每月月中预支半月工程款。

(4) 业主自第一个月起,从承包商的工程价款中按 5% 的比例扣留保修金。工程保修期为一年。

该合同的原始报价日期为当年3月1日。结算各月份的工资、材料价格指数如表8-4所示。

未调值前各月完成的工程情况分别如下:

5月份完成工程 200 万元,其中业主供料部分材料费为 5 万元。

6月份完成工程 300 万元。

7月份完成工程400万元,另外由于业主方设计变更,导致工程局部返工,拆除工程费用1.75万元,重新施工人工增加500工日,每工日120元,综合费率25%,其余不计。

8月份完成工程600万元。

9月份完成工程500万元,另有批准的工程索赔款1万元。

求:

1. 工程预付款是多少?

2. 确定每月终业主应支付的工程款。

表8-4　　　　　　　　　　　　　　　　工资、材料物价指数表

代　号	A_0	B_0	C_0	D_0	E_0
3月指数	100	153.4	154.4	160.3	144.4
代　号	A	B	C	D	E
5月指数	110	156.2	154.4	162.2	160.2
6月指数	108	158.2	156.2	162.2	162.2
7月指数	108	158.4	158.4	162.2	164.2
8月指数	110	160.2	158.4	164.2	162.4
9月指数	110	160.2	160.2	164.2	162.8

【解】

1. 工程预付款:2000万元×20%=400万元

2. 工程预付款的起扣点:2000万元×60%=1200万元

5月份调值公式计算得到调值系数为1.048,其余月份参考计算,数值见表8-5。

$0.15+0.35×110/100+0.23×156.2/153.4+0.12×154.4/154.4+0.08×162.2/160.3+0.07×160.2/144.4=1.048$

表8-5　　　　　　　　　　　　　　　各月工程款结算表　　　　　　　　　　　　　　单位:万元

时间	5月	6月	7月	8月	9月
未调值前每月完成工程量	200	300	400	600	500
累计完成工程量	200	500	900	1500	2000
调值系数	1.048	1.046	1.049	1.059	1.061

5月份月终支付:

$$200×1.048×(1-5\%)-5-200×50\%=94.08 万元$$

(注:5%为扣留保留金,5为业主提供材料费,200×50%为月中预支半月工程款)

6月份月终支付:

$$300×1.046×(1-5\%)-300×50\%=148.11 万元$$

7月份月终支付:

$$(400×1.049+1.75+0.05×120×1.25)×(1-5\%)-400×50\%=207.41 万元$$

8月份月终支付:

$$600×1.059×(1-5\%)-600×50\%-(1500-1200)×60\%=123.63 万元$$

(注:600×50%为月中预支半月工程款,(1500-1200)×60%为抵扣备料款)

9月份月终支付:

$$(500×1.061+1)×(1-5\%)-500×50\%-(400-300×60\%)=34.93 万元$$

（注：500×50％为月中预支半月工程款，（400－300×60％）为剩余抵扣备料款）

8.6 工程竣工结算

8.6.1 工程竣工结算的概念

工程竣工结算是指一个单位或单项建筑安装工程完工，经建设单位及有关部门验收点交后，在合同约定时间内办理的工程财务结算。

工程竣工结算是承发包双方对财务往来进行清算。工程竣工结算是由施工单位或其委托具有相应资质的工程造价咨询人员编制，由发包人或受其委托具有相应资质的工程造价咨询人员核对。工程结算有"工程结算书"和"工程价款结算账单"两份文件，前者表示施工单位向建设单位应收的全部工程价款；后者表示施工单位已向建设单位收取的工程款。结算书和结算账单均由施工单位在工程竣工验收点交后编制，送监理或建设单位审查确认、经有关部门审查同意，由承发包双方共同办理竣工结算手续后，才能进行工程结算。属于中央和地方财政投资工程的结算，需经财政主管部门委托的专业银行或中介机构审查，有的工程还需经审计部门审计。一般，当年开工、当年竣工的工程只需办理一次性结算；跨年度的工程，在年终办理一次年终结算，将未完工程结转到下一年度，此时，竣工结算等于各年度结算的总和。

办理工程价款竣工结算的一般公式为

$$\frac{竣工结算}{工程价款}＝合同价款＋合同价款调整数额－\frac{已结算}{工程价款}－缺陷责任保修金 \qquad (8\text{-}9)$$

8.6.2 工程竣工结算编制原则和依据

1. 工程竣工结算编制原则

编制工程竣工结算是一项细致的工作，它既要正确地贯彻执行国家及地方的有关规定，又要实事求是、客观地反映建筑安装工人所创造的价值。其编制原则如下：

① 严格遵守国家和地方有关规定，以维护建设单位和施工单位的合法权益。

② 坚持实事求是的原则。编制竣工结算书的项目，必须是具备结算条件的项目。要对办理竣工结算的工程项目进行全面清点，包括工程数量、质量等，都必须符合设计要求和施工验收规范，未完工程或工程质量不合格的，不能结算。需要返工的，应返修并经验收合格后，才能结算。

2. 工程竣工结算编制依据

① 国家有关法律、法规、规章制度和相关司法解释。

② 国务院建设主管部门及各省、自治区、直辖市和有关部门发布的工程造价计价标准、计价方法、有关规定及相关解释。

③ 工程开、竣工报告、施工图、竣工图及竣工验收单；

④ 工程施工合同或施工协议书；

⑤ 招标文件、投标文件；

⑥ 双方确认追加（减）的工程价款；

⑦ 设计变更通知单及现场施工变更记录，经批准的施工组织设计、现场签证、洽商记

录等；

⑧ 双方确认的索赔价款；

⑨ 双方确认的工程量；

⑩《建设工程工程量清单计价规范》(GB 50500—2013)。

8.6.3　竣工结算价款的支付

合同工程完工后，承包人应在经发承包双方确认的工程价款结算的基础上汇总编制完成竣工结算文件，并在提交竣工验收申请的同时向发包人提交竣工结算文件。发包人在规定的时间内核对竣工结算文件，经签认，办理竣工结算。

1. 承包人提交竣工结算款支付申请

承包人应根据办理的竣工结算文件，向发包人提交竣工结算支付申请。该申请应包括以下内容：

(1) 竣工结算合同价款总额。

(2) 累计已实际支付的合同价款。

(3) 应扣留的质量保证金。

(4) 实际应支付的竣工结算款金额。

2. 发包人签发竣工结算支付证书

3. 支付竣工结算款

发包人签发竣工结算支付证书后的 14 天内，按照竣工结算支付证书列明的金额向承包人支付结算款。

发包人在收到承包人提交的竣工结算款支付申请后的 7 天内不予以核实，不向承包人签发竣工结算款支付证书的，视为承包人的竣工结算款支付申请已被发包人认可；发包人应在收到承包人提交的竣工结算款支付申请 7 天后的 14 天内，按照承包人提交的竣工结算款支付申请列明的金额向承包人支付结算款。

发包人未按照规定的程序支付竣工结算款的，承包人可催告发包人支付，并有权获得延迟支付的利息。发包人在竣工结算支付证书签发后或者在收到承包人提交的竣工结算款支付申请 7 天后的 56 天内仍未支付的，除法律另有规定外，承包人可与发包人协商将该工程折价，也可直接向人民法院申请将该工程依法拍卖。承包人就该工程折价或拍卖的价款优先受偿。

8.6.4　最终结清

最终结清，是指合同约定的缺陷责任期终止后，承包人已按合同规定完成全部剩余工作且质量合格的，发包人与承包人结清全部剩余款项的活动。

1. 最终结清申请单

缺陷责任期终止后，承包人已按合同规定完成全部剩余工作且质量合格的，发包人签发缺陷责任期终止证书，承包人可按合同约定的份数和期限向发包人提交最终结清申请单，并提供相关证明材料，详细说明承包人根据合同规定已经完成的全部工程价款金额以及承包人认为根据合同规定应进一步支付给他的其他款项。发包人对最终结清申请单内容有异议的，有权要求承包人进行修正和提供补充资料，由承包人向发包人提交修正后的最终结清申请单。

2. 最终支付证书

发包人收到承包人提交的最终结清申请单后的 14 天内予以核实，向承包人签发最终支付证书。发包人未在约定时间内核实，又未提出具体意见的，视为承包人提交的最终结清申请单已被发包人认可。

发包人应在收到最终结清支付申请后的 14 天内予以核实，向承包人签发最终结清支付证书。若发包人未在约定的时间内核实，又未提出具体意见的，视为承包人提交的最终结清支付申请已被发包人认可。

3. 最终结清付款

发包人应在签发最终结清支付证书后的 14 天内。按照最终结清支付证书列明的金额向承包人支付最终结清款。最终结清付款后，承包人在合同内享有的索赔权利也自行终止。发包人未按期支付的，承包人可催告发包人在合理的期限内支付，并有权获得延迟支付的利息。

最终结清时，如果承包人被扣留的质量保证金不足以抵减发包人工程缺陷修复费用的，承包人应承担不足部分的补偿责任。

最终结清付款涉及政府投资资金的，按照国库集中支付等国家相关规定和专用合同条款的约定办理。

承包人对发包人支付的最终结清款有异议的，按照合同约定的争议解决方式处理。

复习思考题

1. 工程价款的结算方式有哪几种？
2. 简述工程预付款的概念、用途、支付方式及扣还方式。
3. 工程变更的范围和内容包括哪些内容？
4. 简述工程竣工结算的概念、作用。
5. 索赔费用包括哪些部分？若由于某项工程反季节暴雨而引起的工程延期 2 天，是否可以索赔人工费的窝工和机械费的闲置台班？为什么？
6. 共同延误的处理原则是什么？
7. 某建筑安装工程，工程总价计 600 万元，计划当年上半年完工。主要材料和结构构件金额占总产值的 62.5%，年施工天数按 162 天计，材料储备天数 65 天，求预付备料款的总额和抵扣点。
8. 若上题中每月实际完成施工产值如下表：

单位:万元

1 月	2 月	3 月	4 月	5 月	6 月（竣工）
80	90	110	120	125	75

试计算该工程的每月价款结算额和抵扣额。

9. 某施工单位承包某工程项目，甲乙双方签订的关于工程价款的合同内容有：

（1）建筑安装工程造价 660 万元，建筑材料及设备费占施工产值的比重为 60%。

（2）工程预付款为建筑安装工程造价的 20%。工程实施后，工程预付款从未施工工程尚需的主要材料及构件的价值相当于工程预付款数额时起扣，从每次结算工程价款中按材料和设备占施工产值的比重抵扣工程预付款，竣工前全部扣清。

（3）工程进度款逐月计算。

（4）工程保修金为建筑安装工程造价的 3%，竣工结算月一次扣留。

（5）材料和设备价差调整按规定进行（按有关规定上半年材料和设备价差上调 10%，在 6 月份一次调增）。

工程各月实际完成产值见下表：

单位：万元

月份	2月	3月	4月	5月	6月
完成产值	55	110	165	220	110

求：

（1）工程价款结算的方式有哪几种？

（2）该工程的工程预付款、起扣点为多少？

（3）该工程 2—5 月每月拨付工程款为多少？累计工程款为多少？

第 **9** 章　利用计算机软件编制工程造价

　　本章利用鲁班算量、计价软件，介绍一个工程项目从建模、计量到计价的全过程。通过本章学习，要求学员熟悉项目建模、定义和布置构件；熟悉利用软件命令进行工程算量和计价。

内容提要
与
学习要求

9.1　工程算量

9.1.1　项目建模

项目建模流程一般如图 9-1 所示。

1. 工程设置

双击鲁班土建 2010 图标，进入软件界面，然后在"算量模式"对话框中选择【定额】或【清单】的计量模式，并选择相关计算规则。

在"楼层设置"对话框中，按图纸要求，设置楼层信息，如图 9-2 所示。

注意：0 层的层高设置为 0，不用修改。

"室外地坪设计标高"：蓝图上标注出来的室外设计标高（与外墙装饰有关）。

"室外地坪自然标高"：施工现场的地坪标高（与土方有关）。

当完成上述工作后，进入项目的建模状态。程序自动默认首层平面的建模，操作者也可以自定其他楼层为第一建模层。

2. 首层建模

我们利用某工程的 3 个"楼层"：基础层（图 9-3）、中间层（图 9-4）和顶层（图 9-5）来说明建模过程。

1）建立轴网

软件建模时首先必须建立轴网，它有助于对建模构件进行快速方便的定位，并能在最终计算结果中显示构件的位置。

（1）点击左边中文工具栏中 ⊞ **直线轴网** →0 图标，进入设置直线轴网的界面，如图 9-6 所示。

（2）我们以下列数据输入轴网尺寸：

光标会自动落在下开间"轴距"上，按以上尺寸输入下开间尺寸，输入完一跨，按回车键，会

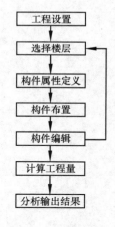

图 9-1　建模流程

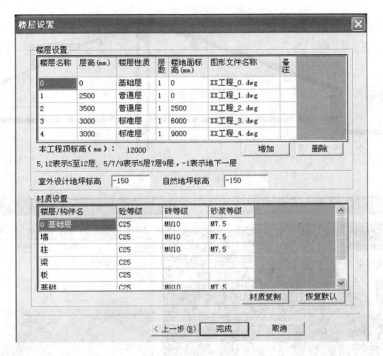

图 9-2　楼层设置对话框

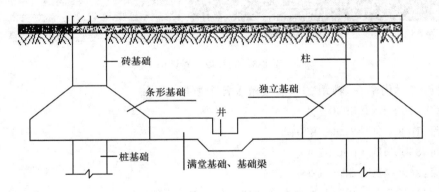

图 9-3　基础层

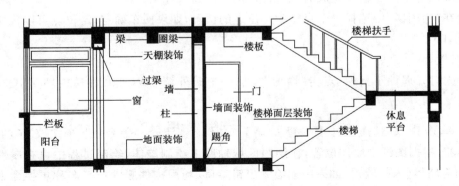

图 9-4　中间层

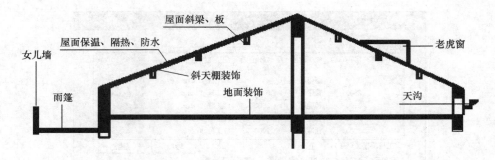

图 9-5　顶层

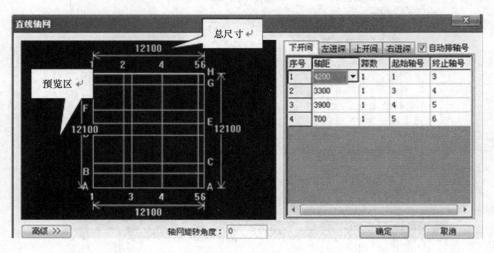

图 9-6　轴线设置对话框

自动加一行,光标仍落在"轴距"上,依次输入各个数据。

下开间:4200-3300-3900-700;

左进深:1600-4000-2700-3800;

上开间:3300-4200-3900-700;

右进深:2600-4200-4100-1200;

点击"左进深"、"上开间"、"右进深"按钮,方法相同。

(3)轴网各个尺寸输入完成后,点击"确定",回到软件主界面

(4)在"绘图区"中选择一个点作为定位点的位置,如果回车确定,定位点可以确定在原点坐标(0,0,0)。

2)布置墙

(1)先打开属性工具栏,点击"增加"添加一个砖外墙 ZWQ240 和砖内墙 ZNQ240,如图9-7所示。

(2)单击中文工具栏中【布置布墙】 **绘制墙 →0** 命令,选择定义好的砖外墙"ZWQ240",根据图纸中墙体位置,在绘图区域轴网上绘制墙体,绘制过程中可在属性工具栏中切换相应墙体(内外墙)。如果中途绘制出错,可以利用构件删除或者名称更换命令进行修改。完成后如图9-8所示。

3)布置柱

图 9-7　墙设置页面

　　先根据柱平面布置图,在软件属性定义菜单里定义柱的属性,如例题中 Z1-Z5,定义 Z1 为构造柱,其余柱定义为框架柱。Z5 的标高记得要按照图纸要求进行调整成定标高 960 如图 9-9 所示。执行 **点击布柱** 命令,左边属性工具栏中选择定义的混凝土柱,按图纸要求,布置到相应的位置,并生成图 9-10 的柱布置图。

　　4)布置梁

　　(1)首先在属性定义菜单里根据图纸标注尺寸把梁和圈梁定义好。

　　(2)执行【连续布梁】 **绘 制 梁 →0** 命令,选择定义好的梁,根据图纸中梁的位置,在绘图区域轴网上绘制梁,绘制过程中可在属性工具栏中切换相应的梁(次梁、框架梁、独立梁),如图 9-11 所示。

　　(3)执行【布圈梁】 **布 圈 梁 ╱6** 命令,选择定义好的圈梁,框选相应墙体,右键确认,如图 9-11 所示。

　　5)布置门窗

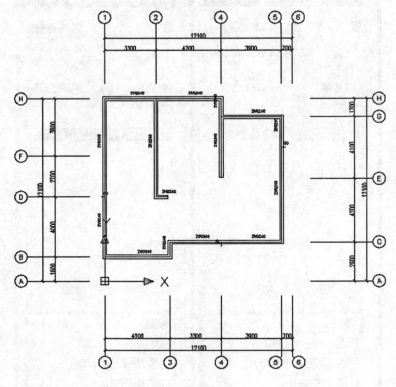

图 9-8 墙体布置图

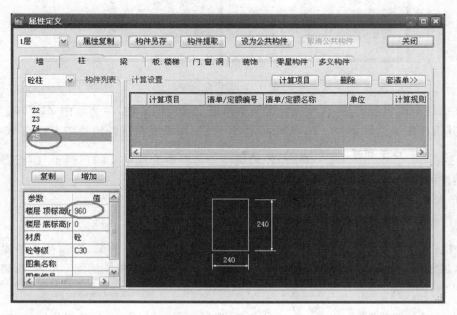

图 9-9 柱设置页面

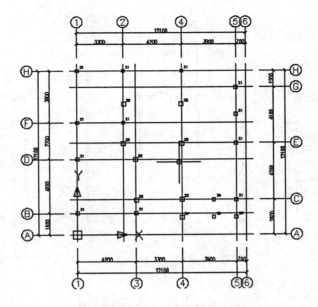

图 9-10　柱布置图

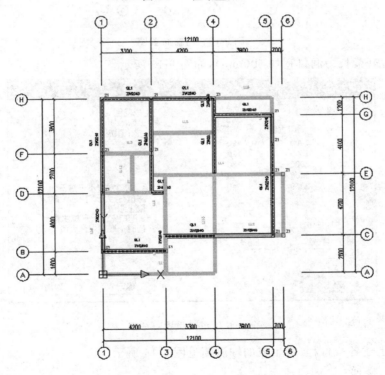

图 9-11　梁布置图

（1）首先在属性定义菜单中，根据图纸门窗表对门窗进行定义。

（2）执行【门】 命令，选择相应的门，根据图纸选择有门的墙体，右键确认。窗、洞口布置方法同理。门窗布置完成后如图 9-12 所示。

（3）门窗布置完成后，可以布置过梁。先根据过梁图纸所注尺寸及配筋情况定义过梁，然后利用过梁自动生成命令，设置洞口生成范围及过梁类型，根据洞口尺寸选择软件自动或手动

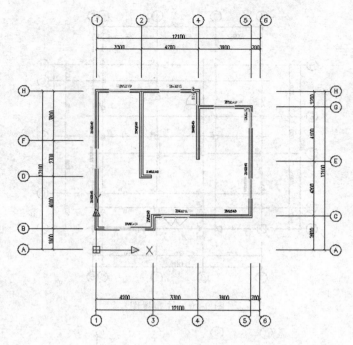

图 9-12　门窗布置图

生成相应的过梁(梁长为洞口宽加 500mm),如图 9-13 所示。

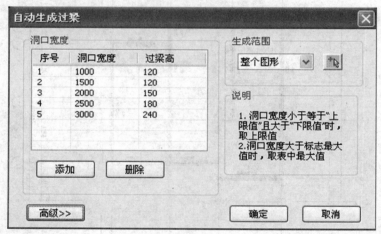

图 9-13　过梁设置对话框

本实例经上述各步过程,所生成的轴测图见图 9-14 所示。

6) 布置板、楼梯

(1) 执行 **形成板** →0 命令,根据本工程的特点(板厚均为 120mm),可以选择【按墙生成】→【内墙按中线,外墙按外边线】,注意此时要生成外墙外边线。也可根据定额计算规则需要选择其他方式生成楼板,如图 9-15 所示。

(2) 楼梯的属性定义,如图 9-16 所示。

(3) 执行【楼梯】**楼梯** ⌐* 命令,选择定义好的楼梯,根据命令行提示输入(指定)插入

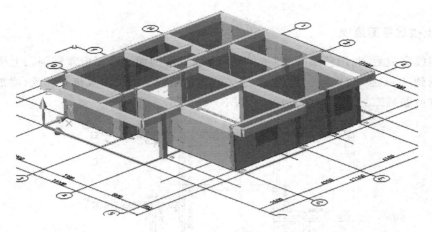

图 9-14　轴测图

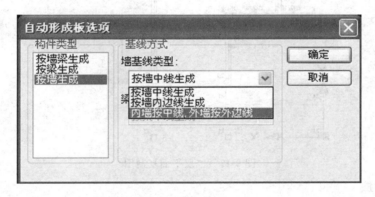

图 9-15　楼板设置页面

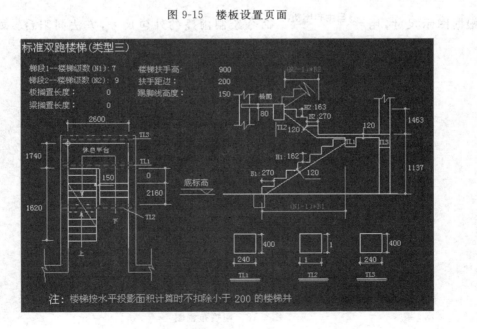

图 9-16　楼梯定义图

点即可。

3. 以上楼层平面建模

首层建模完成后,利用楼层间复制 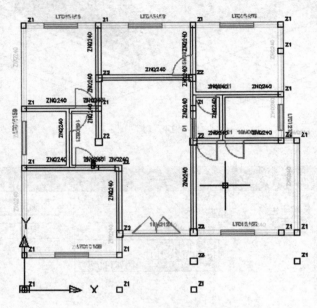 命令,将首层的墙、柱,门窗复制到以上楼层。如本项目可复制到二、三层平面建模,根据二、三层的建筑结构平面图对其进行修改、增加布置首层没有的构件或删减二、三层没有的构件。如图 9-17 所示。

图 9-17　二层平面复制图

(1) 布置雨篷

根据图示尺寸,用 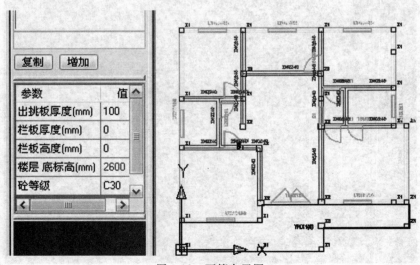 自由布出挑件 命令绘制雨篷的外包尺寸,方法同阳台。如图 9-18 所示。

图 9-18　雨篷布置图

（2）布置屋面板

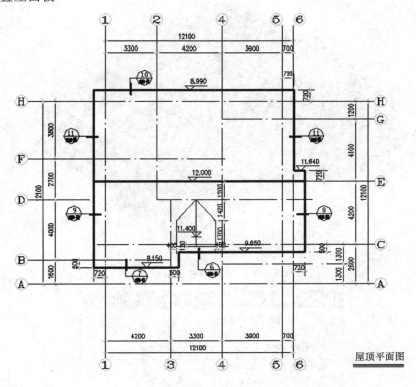

图 9-19　屋面板布置

　　① 屋顶平面图，点击 ![图标]形成轮廓线 →0 命令，根据命令行的提示框选建筑物的墙体尺寸。

　　② 设置屋顶平面图中轮廓线的偏移尺寸，在命令行中输入偏移量 600，如分轮廓线的偏移量不同时，应拖动轮廓线的夹点移动进行修改。

　　③ 选择【双坡屋面】![图标]双坡屋面板 ↓3 命令，进而选择起坡边的轮廓线，输入相对于本层的标高和起坡角度（26.565 度）或者利用 ![图标]设置斜板 ⌐8 输入坡度，来调整屋面板的斜度。

　　④ 调整斜屋面下墙柱梁标高

　　布置好双坡屋面，展现本层整体三维图后，如果发现墙柱梁都超过了屋面，如图 9-20 所示，这是因为屋面布置好后，顶层的墙柱梁构件的标高并没有调整。这时，我们使用【墙柱梁随板高】命令，加以调整。

　　点击【墙柱梁随板高】命令，框选所有的构件后，出现如图 9-21 所示的对话框，调整好的如图 9-22 所示。

（4）布置老虎窗

　　① 本实例屋顶上设有老虎窗，执行【窗】→【老虎窗】命令布置。在老虎窗断面编辑窗口选择老虎窗类型并输入相应尺寸。

　　② 根据命令行提示，选择斜板（图 9-23），选择插入点即可（图 9-24）。

4. 基础层（0 层）建模

（1）布置混凝土条形基础

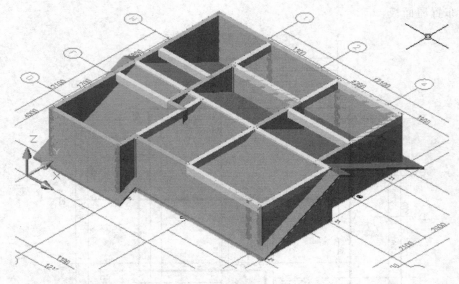

图 9-20　墙柱梁超屋面标高

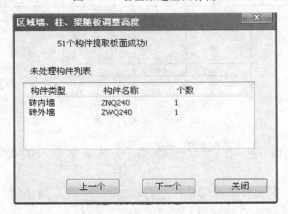

图 9-21　构件调整页面

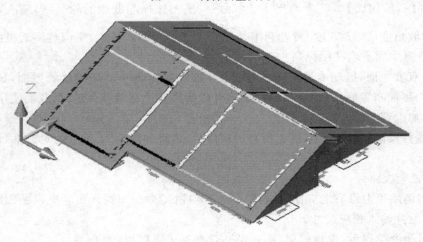

图 9-22　屋面板布置图

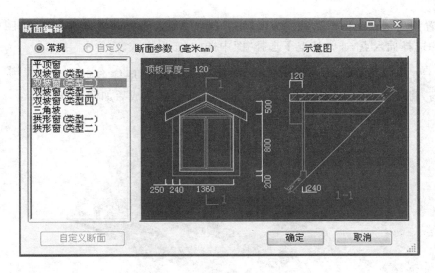

图 9-23　老虎窗布置图 1

图 9-24　老虎窗布置图 2

执行 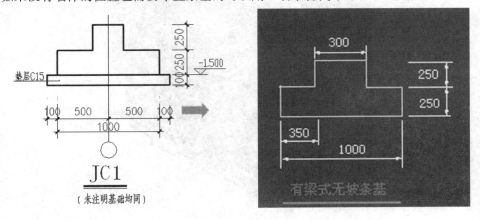 命令,属性工具栏中选择定义好的 JC1,选择 JC1 所在位置的墙体,确认即可。如果没有墙体的位置也需要布置条基的可以用 0 墙来替代,如图 9-25 所示。

图 9-25　条型基础设置

（2）布置砖基础

执行 **布砖条基** 命令,根据图纸,选择有砖基础部分的墙体,确认后完成砖基布置。

注意:当混凝土条基之间相交情况较为复杂时,建模完成后平面图可能会出现线条相交不封闭的情况,这种情况属正常现象,不会影响三维显示及计算结果的准确性。

（3）布置独立基础

① 布置独立基础类似于条基的布置，注意独立基础有三种布置方式供选择：图中选柱、输入柱名称和选择插入点，通常情况下选择"图中选柱"布置方式。

② 由于 0 层层高是 0，因此本层的柱子是没有高度的。用柱类命令里的 柱随基础顶高 命令设置柱高，将柱子底部自动降到基础顶。基础工程建模完成后如图 9-26 所示。

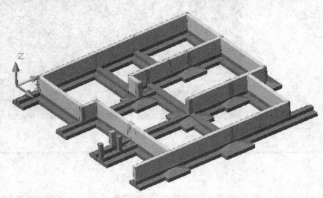

图 9-26　基础建模图

5．整体三维模型

当项目地上、地下各层布置完成后，执行【整体】命令，可以整体显示本工程的三维模型图，见图 9-27。

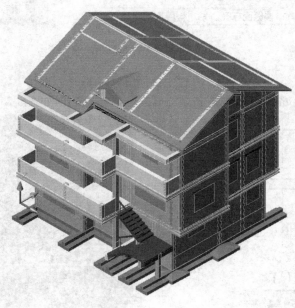

图 9-27　项目模型图

9．1．2　计算与报表

1．计算工程量

执行菜单中【工程量】→【工程量计算】命令，计算已经建好的工程模型，计算完成后，软件出现【综合计算监视器】对话框，提示计算了多少层，计算了多长时间，还可以查看【计算日志】。

在项目设置中，操作者预先要选择定额，则工程量的计算按该定额的计算规则进行。

2. 查看报表

执行菜单中【工程量】—【计算报表】命令,进入到工程量报表界面,可以根据需要打印输出不同的工程量报表,如图 9-28 所示。

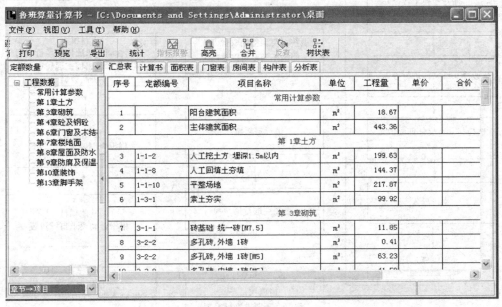

图 9-28 工程量生成表

9.2 工程计价

在鲁班计价软件中,有三种方式导入基础数据,然后利用软件计算并确定工程造价:

与鲁班算量软件无缝对接,直接导入算量软件的数据;用 Excel 表格导入工程量;采用传统方式即手工输入数据。

9.2.1 工程计价流程

利用鲁班计价软件确定工程造价的工程流程如图 9-29 所示。

9.2.2 鲁班造价软件的特点

1. 4D 造价:可视造价软件,基于 BIM 四维工程量和造价视图,生成工程形象进度预算书,按进度反映材料使用情况。

2. 工程项目群管理:针对多个项目的工程造价数据进行集中管理,批量调整,使项目管理更加方便快捷。

3. "i"概念:基于互联网概念可以远程调用"鲁班工程基础数据分析系统,简称 PDS"、鲁班通和企业定额中的数据,实现数据共享。

4. 全过程造价管理:基于 BIM 技术的全过程造价管理,从招投标开始阶段到竣工结算阶段一一实现,实现全程管控。

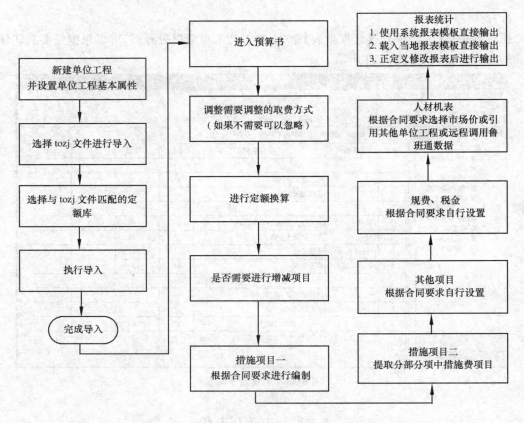

图 9-29　工程计价流程图

9.2.3　工程造价实例

1. 分部分项工程费

鲁班算量数据导入

（1）在新建单位工程栏，软件给出清单计价和定额计价二种计价模式选择，并在定额库中选定定额名称（图 9-30）。点击【算量文件】，展开界面，点击【增加】，选择相应的"tozj"文件，软件会自动选择相应的定额库，点击确定进入工程造价界面。

（2）软件提示：【您现在需要进入预算书吗？｛是｝｛否｝】，点击｛是｝，进入工程造价状态。

（3）工程造价界面相关参数调整

① 生成分部：点击【生成分部】命令，出现图 9-31 对话框，工程造价按专业或章、节分别生成或整理。

② 运用"清单指引"选择相应的定额子目，如图 9-32 所示。

③ 混凝土、砂浆强度换算

混凝土、砂浆的设计强度和定额子目的强度不一致时，应进行换算。换算的方法有两种：批量换算和单个换算。

当整个分部工程中的混凝土、砂浆强度均需换算，采用批量换算的方法，点击"混凝土、砂浆"换算按钮（图 9-33 中红色框中按钮），进行批量换算。

在"来源分析"中可以对单个子目内构成混凝土、砂浆的材料进行换算，如图 9-34 所示，右

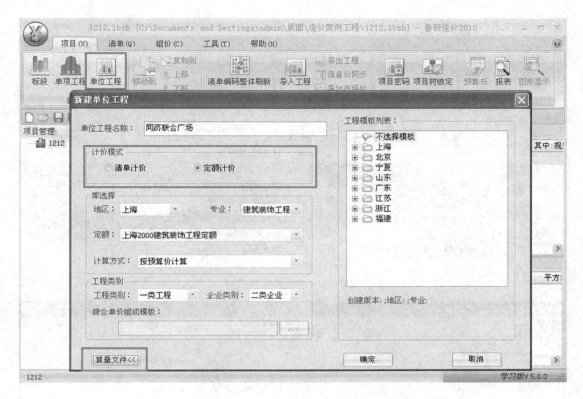

图 9-30　工程造价界面对话框

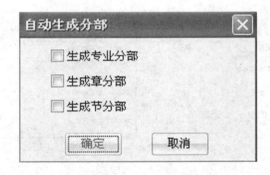

图 9-31　自动生成分部对话框

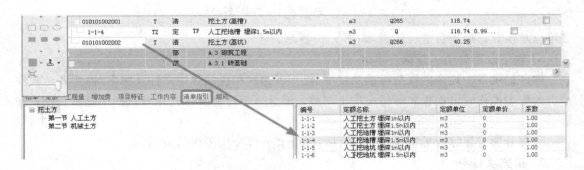

图 9-32　清单指引对话框

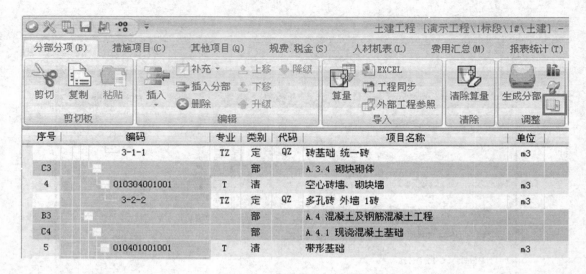

图 9-33　批量换算对话框

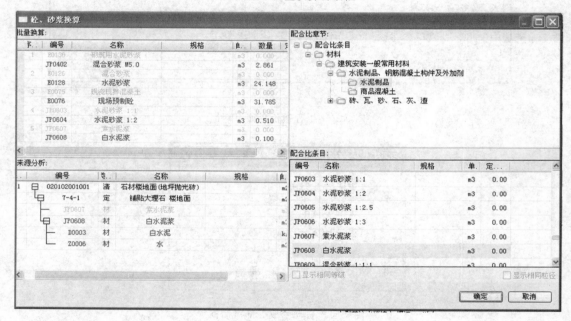

图 9-34　单个子目换算对话框

键可以对换算过的子目进行还原，如图 9-35 所示。

④ 确定分部分项工程综合单价

软件提供各个地区的取费标准及费率，操作者选择相应的费率文件及费率，操作者对软件给出的费率操作者可根据实际情况作出调整。综合单价计算表达式在对话框中显示如图9-36所示。

分部分项工程综合单价确定后，软件自动计算分部分项工程的费用。

2. 措施项目费

措施费可以在分部分项中清单下直接套相应的措施子目，如模板、脚手架、超高等。在措施项目中点击"智能提取"命令，如图 9-37 所示，在弹出的对话框中，选择"自动创建清单并放

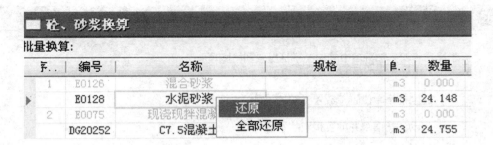

图 9-35　单个子目换算还原对话框

图 9-36　综合单价组成对话框

置提取的子目",选择后,点击"完成"。弹出如图 9-38 所示的图,在相应的措施费前方框中左键打钩,点击"完成"。

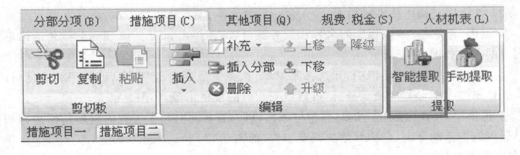

图 9-37　措施项目对话框

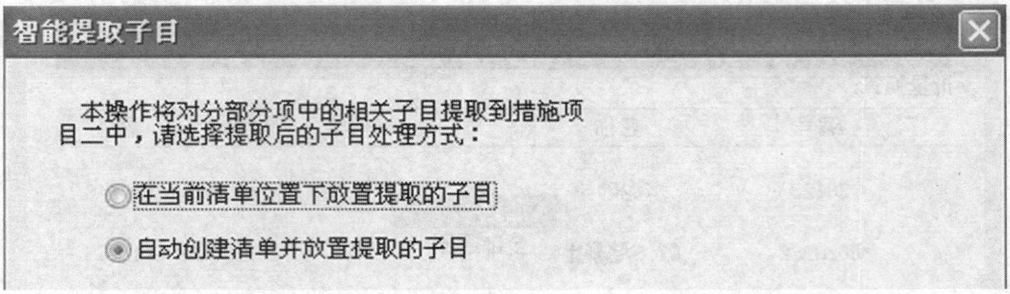
智能提取子目
本操作将对分部分项中的相关子目提取到措施项目二中，请选择提取后的子目处理方式：
在当前清单位置下放置提取的子目
自动创建清单并放置提取的子目

图 9-38　智能提取子目对话框

3. 其他项目费

依据工程需要对其他项目进行编辑。

4. 工、料、机表

鲁班造价软件运用中，可以单个导入工、料、机的市场价，也可以多个同时导入，还可以运用鲁班通功能，直接调用工、料、机的实时价格，从而直接反应当月的工程结算价格，方便项目的成本控制。

(1) 多个市场价的导入。项目施工的特点之一是建设工期长，一个单项工程少则 1 年，多则几年。在建设期间，工、料、机的价格特别是材料价格随时变化，施工企业支付工、料、机的款项也随市场价不同而不同。因此在编制工程结算时，用多个市场价导入(图 9-39)并采用加权平均的方法更科学、更能反映工程的真实造价。

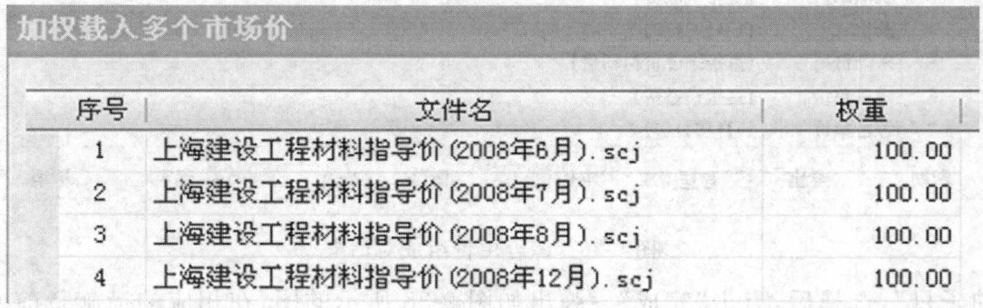
加权载入多个市场价
序号 | 文件名 | 权重
1 | 上海建设工程材料指导价(2008年6月).scj | 100.00
2 | 上海建设工程材料指导价(2008年7月).scj | 100.00
3 | 上海建设工程材料指导价(2008年8月).scj | 100.00
4 | 上海建设工程材料指导价(2008年12月).scj | 100.00

图 9-39　加权载入多个市场价对话框

(2) 鲁班通。利用鲁班通功能，导入企业材料价格，使造价更接近成本价。

① 点击“鲁班通”输入相应的名称和服务器设置，在弹出如图 9-40 所示的询价对话框，选择询价的条件如图 9-41 所示。

② 在选择人材机对话框中，如选择某材料，选择完成后点击“确定”即可把相应材料价格调入到鲁班造价中，通过“来源分析”可以看到相应的价格来源，如图 9-42。

③ 批量浮动：在完成相应的材料价格调入以后，若需要对整个工程的材料价格进行调整，可以运用批量浮动命令，一次性解决调差工作，如图 9-43 所示。

5. 费用汇总

利用“载入模板”命令选择已经设置好相关取费参数的表格，直接得到工程的总费用。

6. 报表统计

完成了上述步骤的工作内容，即完成了工程造价的全部参数编制，在“报表统计”中根据工

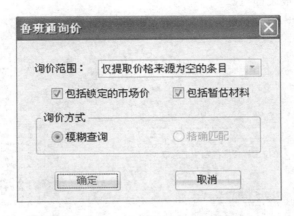

鲁班通询价
询价范围：
仅提取价格来源为空的条目
包括锁定的市场价
包括暂估材料
询价方式
模糊查询
精确匹配
确定
取消

图 9-40　询价对话框示意

人材机询价
选择 序号 编号 名称 型号规格 类型 单位
1 N0009 钢拉杆 C kg
2 N0003 工具式组合钢模板 C kg
3 E0126 混合砂浆 P m3
4 J0091 干粉型粘合剂 C kg
5 RG002 混凝土工 R 工日
6 JX0234 电动滚筒式混凝土搅拌机 400L JX 台班
7 RG001 砖瓦工 R 工日
8 JX0246 灰浆搅拌机 200L JX 台班
全选
反选
选择价格类型：鲁班中准价
日期：2009-十二月-31 至：2010- 六月 -17

图 9-41　人材机询价对话框示意

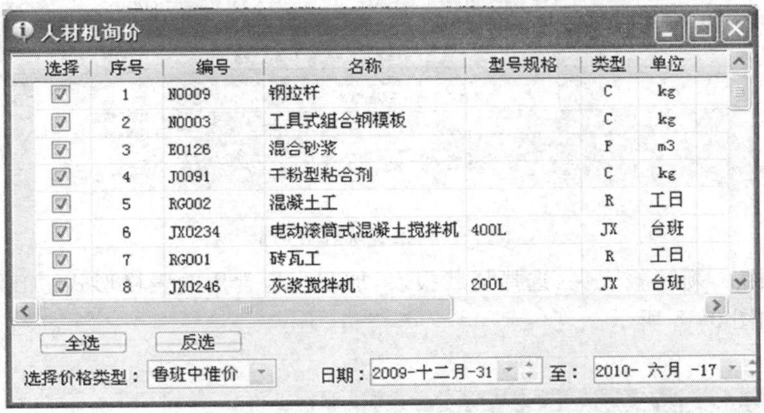

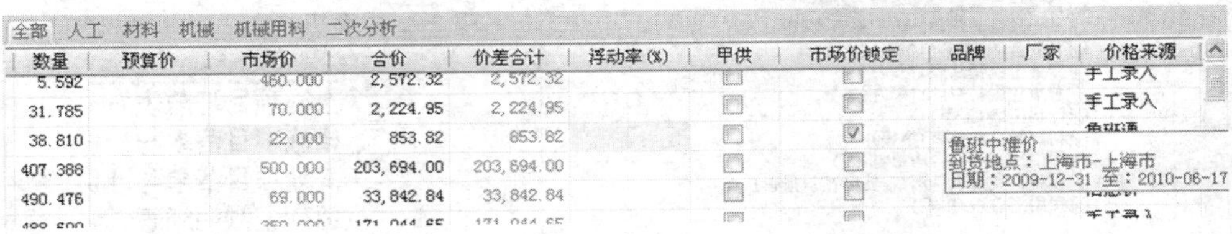

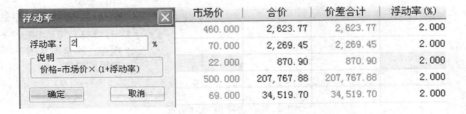

全部 人工 材料 机械 机械用料 二次分析
数量 预算价 市场价 合价 价差合计 浮动率(%) 甲供 市场价锁定 品牌 厂家 价格来源
31.785 70.000 2,224.95 2,224.95 手工录入
38.810 22.000 853.82 853.82
407.388 500.000 203,694.00 203,694.00
490.476 69.000 33,842.84 33,842.84
鲁班中准价
到货地点：上海市-上海市
日期：2009-12-31 至：2010-06-17

图 9-42

浮动率
浮动率： 2 %
说明
价格=市场价×(1+浮动率)
确定
取消
市场价 合价 价差合计 浮动率(%)
460.000 2,623.77 2,623.77 2.000
70.000 2,269.45 2,269.45 2.000
22.000 870.90 870.90 2.000
500.000 207,767.88 207,767.88 2.000
69.000 34,519.70 34,519.70 2.000

图 9-43

程招投标的需要，打印报表即可。

（1）报表设计：依据个人需要自定义表格，如图9-44所示。

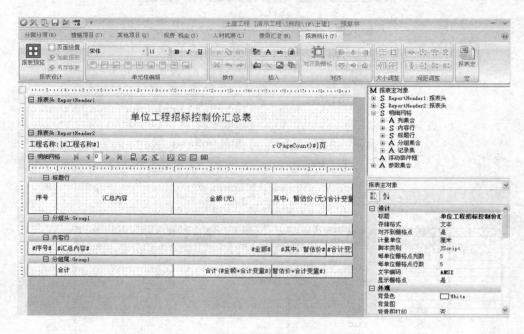

图9-44　报表统计对话框

（2）加载报表，新建报表夹，选择加载报表，加载当地常用的表格形式，加载后软件自动联动相关数据，如图9-45所示。

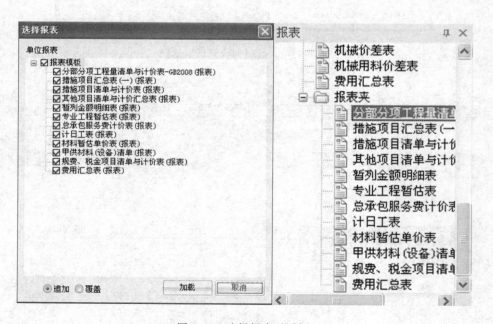

图9-45　选择报表对话框

7. 项目群管理——批量调整

（1）针对多个项目，可以一次性把全部工程中使用到的某种材料进行调整。例如：××小区有 10 幢已完成造价编制的工作，现出现了变更，需对每个单位工程中使用到的"黄砂中砂"的价格进行调整。

（2）在"组价"选项卡下，点击【工料机批量调整】命令，点击【刷新数据】，在材料中找到"黄砂中砂"子目，直接调整其单价，可以把 10 幢工程中用到的黄砂中砂的价格一次性批量调整过来。

9.2.3 框图出价

鲁班造价第四代造价软件，是为三维图形＋时间轴组合而成，在造价软件中既可以看到算量的实际模型，还可以看到相对应的工期时间参数。

（1）【项目】选项卡栏，点击【图形显示】按钮，进入【图形显示】窗口。如图 9-46 所示。

（2）点击【三维图形】，点击【显示控制】，在弹出的对话框中，将原始图形展开，点击每层前的"＋"符号。

（3）按条件统计，点击"全部"前的框打上"√"，使其全部隐藏，然后在相应的构件前打钩，这样要计算的构件便出现在图形中。

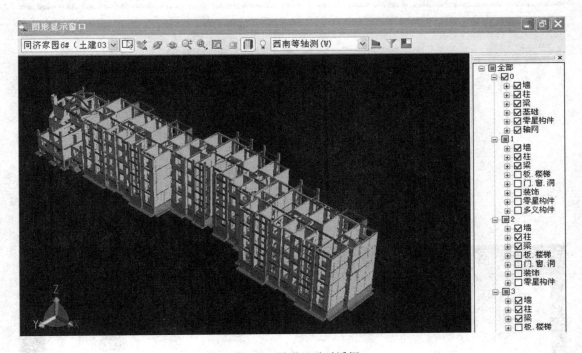

图 9-46　图形显示对话框

（4）点击"工程量统计"按钮，点击【选择图形】，如图 9-47 所示，在图中框选构件，框选中的构件变为黄颜色。

（5）针对框选后的图形，在工程量统计对话框中，点击【条件统计】，可以对构件进行具体的选择，选择完成后点击【确定】，即可生成此部分的预算书，如图 9-48 所示。

例如：针对一个附属楼进行框选，得到该附属楼的预算书，如图 9-49 所示。

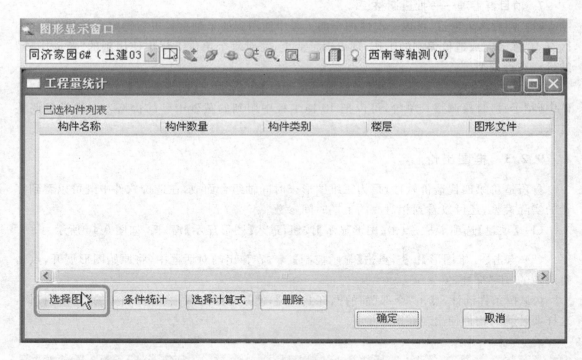

图 9-47 选择图形对话框

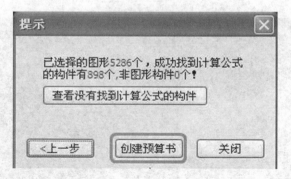

图 9-48 部分预算书生成对话框

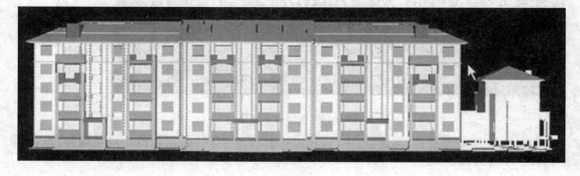

图 9-49 预算书生成对话框

9.2.4 造价比例视图

通过造价比例视图,可以更直观地查看每个单位工程和单位工程下的分部工程所占的金额比例,为管理者的管理决策提供依据。

1. 在项目管理界面的【项目】及【组价】选项卡中,可以看到【造价比例视图】命令

2. 点击【组价】选项卡下的【造价比例视图】按钮,点击【显示方式】选择"饼状图",当鼠标停靠在标段下,则显示各个项目的金额比例,如图 9-50 所示。

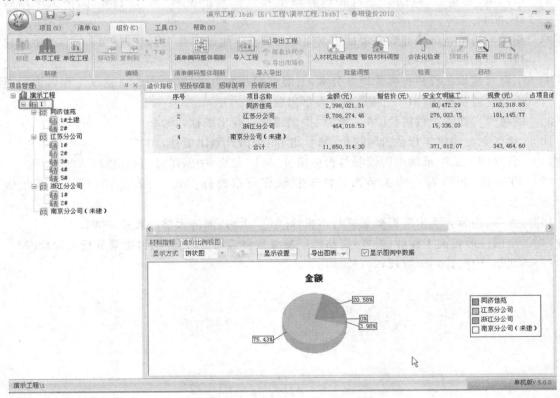

图 9-50 造价比例显示对话框

参考文献

[1] 建设部.GB 50854—2013 房屋建筑与装饰工程工程量计算规范[S].北京:中国计划出版社,2013.

[2] 建设部标准定额研究部.中华人民共和国国家标准《建设工程工程量清单计价规范》宣贯辅导教材[M].北京:中国计划出版社,2013.

[3] 全国造价工程师执业资格考试培训教材编审委员会.建设工程工程造价计价[M].北京:中国计划出版社,2013.

[4] 全国造价工程师执业资格考试培训教材编审委员会.建筑工程造价管理[M].北京:中国计划出版社,2013.

[5] 何康维,陈国新.建设工程计价原理与方法[M].上海:同济大学出版社,2004.

[6] 俞国凤,翁晓红,姚劲.建筑装饰装修工程预算与招投标[M].上海:同济大学出版社,2004.

[7] 全国一级建造师执业资格考试用书编写委员会.建设工程项目管理[M].北京:中国建筑工业出版社,2013.

[8] 上海市建设工程招投标管理办公室,上海市职业能力考试院,上海市建设工程咨询行业协会.造价概述[M].上海:同济大学出版社,2005.

[9] 殷惠光.建设工程造价[M].北京:中国建筑工业出版社,2004.

[10] 徐学东.建筑工程估价与报价[M].北京:中国计划出版社,2005.

[11] 张允明.工程量清单的编制与投标报价[M].北京:中国建材工业出版社,2003.

[12] 丁洁民,张洛先.建筑装饰装修工程预算与招投标[M].2版.上海:同济大学出版社,2004.

[13] 徐伟,徐蓉.土木工程概预算与招投标[M].上海:同济大学出版社,2002.

[14] 全国注册咨询工程师(投资)资格考试参考教材编写委员会.项目决策分析与评价[M].北京:中国计划出版社,2012.